Linux技术与应用丛书

Linux
嵌入式系统开发
从小白到大牛

赵凯 编著

机械工业出版社
CHINA MACHINE PRESS

前　言

2012 年刚接触单片机时，我对其爱不释手，学习 3 个月后就自己动手画 PCB 板、选择 51 单片机、编程、选购 4 驱车架，一气呵成做出了自己设计的遥控车。时至今日再看人生中的第一辆 DIY 小车，除了自豪以外也有些许失落。失落原因无非在于自己对嵌入式系统了解得不够透彻，特别是学习了 Linux 系统以后。计算机系统是庞大的，尽管自己对物理层、数据链路层、网络层、传输层、会话层、表示层以及应用层都有所了解，但是在社会分工越来越明确的大背景下，要想在某个领域或者层次有所建树，就需要选择一个点来深耕。我选择的这个点就是嵌入式 Linux 系统开发。嵌入式系统一旦移植了操作系统，就能够同时处理多个任务，以及复杂的状态切换并可以进行音视频处理。现在计算机分层思想非常清晰明了，以一个物联网系统为例，底层物理层和数据链路层集成在板卡端，网络层多用面向可靠连接的 TCP，传输层采用 Socket 套接字，应用层采用 C/S、B/S 以及 P/S 架构。因此也产生了许多应用工程师。这些应用工程师也许都会随着计算机的发展逐渐被淘汰。这也是为什么大部分 IT 工程师被称为"码农"和"攻城狮"的原因。但我认为在计算机行业不会被淘汰的有两种人，一种是爱学习的人，另一种是懂操作系统的人。

本书在章节安排上本着由易到难、深入浅出的原则，具体内容安排如下。

第 1~3 章主要介绍一些 Linux 嵌入式开发的基础知识点。第 1 章介绍了 Linux 嵌入式系统的应用和发展、分类和特点、系统架构以及系统环境的搭建等；第 2 章介绍了 Linux 操作系统的功能、基本命令、vi 和 vim 编辑器的应用、文件链接以及编程方式等；第 3 章介绍了 Linux 嵌入式系统下的 C 语言编程。

第 4、5 章分别从硬件和软件的角度分析嵌入式 Linux 学习的相关工具。第 4 章对 Linux 嵌入式的硬件系统进行了详细介绍，包括微处理器字节序列存储的大小端模式、微处理器的系统架构、硬件系统的基本组成部分以及微处理器的两种编程方式等；第 5 章介绍了 Linux 嵌入式系统下交叉编译的相关知识，涉及 gcc 编译器的工作流程和使用方法、gdb 调试工具的使用方法以及构建交叉编译工具链等内容。

第 6~9 章是本书的重点，在语言安排上也尽可能通俗简明，使初学者更容易理解，同时也能让"老师傅"产生共鸣。第 6 章讲解了 Makefile 的相关知识，包括 Makefile 的执行过程、语法基础、一般书写格式、变量的引用与赋值、模式规则与自动变量、条件判断以及如何编写自己的 Makefile 文件等；第 7 章重点讲解移植 U-boot 的过程，涉及 Bootloader 与 U-boot 的区别、U-boot 的版本选择、U-boot 的目录结构、U-boot 的源代码编译与 GUI、U-boot 的 Makefile 代码分析以及实操应用等；第 8 章主要对 Linux 的内核进行介绍，涉及 Linux 体系与内核结构、Linux 内核的子系统、Linux 内核的配置与编译、Linux 内核的启动过程以及 Linux 内核的实操应用等；第 9 章对

前　　言

嵌入式 Linux 根文件系统进行介绍，涉及根文件系统的作用、根文件系统目录结构、Busybox 安装与编译过程、根文件系统的构建以及根文件系统的移植测试等。

第 10 ~ 12 章介绍了 Linux 的驱动开发，是本书的难点内容，这部分也是嵌入式 Linux 系统工程师必须要掌握的内容。这部分内容会涉及很多案例，驱动开发就像我们开始学习 C 语言一样，一定要多练习、多实践。为了激发读者开发 Linux 嵌入式系统的兴趣，特别引入了嵌入式 Linux 图形编程和网络编程知识。第 10 章介绍了 Linux 嵌入式系统的设备驱动，涉及设备驱动的分类、字符设备驱动的理论基础、字符设备驱动程序的编写以及字符设备驱动的移植测试等；第 11 章介绍了 Linux 嵌入式系统的设备树，涉及设备树的基础知识、基础语法、基于设备树的 pinctrl 和 gpio 子系统、基于设备树的 platform 设备驱动以及基于设备树的 platform 设备驱动移植等；第 12 章介绍了 Linux 嵌入式系统的驱动技术，涉及 Linux 系统下驱动程序框架概述、异常处理、并发与竞争、阻塞和非阻塞 IO 以及按键中断实验的具体实操应用等。

第 13 ~ 16 章结合了当下的物联网以及车联网等热门技术领域知识，完成了 4 个综合项目案例。第 13 章为自动控制系统应用实例，涉及自动浇灌系统的功能设计、硬件设计与实现、软件设计与实现以及系统的联合调试等；第 14 章为物联网应用实例，涉及智能快递柜系统的功能设计、硬件设计与实现、软件设计与实现以及系统的联合调试等；第 15 章为车联网应用实例，涉及车身控制系统的功能设计、硬件设计与实现、软件设计与实现以及系统的联合调试等；第 16 章为人工智能应用实例，涉及语音识别控制系统的功能设计、硬件设计与实现、软件设计与实现以及系统的联合调试等。

本书具有以下特色。

- 保留了传统的多进程、多线程、GUI、交叉编译等经典知识，增加了**近两年应用较多的 U-boot、内核以及文件系统移植等新知识。**
- 读者对象为硬件工程师、单片机工程师以及嵌入式软件工程师，同时，为适应创客文化的新背景，在**特定的章节设置了通过树莓派运行嵌入式 Linux 的项目内容，拓展读者群。**
- 每一个章节都专门设置了"**小白也要懂**"和"**技术大牛访谈**"两个特色板块，并且结合案例实战、要点巩固以及综合项目实例，多角度、多维度地给读者呈现 Linux 嵌入式系统开发的过程。
- **配备视频操作**，提供全部源代码，**代码可移植**、可重复利用、可二次开发。
- 迎合当下热门的自动控制、物联网、车联网以及人工智能等方向，设置多个项目实例，系统讲解相关项目的开发流程和细节。

本书由淄博职业学院赵凯编写，共约 46 万字。此外，人工智能、物联网、车联网等领域多位专家还为本书担当顾问并协助案例测试和素材整理，力求知识的严谨性和专业性。本书可作为各大专业院校电子、通信、计算机、自动化等专业的"嵌入式 Linux 系统开发"课程教材，也可作为嵌入式开发人员的参考用书，适用读者如下。

- Linux 嵌入式开发初学者。
- 需要系统学习 Linux 嵌入式的开发人员。
- Linux 嵌入式从业人员。
- Linux 嵌入式开发爱好者。
- 大中专院校相关专业学生。
- 相关培训机构学习 Linux 嵌入式开发的学员。

由于作者水平有限，书中疏漏之处在所难免，望广大专家和读者提出宝贵意见。

编　者

目　录

第1章
Linux 嵌入式系统入门

Linux 嵌入式系统整合了嵌入式硬件平台和 Linux 操作系统，多应用于处理复杂度较高、任务数较多的系统中。Linux 嵌入式系统兼顾了硬件平台的差异性和软件系统良好的可移植性，在一些高端应用领域，如路由器、POS 机、工业主机等嵌入式行业中，有着其他嵌入式系统无可比拟的优势。

1.1　小白也要懂——嵌入式系统的应用和发展

嵌入式系统自计算机诞生以来，逐渐渗透到人们生活的衣、食、住、行、用等各个方面，从当下流行的智能穿戴产品，如智能手环、谷歌眼镜等，到购买饮料的自助售货机，再到越来越火的智能家居系统、自驾游的车载终端以及自动驾驶系统……不难发现，在人们日常生活中越来越离不开嵌入式系统。人们熟知的单片机系统多应用在智能小家电、电机驱动、自动化控制以及自然资源勘测等领域，这种系统功能单一、任务少，不需要复杂的时间调度。而像手机、路由器、POS 机、多功能自助售货机以及智能机器人里面的嵌入式系统，由于系统复杂、架构分层明确，普通的裸机程序已经不能满足用户的需求，因此嵌入式操作系统渐渐发展壮大起来。

那么未来嵌入式系统发展趋势如何？下面从以下 4 个方面进行介绍。

1. 嵌入式系统的生态化

嵌入式系统包含硬件系统和软件系统，硬件系统平台化、软件系统模块化，采用整体封装的思想，将嵌入式系统看成一个生态系统，就是要求系统供应商在提供硬件系统的同时，也要提供与之配套的软件、工具链等。

2. 嵌入式系统的专用性

嵌入式系统在某个领域长时间积累经验后，会将技术经验封装在芯片里，或将程序固化在芯片里，比如现在的 WiFi 模块、蓝牙模块、电量芯片等专用化程度非常高的芯片，降低了嵌入式系统的复杂度。

3. 嵌入式系统的精简化

目前的嵌入式系统伴随着处理器向片上系统（SOC）的发展，指令集也越来越精简。硬件模组化也是目前芯片厂商的一个重要发展方向，而且硬件的模块化设计，使得接口逐渐统一，嵌入式系统的开发也变得越来越简单。加上程序运行调试工具越来越精细化，未来的嵌入式系统势必要将软硬件精简化，从而提高产品的开发速度。

4. 嵌入式系统的人性化

人性化要求嵌入式系统在设计之初就要深入调查市场需求，设计友好的人机交互界面，重视用户的体验感。这就要求嵌入式系统的开源化。开源的嵌入式系统，更有利于工程师之间的交流，也有利于问题的检查。

国家新基建的方向着重向着人工智能、大数据以及 5G 基站方向发展，这些技术背后不是单独一个芯片裸机就能支持的，而是需要强大芯片以外的另一个强大的操作系统。因此，学习嵌入式 Linux 系统开发就是我们"后浪"乐此不疲、迎难而上的表现。嵌入式系统市场巨大的需求量，导致大部分 IT 公司（无论大小）都要组建自己的嵌入式系统开发团队，因此我们应该深刻领悟嵌入式系统于个人、家庭、国家的意义。

1.2 嵌入式系统与嵌入式操作系统

嵌入式系统是区别于通用计算机系统的，它是内嵌在设备或者机器内部、对用户无感交互的计算机系统。嵌入式系统的硬件和软件都必须高效率地进行设计，量体裁衣、去除冗余。由于嵌入式系统的相关产品通常需要进行大批量生产，所以单个产品的成本能否节省，会随着产量的增加形成千百倍放大的效果。因此，嵌入式系统开发的专用性和灵活度都很高。

1.2.1 什么是嵌入式系统

在讨论什么是嵌入式系统这个概念之前，先看两组图片，图 1-1 为单片机裸机嵌入式系统应用，图 1-2 为嵌入式 Linux 系统应用。

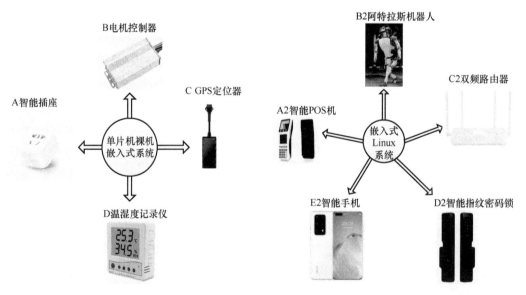

图 1-1　单片机裸机嵌入式系统应用　　　　图 1-2　嵌入式 Linux 系统应用

从图 1-1 和图 1-2 我们可以感受到：第一，图 1-1 的产品相对低端，图 1-2 的产品档次比较高；第二，用户并不能从产品的外观看出哪个是嵌入式单片机系统，哪个是嵌入式

Linux 系统；第三，图 1-1 产品的功能单一，图 1-2 产品的功能复杂。首先可以肯定这种直观感受是正确的，下面从专业的角度再来看这两组图有什么相同点和不同点。

首先，这两组图用户都看不到电路板、芯片以及软件系统，这部分内容都被整机设备内嵌在内部。其次，用户对两组产品的侧重点不同，图 1-1 用户只关注使用的效果和稳定性；而图 1-2 用户更多关注的是系统的交互性，要方便用户操作使用。我们可以简单给嵌入式系统做个总结：嵌入式系统是一种内嵌在机器（设备）内部、能够独自运行的计算机系统单元。嵌入式系统就是计算机系统在各个领域对系统剪裁使之适用于某个领域或者行业的计算机处理单元。

1.2.2　什么是嵌入式操作系统

嵌入式操作系统（Embedded Operating System，EOS）是指用于嵌入式板卡上运行的操作系统。操作系统有很多种，比如人们熟知的 Windows 操作系统、安卓操作系统以及 IOS 系统等，这些都是通用的操作系统而非嵌入式操作系统。常用的嵌入式操作系统有 C/OS-II、FreeRTOS、RTOS、VxWorks、Linux 以及 UNIX 等。

嵌入式系统要内嵌在专用的应用设备中，从而实现对设备的智能化控制，所以它在技术上和普通计算机系统发展方向是不尽相同的。普通的计算机系统更注重娱乐功能和快速的数据处理能力，嵌入式系统的技术发展方向总是提高计算机处理能力和速度，因此迭代速度比较快。嵌入式系统技术发展方向是应用领域细分化、功能专用化、智能化以及高可靠性。

这里要提到剪裁的概念，它指的是硬件以及软件上的剪裁。硬件检查主要根据应用领域对嵌入式系统板卡的硬件功能需求，比如温湿度记录仪，用户只关心对温、湿度环境参数的感知，没有过多延伸的需求，这在设计电路板卡时，只需要处理单元、显示单元以及传感器，其他系统单元比如存储单元、网络处理单元就可以剪裁掉。软件剪裁是指根据设备的使用场景，定制软件功能，比如 POS 主要定制联网刷卡购物的功能，可以忽略它的娱乐功能。嵌入式系统灵活自由的剪裁功能，能够降低劳动成本，提高工作效率。

进入 21 世纪，随着社会的快速发展，嵌入式系统快速增长，嵌入式系统密切联系着人们生活的各个领域。随着 5G 技术、人工智能技术、大数据处理、物联网、车联网、工业 4.0 等概念的兴起，嵌入式技术正在进入自己的"红海"期，这时作为一名合格的嵌入式系统工程师，更需要不断学习，勇于接受新技术、新事物，才能不被社会的发展所淘汰。

1.3　嵌入式系统的分类与特点

嵌入式系统大致根据处理器性能、系统实时性、系统软件复杂度以及系统的应用领域划分为四大类，除了嵌入式系统的应用领域以外，其他三个方面都是嵌入式系统发展的阶段性产物。嵌入式系统以自身高效的处理能力、灵活的裁剪功能、低廉的生产成本，以及专用的技术领域等，成为当下最热门的技术之一。

1.3.1　嵌入式系统的分类

嵌入式系统大致可以划分为处理器、系统性能、系统软件复杂度以及嵌入式系统的行业应用领域四大类，如图 1-3 所示。

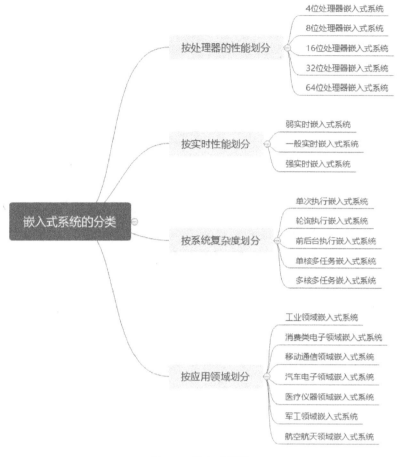

图 1-3　嵌入式系统

1. 按照处理器的性能划分

按处理器性能划分属于从硬件的角度分类，自 20 世纪 70 年代第一块微处理器 Intel 4004 诞生，是真正意义上嵌入式系统的开始。随着科技的进步，处理器的处理性能有着明显的提高，主要处理速度大幅提高，处理器的寻址空间由 4 位、8 位、16 位、32 位发展到 64 位高性能处理器，嵌入式系统也从单面板系统进入了微处理器系统时代。这里需要补充的是处理器发展大致经历了 3 个阶段，第一个阶段是单片微型计算机系统（即 SCM），该阶段主要是寻求最佳的单片形态嵌入式系统体系结构，这也奠定了后来与通用计算机截然不同的技术路线；第二阶段就是单片机（MCU）时代；第三个阶段是片上系统（SOC）时代。

2. 按照系统复杂度划分

若按照系统的复杂程度划分，嵌入式系统根据任务的种类和数量划分为单次执行、轮询执行、前后台模式、单核多任务以及多核多任务的嵌入式系统。单次执行任务系统目前很少见了，比如开机启动点亮一个 LED（发光二极管）的操作；循环执行的嵌入式系统还很多，如让 LED 循环闪烁、软件延时等；前后台模式嵌入式系统随处可见，主要分为前台应用程序和后台中断服务程序，这就是简单嵌入式系统当中用到的前后台的嵌入式系统。图 1-1 中的产品，大多是前后台模式，这种嵌入式系统任务相对较少。随着任务数量的增加，简单的前后台模式在处理多任务时就显得力不从心，于是，一些嵌入式达人开始用低性能单片机来写一些多任务系统，比如基于时间调度的嵌入式系统，就是利用单片机里的定时器，写了一套有点类似操作系统任务调度的函数，来穷尽单片机的所有资源，但这种方式对于用户需求的不断增加还是无可奈何。不过这种基于时间调度的嵌入式系统方式已经开始有了操作系统的意思，也就是单核多任务嵌入式系统的代表。在图 1-2 的产品中，像手机、POS 机则属于多核多任务嵌入式系统。

3. 按照实时性和可靠性划分

按照实时性和可靠性来划分嵌入式系统的话，可划分为弱实时嵌入式系统、一般实时嵌入式系统以及强实时嵌入式系统。其实关于嵌入式实时性一般都和带有操作系统的嵌入式系统联系在一起，但是也有前后台模式实时嵌入式系统。从字面意思理解嵌入式系统的实时性，就是指一个任务从开始执行到执行结束，时间是确定的，可定量计算出来的，比如航天领域的火箭发射以及卫星系统的轨道运行轨迹和速度等。因此像这类对时间严格要求的领域均应采用强实时嵌入式系统，而一般的消费电子类产品不需要这么严格的时间要求，可以使用一般实时嵌入式系统，对不要求时间的场合就可以选用弱实时嵌入式系统。嵌入式系统的实时性和嵌入式系统的成本也是息息相关的。

4. 按照应用领域划分

按照嵌入式系统的应用领域划分，主要分为工业、科学、医疗、民用、军工以及航空航天领域。工业领域主要是自动化产品、工业仪器仪表等；科学领域主要是科学研究领域，比如波士顿动力的人形机器人、无人驾驶系统等；医疗领域中主要是血糖仪、心电图仪器、核磁共振机等；民用领域中有手环、手机、冰箱、洗衣机等；军工类的产品有导弹制导系统、移动单兵作战系统等。

1. 3. 2　嵌入式系统的特点

嵌入式系统层次结构明确，软硬件可以灵活剪裁，系统开销小，有专用性强、统一的接口、实时性高，可以移植各种操作系统，以及开发环境方便搭建的优点，但也有硬件复用度低、软件可移植性差等缺点。

嵌入式系统可以灵活剪裁，从而降低生产成本，提高企业和个人经济效益。例如 GPS 定位系统并不像 POS 机一样需要高性能处理器和复杂的板卡，因此工程师就可以选择性能匹配的处理器和功能匹配的板卡。软件工程师也没有必要非要移植操作系统，直接前后台的模式就能实现 GPS 系统的正常工作。这在降低研发费用的同时，还提高了研发的效率。

嵌入式系统专用性很强，一个嵌入式系统一般都是专门为处理某项工作而设计的，和普通的笔记本或台式计算机相比，系统开销小，从而降低了生产成本。嵌入式系统一般工作都使用统一的接口，比如串口、IIC、SPI、CAN 接口，便于统一接口标准。

嵌入式系统在硬件复用度和软件移植性上显得有些不足，比如前文提到的 GPS 定位系统，一旦板卡设计完成，硬件板卡就只能做 GPS 定位功能使用，不能再做其他的应用了；同样软件也是，很难再移植到别的应用平台。但是嵌入式本来就是专用性系统，因此工程师在设计产品阶段应该配合产品工程师提前预计市场需求，避免生产过剩等问题。

1.4 嵌入式操作系统架构

操作系统的体系结构设计是指选择合适的结构，按照这一结构可以对操作系统进行分层、分模块或分资源等方式的功能划分，通过逐步地分解、抽象和综合，使操作系统功能完备、结构清晰。常用的操作系统体系结构有层次结构和微内核结构两种，本小节对层次结构进行讨论。

图 1-4 是嵌入式操作系统架构，它属于金字塔形，最顶层为应用层，比如聊天软件、人机交互界面以及文件系统等；接着就是系统层，其中的核心是内核，内核的主要作用是管理内存系统、文件系统、外部设备和系统资源；再往下就是驱动层，主要是针对物理硬件的，为内核提供调用的接口，像硬件抽象层以及板级支持包都属于驱动层；最后一层为物理层，主要是电子元器件的连接和电平信号的标准等。

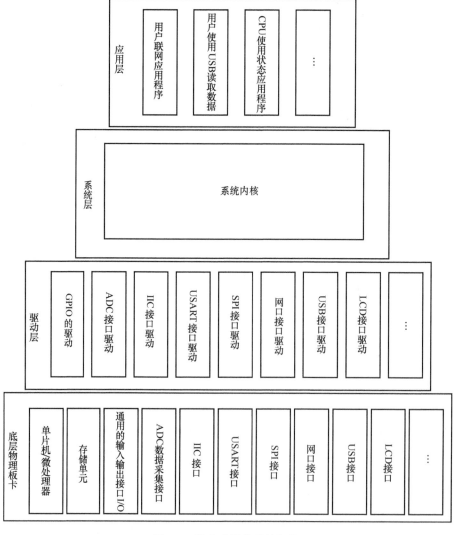

图 1-4　嵌入式操作系统架构

通过这个金字塔的系统架构，不难发现下一层都是通过接口给上一层提供服务的，如何来理解这个系统架构的运行？举个例子，要点亮一个 LED，首先用户通过人机交互界面，将点亮 LED 指令下发给应用软件，应用软件调用操作系统的进程服务接口，操作系统接收到点亮 LED 指令后，通过进程管理调用 GPIO 的驱动程序，然后通过 GPIO 的驱动程序来控制芯片的 GPIO 接口，最后 GPIO 接口通过电平信号的翻转实现对 LED 的点亮操作。

1.5　Linux 系统版本

这里所说的 Linux 系统版本主要为 Linux 发行版。这些发行版由个人、团队、商业机构和志愿者组织编写，它们通常包括了其他的系统软件和应用软件，以及一个用来简化系统初始安装的安装工具和让软件安装升级的集成管理器。大多数系统还包括了提供 GUI 界面的 XFree86 等曾经运行于 BSD 的程序。一个典型的 Linux 发行版包括：Linux 内核、一些 GNU 程序库和工具、命令行 shell、图形界面的 X Window 系统和相应的桌面环境。

1.5.1　Linux 系统分类

根据摩尔定律，集成电路上可容纳的元器件数目，每隔约 2 年将增加一倍，因此微处理器的功能和性能会越来越强大，由 1971 年的 4 位处理器发展到 64 位处理器，才不过约 50 年的时间。这说明信息技术在不断高速发展，而与之配套的操作系统也在不断地更新。简单了解一下 Linux 的历史，不能不提的是 UNIX 操作系统，因为 UNIX 操作系统比 Intel 4004 处理器还要早两年，而 Linux 实际上是 UNIX 的一个分支版本。后来，一名叫 Linus Torvalds 的芬兰大学生编写出了最初的 Linux 内核，那时还不是 Linux 操作系统。Linux 操作系统于 1994 年才正式对外发布 1.0 版本，当时的代码量就有十几万行。

随后 Linux 衍生了很多个版本，这些版本都是以 Linux 为内核，然后根据自己企业和组织的优势以及市场定位，在内核外围开发了很多程序模块。众多的 Linux 发行版本主要有 RedHat、Debian、CentOS、Ubuntu、Fedora 等版本，如图 1-5 所示。随着 Linux 市场化，Linux 也开始分为两类，一类是商业公司维护的发行版本（RedHat 为代表），一类是社区组织维护的发行版本（Debian 为代表）。

图 1-5　Linux 系统发行版本

1.5.2　Ubuntu 操作系统的版本

Ubuntu 就是一个拥有 Debian 所有优点以及自己加强优点的近乎完美的 Linux 操作系统。Ubuntu 是一个相对较新的发行版，但是，它的出现可能改变了许多潜在用户对 Linux 的看法。从前人们会认为 Linux 难以安装和使用，但是 Ubuntu 出现后，这些都成了历史。Ubuntu

基于 Debian Sid，也就是说，Ubuntu 拥有 Debian 的所有优点，包括 apt-get。不仅如此，Ubuntu 默认采用的 GNOME 桌面系统也将 Ubuntu 的界面装饰得简约而不失华丽。

　　Ubuntu 的安装非常人性化，只要按照提示一步一步进行即可，和 Windows 系统同样简便。Ubuntu 被誉为对硬件支持最好、最全面的 Linux 发行版之一，许多在其他发行版上无法使用或者默认配置无法使用的硬件，在 Ubuntu 上都能轻松搞定。Ubuntu 采用自行加强的内核（kernel），安全性方面更上一层楼。并且 Ubuntu 默认不能直接 root 登录，必须从第一个创建的用户通过 su 或 sudo 来获取 root 权限，这也许不太方便，但无疑增加了安全性，避免用户由于粗心而损坏系统。Ubuntu 的版本周期为六个月，弥补了 Debian 更新缓慢的不足。

　　表 1-1 为 Ubuntu 系统的发行版本，均为 LTS（长期支持）版。

表 1-1　Ubuntu 系统的发行版本

序　号	别　名	版　本	发行时间
1	Warty Warthog	4.10	2004.10
2	Hoary Hedgehog	5.04	2005.04
3	Breezy Badger	5.10	2005.10
4	Dapper Drake	6.06 LTS	2006.06
5	Edgy Eft	6.10	2006.10
6	Feisty Fawn	7.04	2007.04
7	Gutsy Gibbon	7.10	2007.10
8	Hardy Heron	8.04 LTS	2008.04
9	Intrepid Ibex	8.10	2008.10
10	JauntyJackalope	9.04	2009.04
11	Karmic Koala	9.10	2009.10
12	Lucid Lynx	10.04	2010.04
13	Oneiric Ocelot	11.04	2011.04
14	Natty Narwhal	11.10	2011.10
15	Precise Pangolin	12.04 LTS	2012.04
16	Quantal Quetzal	12.10	2012.10
17	Raring Ringtail	13.04	2013.04
18	Saucy Salamander	13.10	2013.10
19	TrustyTahr	14.04 LTS	2014.04
20	Utopic Unicorn	14.10	2014.10
21	Vivid Vervet	15.04	2015.04
22	Wily Werewolf	15.10	2015.10
23	Xenial Xerus	16.04 LTS	2016.04
24	Yakkety Yak	16.10	2016.10

（续）

序　号	别　　名	版　　本	发 行 时 间
25	ZestyZapus	17.04	2017.04
26	Artful Aardvark	17.10	2017.10
27	Bionic Beaver	18.04 LTS	2018.04
28	Cosmic Cuttlefish	18.10	2018.10
29	Disco Dingo	19.04	2019.04
30	Eoan Ermine	19.10	2019.10
31	Focal Fossa	20.04 LTS	2020.04
32	Groovy Gorilla（未发行）	20.10	2020.10

1.6　【案例实战】Linux 系统环境搭建

为了帮助读者快速掌握和使用 Linux 系统，本节分别安排了两种基于 Linux 系统的环境搭建，一种是基于 PC + VMware + Ubuntu 的环境搭建；另一种是基于开源硬件树莓派移植 Linux 系统的环境搭建。下面先开始第一种方案的环境搭建。

1.6.1　虚拟机安装 Ubuntu 操作系统

为了方便读者能够快速搭建一套 Linux 系统，在这一小节专门设置了虚拟机安装 Ubuntu 操作系统的详细案例，读者可以通过下面的操作步骤，快速搭建自己的 Linux 系统环境。

Step 1 解压 VMware 安装包并以管理员权限运行 exe 文件，如图 1-6 所示。

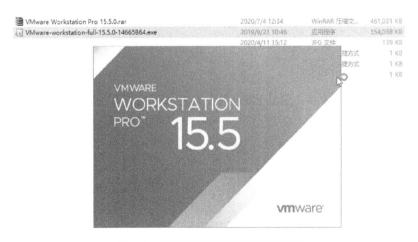

图 1-6　虚拟机开始安装的启动页面

Step 2 在打开的安装导航对话框中选择软件的安装位置，然后单击"下一步"按钮，如图 1-7 所示。

Step 3 在打开的界面中取消勾选相关复选框，单击"下一步"按钮，如图 1-8 所示。

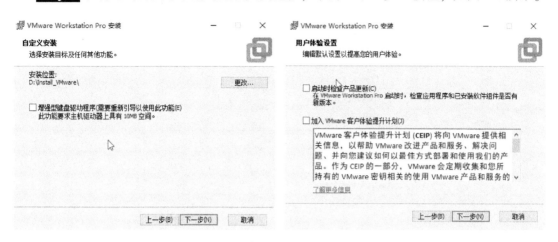

图 1-7　选择安装位置　　　　　　　图 1-8　用户体验设置

Step 4 单击"安装"按钮，开始安装，如图 1-9 所示。

Step 5 安装完成后先单击"许可证"按钮，如图 1-10 所示。

图 1-9　开始安装　　　　　　　图 1-10　准备激活

Step 6 激活后即可完成 VMware 的安装，如图 1-11 所示。

图 1-11　虚拟机安装完成

Step 7 在虚拟机中新建虚拟机，开始 Ubuntu 操作系统的安装，如图 1-12 所示。

Step 8 载入提前下载好的 Ubuntu 操作系统，如图 1-13 所示。

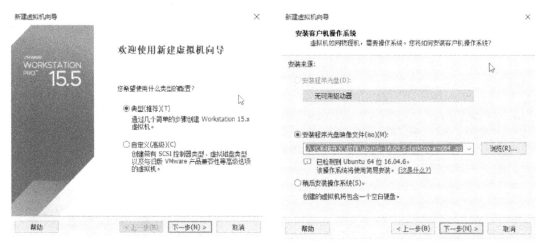

图 1-12　新建虚拟机　　　　　　　　图 1-13　载入 Ubuntu 系统

Step 9 接着选择客户机操作系统，如图 1-14 所示。

Step 10 在打开的界面检查虚拟机的硬件资源配置，单击"完成"按钮，如图 1-15 所示。

图 1-14　选择安装 Linux 系统　　　　　图 1-15　检查虚拟机的硬件资源配置

Step 11 运行配置好 Ubuntu 系统的虚拟机，如图 1-16 所示。

Step 12 开始安装虚拟机里的 Ubuntu 系统，如图 1-17 所示。

Step 13 直接单击"继续"按钮，在打开的界面选择安装位置，然后继续单击"继续"按钮，如图 1-18 所示。

Step 14 选择键盘布局习惯，如图 1-19 所示。

Step 15 创建 Ubuntu 系统登录账号，如图 1-20 所示。

图 1-16　运行配置好的虚拟机

图 1-17　安装 Ubuntu 系统

图 1-18　继续安装

图 1-19　选择键盘布局

图 1-20　创建账号

Step 16 Ubuntu 在虚拟机中的安装过程大概需要十几分钟，如图 1-21 所示。

Step 17 创建 Ubuntu 系统登录账号，如图 1-22 示。

图 1-21　安装等待　　　　　　　　　　图 1-22　登录账号

Step 18 安装完成的 Ubuntu 桌面系统如图 1-23 所示。

图 1-23　Ubuntu 桌面系统

1.6.2　树莓派安装 Ubuntu 操作系统

树莓派是最受创客爱好者欢迎的微型计算机之一，其外观只有信用卡大小，却具备了通用计算机的所有功能，它起初是专门为教学编程所设计的一款计算机。树莓派结构精简、便携、资源丰富，这也是我们选择它来快速搭建 Linux 系统的原因。

我们选择的是 2014 年产的树莓派 2B，如图 1-24 所示。在树莓派上搭建 Linux 系统环境，是非常快速的，因为这个搭建环境非常简单，适合初学者学习和使用 Linux 系统，在进行树莓派移植 Linux 系统之前，需要先准备好镜像文件和相关工具，具体操作如下。

图 1-24　树莓派 2B

Step 1 首先准备一张 16GB 的 SD 卡，卡等级是 Class10，使用工具对其格式化，如图 1-25 所示。

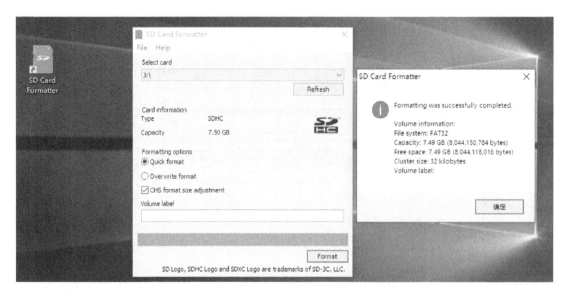

图 1-25　格式化 SD 卡

Step 2 在官方镜像文件下载地址为 https：//www. raspberrypi. org/downloads/raspberry-pi-os/中下载第一个树莓派镜像文件，如图 1-26 所示。

Step 3 使用工具将镜像文件烧录到格式化好的 SD 卡上，如图 1-27 所示。

图 1-26　树莓派官方镜像文件

图 1-27　烧录镜像文件

Step 4 使用远程登录客户端工具远程连接树莓派系统，如图 1-28 所示。

Step 5 接着输入账户和密码，如图 1-29 所示。

图 1-28　远程连接树莓派系统

图 1-29　输入账号和密码

Step 6 成功登录到树莓派系统中，Linux 系统环境搭建完成，如图 1-30 所示。

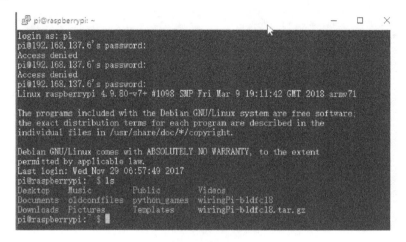

图 1-30　系统登录成功

 小白成长之路：莓派 2B 的技术参数

树莓派 2B 的技术参数具体如下。

1）处理器：900MHz 四核 ARM Cortex-A7 CPU。

2）内存：1GB 内存。

3）外设：100 Base 以太网、4 个 USB 端口、40 个 GPIO 引脚、完整的 HDMI 端口、结合 3.5mm 音频插孔和复合视频、摄像头接口（CSI）、显示界面（DSI）、Micro SD 卡插槽和 VideoCore IV 3D 图形核心。

1.7　要点巩固

作为 Linux 嵌入式系统的入门部分，本章整体讲解了什么是嵌入式系统以及嵌入式操作系统的基本知识，这里还要强调以下几点。

1. 嵌入式系统的概念

嵌入式系统是一种内嵌在机器（设备）内部、能够独自运行的计算机系统单元。

2. 嵌入式操作系统

狭义来讲，只要是运行在嵌入式硬件平台上的支持多任务处理、内存管理、进程管理、协调硬件资源的操作系统，都可以称为嵌入式操作系统。

3. 嵌入式操作系统的架构

嵌入式操作系统一般采用分层的思路来分析和理解嵌入式操作系统的体系架构。

4. Linux 系统版本

这里要区别内核版本和 Linux 的发行版本。首先要明确的是 Linux 系统是免费开源的操作系统，但是免费开源的是系统内核。Linux 系统内核版本一般由 3 部分组成，第一部分为目前发布的内核主要版本编号；第二部分为区别版本的稳定性，一般偶数表示稳定版，奇数表示测试版；第三部分为补丁的次数，也就是内核的修改次数。因此 Linux 系统版本都是基于内核版本的基础上发行的，只是不同企业和组织的名称不同而已。这个类似处理器和处理器内核的概念，像 ARM 主要是芯片的内核方案提供商，而意法、TI、高通则是芯片的提供商。

5. 搭建基于 Ubuntu 的操作系统

为了方便下一章节的开展，本章以实例的形式，讲解了如何在 PC 以及树莓派上搭建基于 Ubuntu 的操作系统，方便读者能够快速掌握 Linux 的常用命令。

1.8 技术大牛访谈——嵌入式系统的一般开发流程

嵌入式系统的一般开发流程有点复杂，原因在于嵌入式系统一般在设计时要分为硬件设计和软件设计，所以涉及的知识面较广。并且嵌入式系统的测试也比较复杂，除了常规的单元测试项目以外，还需要软硬件综合测试，在这个阶段测试工程师也需要比较高的技术水平。

嵌入式产品系统开发需要遵循一定的开发流程，一般从需求分析到总体设计再到最终的嵌入式产品，大致经历 8 个阶段。

阶段 1：产品市场定位

在产品市场定位阶段主要是考虑产品的消费群体和产品最终的技术状态。这有别于产品需求分析，这个阶段主要是从产品整体的定位上制定产品目标。

阶段 2：产品需求分析、市场调研

此阶段是在产品有了初步的市场定位、大致的产品功能以后进行的工作，主要是对人和物的分析。人指的是消费者群体，分析他们的喜好、习惯、经济接受能力等；物则是指产品，分析产品的功能类型、技术特点以及产品可行性等。

阶段 3：产品的规范说明

产品有了需求分析，就能确定产品的功能、外观、技术特点、可行性分析报告，这些都应以文档的形式规范下来，有利于研发工程师在产品开发过程中不偏离研发路线，或者忽略某些关键功能。这些规范和标准在产品开发过程中起着非常重要的作用，甚至是产品成败的关键。

阶段 4：产品的整体设计

产品整体设计阶段主要参与者就是产品经理和研发人员了，产品经理需要将产品整体功能和研发人员交流讨论，将产品的系统架构、平台选择、功能体系、功能框图等体系架构制定下来。根据研发的分工，硬件工程师负责硬件整体设计、软件工程师负责软件整体设计、产品经理统筹协调工作。

阶段 5：产品的详细设计

产品的详细设计阶段，根据产品上一阶段制定的总体方案，研发工程师负责细化体系架构，将整体功能分散细化，硬件工程师负责硬件功能的实现、软件工程师负责软件功能的实现。

阶段 6：产品的调试与验证

产品形成工程样机后，需要将样机交给测试人员测试，测试人员首先要制定测试计划和测试用例，在样机测试的过程中遇到测试问题要记录，在最终测试报告中要突出体现，防止类似问题再次发生。产品测试阶段，研发工程师需要配合测试人员对样机不断优化，如果需要，研发人员应该配合测试。

阶段 7：产品检测

到这个阶段，已经是产品定型了，需要对产品做一些认证、性能试验、功能可靠性试验。这个阶段是产品品质和可靠性检测最后一关，因此研发人员在做需求分析的时候，这个阶段的工作要提前考虑。

阶段 8：产品定型

产品定型阶段属于产品生产阶段的一部分工作，研发测试人员将相应的技术文件、测试文件、装配文件移交生产部门，生产部门先小批量试生产，最后量产。

我们可以通过图 1-31 的流程图，来了解一下嵌入式系统的开发流程。

嵌入式产品开发流程大体就是按照以上八个阶段开发。开发流程不是一成不变的，需要根据嵌入式产品的特点进行适当调整，但是总体开发流程不会差别太大。

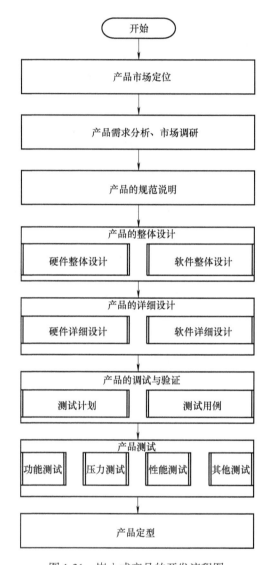

图 1-31　嵌入式产品的开发流程图

第 2 章
Linux 操作系统基础知识

Linux 操作系统能够让软件和用户实时交互，没有停滞感，用户操作简单化、人性化。从应用软件编程人员的角度，有了 Linux 操作系统后，应用工程师可以从复杂的硬件电路中解放出来，不再关注底层硬件的差异，解耦软硬件技术层次。对于 Linux 操作系统的开发人员来说，设计操作系统的目的在于管理计算机的软硬件资源。

在众多的 Linux 发行版本中，我们选择 Ubuntu 操作系统来给读者介绍 Linux 系统的基础知识，主要因为使用带有桌面版本的 16.04. LTS 版本，给初学者的感受不会太陌生，并且 Ubuntu 的学习资料丰富，易于初学者上手。

2.1 小白也要懂——操作系统的功能

操作系统功能非常强大，它采用分层思想，将软硬件剥离开，然后通过文件系统、内核、驱动程序将系统功能划分为小的软件单元。操作系统的主要功能有：处理器的进程管理、内存管理、设备管理、文件管理以及人机交互接口等。

1. 处理器的进程管理

操作系统能够根据内核的处理能力和核心数来管理处理器创建和撤销进程。当有多个进程时，操作系统能够协调多个进程并发执行。同时操作系统还为进程间提供了相互通信的机制，实现相互合作进程之间的信息交换。

2. 内存管理功能

内存管理的主要作用就是为多个进程的运行提供合适的内存空间，提高内存的使用率，方便用户使用。内存管理主要指的是内存分配，操作系统在进行内存分配时，有两种分配策略，一种是静态分配方式，这种分配方式是在程序载入时提前确定好的，在程序运行过程中不允许内存变动；另一种是动态内存分配，和静态分配不同的是，程序运行中可以动态地修改内存大小。除此之外，内存管理功能还体现在内存保护、地址映射以及内存扩展等方面。

3. 设备管理功能

设备管理主要是指 I/O 设备和 CPU 之间的协调工作，它的主要任务就是完成用户提出的 I/O 操作请求，为用户进程分配所需的 I/O 设备，并完成制定的 I/O 操作。设备管理的其他功能有缓存管理、设备分配以及设备处理。

4. 文件管理功能

文件管理功能主要是对用户文件和系统文件进行管理，方便用户使用和保存文件。文件管理功能为每个文件分配必要的内存空间，提高外部存储的利用率，进而提高文件系统的存取速度。文件管理的一个功能就是目录管理，目录管理是给每个文件建立一个目录项，目录包括文件名、文件属性、文件在磁盘的物理位置等，并对众多的目录项加以有效的组织，方便按名存取，还能实现文件共享和快速的目录查询。

5. 人机交互接口

操作系统获得用户认可的重要因素之一就是有好的人机交互界面，操作系统首要条件就是提供用户接口，为了方便用户直接或者间接控制自己的作业，操作系统要向用户提供命令接口。此外操作系统还应提供程序接口，即用户程序在执行访问系统资源时调用的接口。

2.2 Linux 操作系统基本命令

Linux 操作系统之所以学习起来比较困难，首先是因为系统的基本命令比较多，其次是命令需要跟着各种参数。因此在刚开始学习 Linux 操作系统时，要先熟悉基本命令和常用命令，切忌对着系统命令死记硬背，这样会增加学习难度，容易受挫。我们要边学边用边记忆，这样在学习 Linux 操作系统过程中就熟悉了命令，随着学习内容的深入，会渐渐明白基本命令的执行过程，更加有利于理解和记忆 Linux 系统命令。

2.2.1 Linux 操作系统权限管理

Linux 操作系统不是单一用户的操作系统，它是多用户操作系统，主要分为普通用户权限和超级用户权限。超级用户权限最大，可以访问系统的所有文件，而普通用户只能访问不受限制的文件，对于系统命令也是如此。

在学习 Linux 操作系统基本命令之前，首先需要了解 Linux 操作系统的权限管理，要知道在 Linux 操作系统下，有三种不同类型的用户，分别是 user 用户（也称为文件用户）、group 用户（同组用户）和访问系统的 others 用户（其他用户）。除了三种用户类型以外，Linux 系统还设置了 rwx 权限。图 2-1 显示了文件的读写属性。

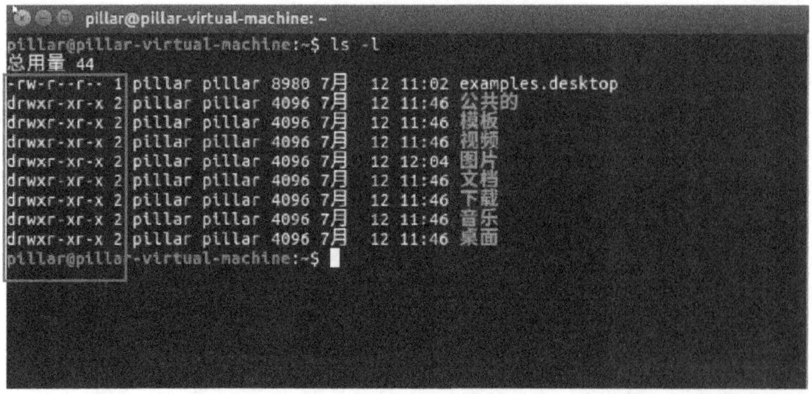

图 2-1　普通用户 home 目录文件的详细信息

小白成长之路：Linux 操作系统的 rwx 权限

1）r（Read，读取）：对文件而言，具有读取文件内容的权限；对目录来说，具有浏览目录信息的权限。

2）w（Write，写入）：对文件而言，具有新增、修改文件内容的权限（但不含删除该文件）；对目录来说，具有新建、删除、修改、移动目录内文件的权限。

3）x（eXecute，执行）：对文件而言，具有执行文件的权限；对目录来说，该用户具有进入目录的权限。

1. Linux 操作系统的 rwx 权限

文件的 rwx 权限整体上分为 4 部分，分别是文件类型、用户权限、同组用户权限和其他用户权限，如图 2-2 所示。

d	r w x	r w x	r - -
文件类型	user权限	group权限	other权限

图 2-2　文件的 rwx 权限分类

Linux 的文件类型分别有文件夹（d 表示）、普通文件（-表示）、链接（l 表示）、块设备文件（b 表示）、管道文件（p 表示）、字符设备文件（c 表示）以及套接口文件（s 表示）。

user 权限：第 2 ~ 4 位表示这个文件的属主拥有的权限。r 是读、w 是写、x 是执行。

group 权限：第 5 ~ 7 位表示和这个文件属主所在同一个组的用户所具有的权限。

other 权限：第 8 ~ 10 位表示其他用户所具有的权限。

2. 权限修改

权限修改是为了给文件类型添加或者删除不同用户权限的读、写、执行权限，为了方便权限的修改，这里使用数字修改权限记忆法。我们将图 2-2 的文件 rwx 属性分类重新定义，除了文件类型，每个组设置 3 位八进制数表示形式，如图 2-3 所示。

-	r w x	r w x	r - -
文件类型	user权限	group权限	other 权限
文件类型	111	111	100

图 2-3　文件的 rwx 权限数字表示形式

小白成长之路：~ $、/ $、~#和/#的含义

1）$：表示普通用户。

2）#：表示超级用户。

3）~：表示 home 目录。

4）/：表示根目录。

3. 修改文件夹的权限

下面将介绍如何使用命令修改文件夹的权限，操作步骤如下。

Step 1 首先在 pillar 用户下新建 new 文件夹，然后查看详细信息，如图 2-4 所示。

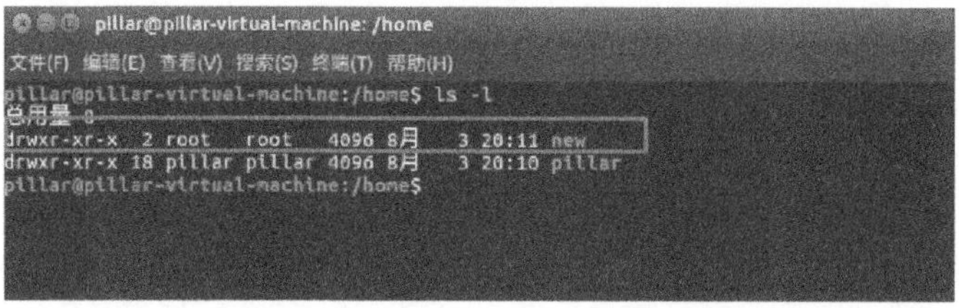

图 2-4　查看 new 文件夹详细信息

Step 2 修改 new 文件夹的 other 权限下的写入权限，如图 2-5 所示。

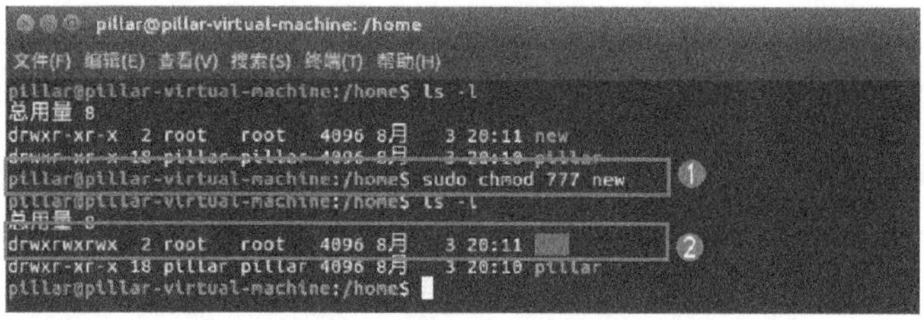

图 2-5　修改 new 文件夹 other 用户的写权限

Step 3 限制 user 用户权限下的读、写权限，如图 2-6 所示。

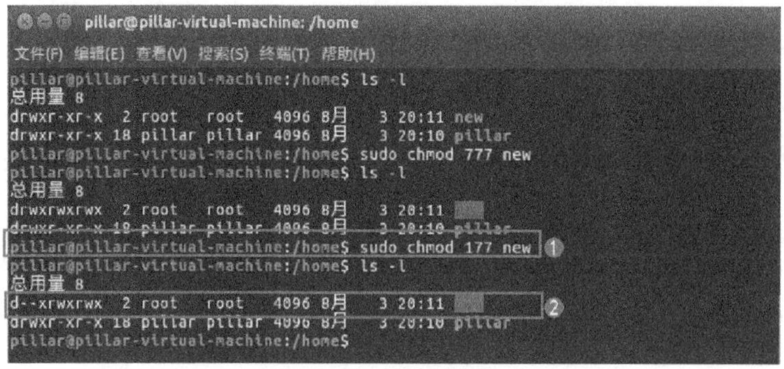

图 2-6　限制 pillar 用户读、写权限

小白成长之路：su 和 sudo 的区别

- su 命令是系统用来切换用户的，sudo 则表示使用超级用户来执行命令，一般指 root 用户。
- 在 Linux 系统命令中输入 su 命令，默认是切换到 root 用户下，而使用 sudo 命令是查看当前用户下可以使用 sudo 执行的命令。

2.2.2　Linux 常用基本命令

Linux 操作系统和 Windows 操作系统使用方式最大的不同在于，Linux 使用命令的方式和计算机进行交互，而 Windows 操作系统使用友好的窗口方式和用户交互，因此学习使用 Linux 操作系统的难度要远远大于 Windows 操作系统。Linux 操作系统命令种类繁多，命令参数丰富，因此用户在刚开始学习 Linux 操作系统时，不需要掌握全部的操作命令，先掌握常用的基本命令即可。

1. ls 文件信息列表命令

ls 命令用于查看当前目录的文件信息，常用参数 -l，查看文件详细信息；参数 -a 查看当前目录所有文件，包括隐藏文件；参数 -al，综合了列表查看和全部查看内容，如图 2-7 和图 2-8 所示。

图 2-7　ls、ls -l、ls -a 命令　　　　　　　　　图 2-8　ls -al 命令

2. pwd 当前工作目录打印命令

pwd 命令用于打印当前工作目录的绝对路径，如图 2-9 所示。

图 2-9　pwd 命令

3. cd 目录切换命令

cd 命令用于在目录间切换，常用的方式为 cd［目录参数］。目录参数只能是相对目录或者绝对目录，其中 cd ~ 表示用户切换到用户目录，cd/ 代表用户切换到根目录，cd. 表示当前目录，cd. . 代表返回上级目录，如图 2-10 所示。

图 2-10　cd 命令

4. mkdir 文件夹创建命令

mkdir 命令用于创建目录，在 pillar 目录下，使用 mkdir file 命令创建了一个名为 file 的空白文件夹，如图 2-11 所示。

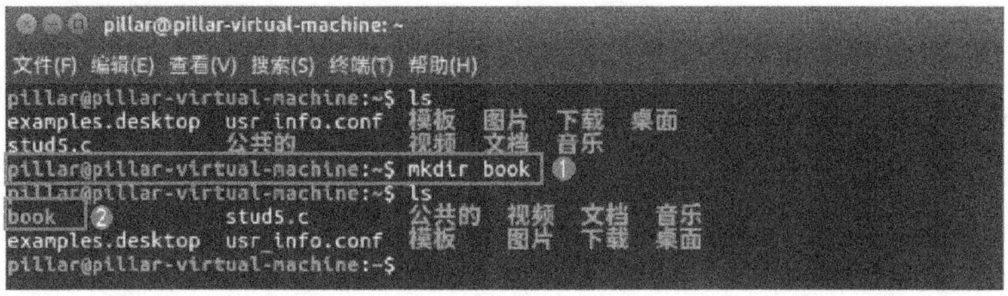

图 2-11　mkdir 命令

5. touch 创建文件命令

touch 为创建空白文件命令，如图 2-12 所示。

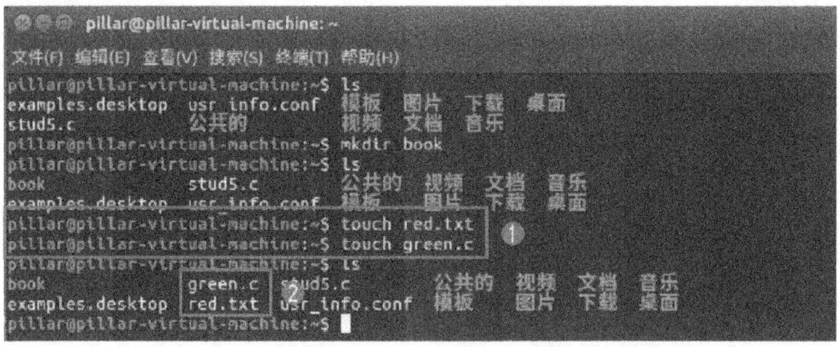

图 2-12　touch 命令

6. rm 删除文件命令

rm 命令用于删除文件或文件夹，rm pathname 删除文件，-r 参数删除文件夹，-rf 参数以递归方式删除文件夹及其文件，如图 2-13 所示。

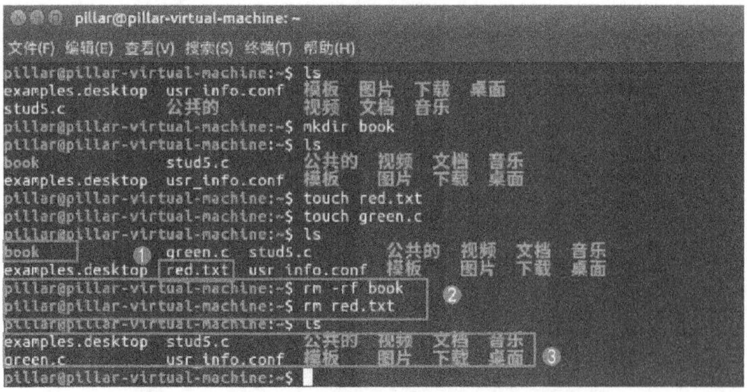

图 2-13　rm 命令

7. chmod 文件权限修改命令

Linux 的文件调用权限分为三级：文件拥有者、群组和其他。用户可以利用 chmod 命令修改文件的权限，如图 2-14 所示。

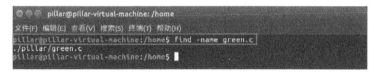

图 2-14　chmod 命令

8. find 文件查找命令

Linux 操作系统下的查找命令，常用的有 find 命令，该命令是根据文件的属性进行查找，如文件名、文件大小、所有者、所属组、是否为空、访问时间以及修改时间等，其中/代表全盘搜索，也可以指定目录搜索，如图 2-15 所示。

图 2-15　find 命令

9. mv 文件移动命令

mv 是文件或者目录移动操作命令，作用是将指定的文件或目录移动到指定的位置。此外，mv 命令还用于重命名文件和目录。例如，让我们将一个名为 amy 的文件从当前工作目录移动到一个名为 test 的现有子目录中，同时将文件的名称更改为 first，如图 2-16 所示。

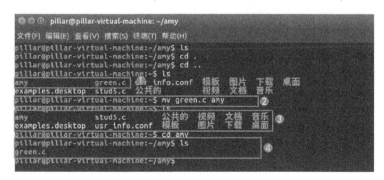

图 2-16　mv 命令

10. apt-get 安装包管理工具命令

apt-get 通常用于主流 Linux 系统，包括 Debian 和 Ubuntu，是 Linux 系统在线安装、卸载软件的程序，apt-get install tree 和 apt-get remove tree 命令的应用如图 2-17 和图 2-18 所示。

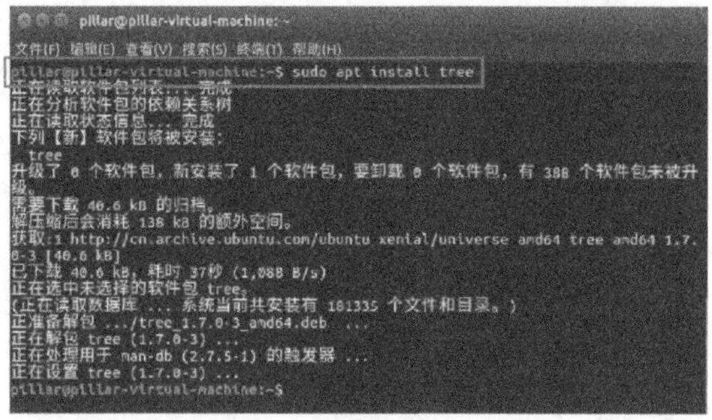

图 2-17　apt-get install tree 命令

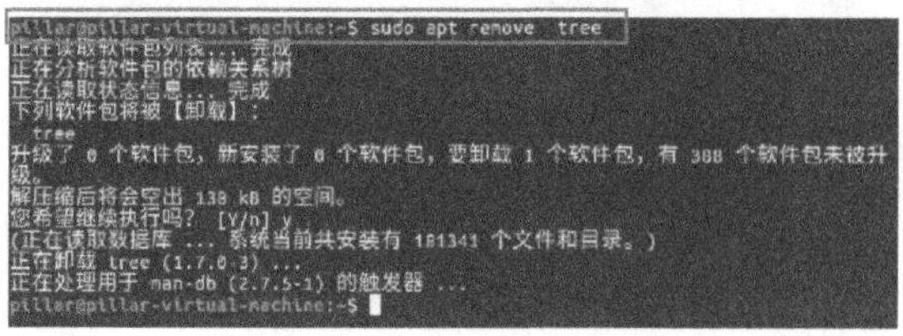

图 2-18　apt-get remove tree 命令

本小节主要讲解了 Linux 常用的基本命令，在学习的时候，切忌死记硬背，随着内容的继续讲解，学习的命令会越来越多，大家在学习的时候，要多动手、多实践，这样才能更好且熟练地掌握 Linux 的命令。

 小白成长之路：关于 **apt-get 命令**

apt-get 命名的安装和卸载都是在线的，也就是说 Ubuntu 必须联网才能使用 apt-get。

apt-get 安装软件的原理：由于 Linux 操作系统的发行版、内核版本众多且本身具备高度灵活的定制性等特点，造成了 Linux 中软件的不兼容性。在 Linux 中安装软件是一件困难的事情，有时装了软件不一定能用。Ubuntu 解决了这个问题，Ubuntu 为适合某个发行版的所有软件做了一个列表，用户通过 apt-get install 的方式安装软件，就会实时连接到 Ubuntu 服务器，服务器会根据当前的 Ubuntu 版本，下载合适的软件来安装。这样确保了软件的兼容性。

apt = apt-get、apt-cache 和 apt-config 中最常用命令选项的集合。

2.3　Linux 操作系统下的 vi 和 vim 编辑器

vi 编辑器是 Linux 文本编辑器中最流行的编辑器之一，类似 Windows 自带的记事本编辑软件。不同的是 vi 编辑器没有记事本操作方便，用户在使用时，首先要掌握 vi 编辑器的几种工作模式，然后要了解使用 vi 常用的编辑命令。网络运维选用 vi 编辑器的原因，是因其占用网络带宽小。vi 编辑器功能非常强大，是 Linux 操作系统中的重要组成部分。

　　vi 编辑器有三种工作模式，分别是浏览模式、插入模式以及底行模式。浏览模式下可以控制屏幕光标的移动，可以对字符、字或行进行删除，还可以执行移动、复制等操作，用户在任何模式下只需要通过 Esc 键就可以返回浏览模式；在用户输入 i 关键字符时，vi 编辑器就进入了插入模式；当用户在浏览模式下输入冒号（:）则进入底行模式。vi 编辑模式转换，如图 2-19 所示。

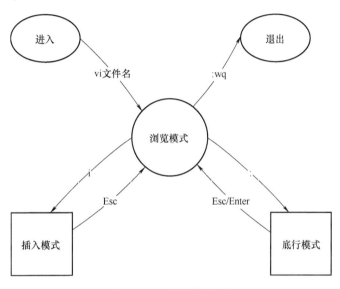

图 2-19　vi 编辑模式切换

2.3.1　vi 的基本操作

　　在 Linux 操作系统中，Linux 内核是内置 vi 编辑器的，不需要 Linux 系统安装完成后在线安装。因为 vi 编辑页面和我们习惯使用的记事本操作方式完全不同，操作上不是很友好，Linux 下很多程序接口可以直接使用它进行编辑处理。在学习如何使用 vi 编辑器之前，用户可以先查看一下它的版本，如图 2-20 所示。

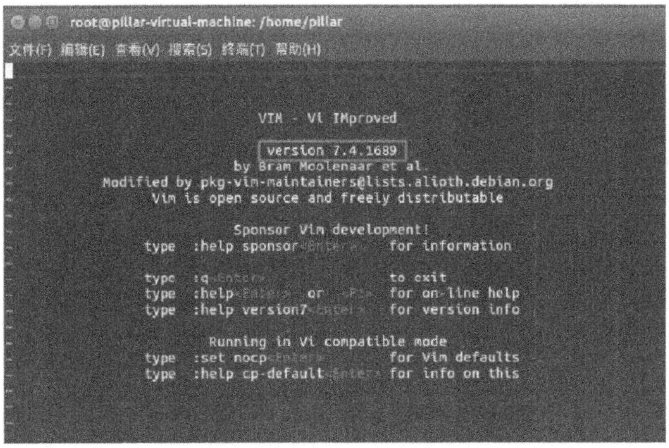

图 2-20　查看 vi 编辑器版本

vi 编辑器的命令非常多，初学者刚开始使用时会不习惯，因此掌握 vi 编辑器使用方式的第一步就是要先了解它的常用命令，新手可以对照表 2-1 的命令，多多练习 vi 的编辑方式。

表 2-1 vi 编辑常用命令表

序 号	命 令	描 述
1	vi	从控制台进入 vi 编辑器
2	vi filename	创建名为 filename 的文件并进入 vi 编辑器
	命令行模式	
3	i	从光标所在的字符前插入
4	a	从光标所在的字符后插入
5	o	从光标所在行的下面插入空白行
6	I	从光标所在行的行首插入
7	A	从光标所在行的行末插入
8	O	从光标所在行的上面插入空白行
9	s	删除光标所在字符进入插入模式
10	S	删除光标所在行进入插入模式
11	Esc	插入模式切换到命令行模式
12	k	类似向上方向键
13	j	类似向下方向键
14	h	类似向左方向键
15	l	类是向右方向键
16	Ctrl + u	向上移动半页
17	Ctrl + d	向下移动半页
18	Ctrl + b	向上移动一页
19	Ctrl + f	向下移动一页
20	0	光标移动到所在行的行首
21	gg	移动到文本的第一行
22	G	移动到文本的最后一行
23	$	光标移动到所在行的行尾
24	^	光标移动到所在行的行首
25	w	光标跳到下个字的开头
26	e	光标跳到下个字的字尾
27	b	光标回到上个字的开头
28	x	每按一次，删除光标所在位置的一个字符
29	nx	如 3x 表示删除光标所在位置开始的 3 个字符
30	X	删除光标所在位置的前一个字符
31	nX	如 3X 表示删除光标所在位置的前 3 个字符
32	dd	删除光标所在行

（续）

序　号	命　令	描　述
33	ndd	如 3dd 表示删除光标所在行开始的 3 行字符
34	yw	将光标所在之处到字尾的字符复制到缓冲区
35	$n$yw	复制 n 个字符到缓冲区
36	p	将缓冲区里的内容写到光标所在位置
37	r	替换光标所在处的字符
38	R	替换光标所在处的字符，直到按下 Esc 键为止
39	u	撤销命令，可多次撤销
40	Ctrl + g	列出光标所在行的行号
41	nG	表示移动光标到文本的第 n 行行首
42	ZZ	存盘退出
43	ZQ	不存盘退出
		末行模式
44	:	先按 Esc 键进入命令行模式，再按 Esc 键进入末行模式
45	set nu	开启每行的行号
46	setnonu	取消每行的行号
47	n	n 代表数字，表示跳到 n 行
48	/关键字	先按/，在输入关键字后按 Enter 键查找字符（查找），按 n 键查找下一个
49	? 关键字	类似 "/关键字"
50	! 命令	Windows 下运行 dos 命令，Linux 下运行 shell 命令
51	s /a/b	将光标所在行的第一个 a 替换为 b
52	s /a/b/g	将光标所在行的 a 全部替换为 b
53	w	保存修改的文件
54	w filename	保存并命名为 filename
55	q	退出 vi
56	q!	强制退出无法退出的 vi
57	wq	保存并退出

对于 vi 编辑器的基本操作，我们主要演示 vi 编辑器对文件的编辑和保存操作，具体操作细节如图 2-21 和图 2-22 所示。

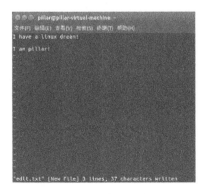

图 2-21　编辑操作

图 2-22　保存操作

2.3.2　vim 的基本操作

vim 编辑器是 vi 编辑器的升级版，最新发行的 Linux 系统也逐渐将 vim 内置。对于嵌入式 Linux 系统开发来说，掌握 vim 编辑器有利于提高代码编写的效率。vim 编辑器和 vi 编辑器相比更加方便，但是 vim 不属于内置在 Linux 中的软件，大部分的 Linux 系统需要在线安装 vim 支持包，如图 2-23 所示。

vim 支持包安装完成以后，可以通过 vim 命令查看支持包的版本信息，如图 2-24 所示。

图 2-23　在线安装 vim 支持包　　　　　　　　图 2-24　vim 版本信息

为了能够更好地区别 vi 编辑器和 vim 编辑器，特别选择分别由 vi 和 vim 编写的 hello world 的 c 程序文件，如图 2-25 和图 2-26 所示。

图 2-25　vi 编辑器编写　　　　　　　　图 2-26　vim 编辑器编写

作为 vi 编辑器的升级版，vim 在使用上更简单方便，不仅增加了颜色代码提示、编译及错误跳转等编程功能，还增加了模式切换提醒功能，当用户键入 i 字符时，尾行显示"插入"字样。回到浏览模式时"插入"字样消失，用户键入，行列号提示消失。vim 的基本操作指令和 vi 相兼容，因此这里不再赘述。

2.4　链接文件

在 Linux 系统中，为了给系统中的文件创建一个别名，类似 Windows 系统下的快捷方式，会用到链接文件命令，也称为连接文件命令，主要用于在文件之间建立链接关系。Linux 系统下有两种链接文件方式，一种是符号链接文件方式也叫软链接，另一种是硬链接方式。通过文件系统 inode 方式产生新文件别名的属于硬链接，软链接类似快捷方式，都是基于 ln 链接文件命令。

1. 软链接的特点

1）软链接以路径的形式存在，类似 Windows 操作系统中的快捷方式。

2）软链接可以跨文件系统，硬链接不可以。

3）软链接可以对一个不存在的文件名进行链接。

4）软链接可以对目录进行链接。

2. 硬链接的特点

1）硬链接以文件副本的形式存在。

2）目录不允许创建硬链接。

3）具有相同 inode 的多个文件互为硬链接文件。

4）硬链接只有在同一个文件系统中才能创建。

小白成长之路：链接文件的注意事项

1）ln 命令会保持每一处链接文件的同步性，也就是说，不论用户改动了哪一处，其他的文件都会发生相应的变化。

2）ln 的链接又分软链接和硬链接两种，软链接就是 ln-s 源文件目标文件，它只会在用户选定的位置生成一个文件的镜像，不会占用磁盘空间；硬链接 ln 源文件目标文件，没有参数-s，它会在用户选定的位置生成一个和源文件大小相同的文件，无论是软链接还是硬链接，文件都保持同步变化。

3）ln 指令用在链接文件或目录，如同时指定两个以上的文件或目录，且最后的目的地是一个已经存在的目录，则会把前面指定的所有文件或目录复制到该目录中。若同时指定多个文件或目录，且最后的目的地并非一个已存在的目录，则会出现错误信息。

2.5　跨平台的文件传输协议

Linux 操作系统下进行文件传输有多种方式，像 scp、rcp、wget 以及 rsync 等，但是这些文件传输方式都是基于 Linux 平台的，而做嵌入式系统开发，难免要跨平台操作文件，因此需要借助和平台无关的文件传输协议，那就是 FTP。

2.5.1　什么是 FTP

FTP（File Transfer Protocol，文件传输协议）属于应用层协议，处于 OSI 模型的最顶层，是基于 TCP/IP 的应用层协议。因此 FTP 属于可靠性连接协议，FTP 开启的过程，就是套接字（Socket）建立过程，因此也经历了三次握手信号才建立起来。

和其他应用层协议不同的是，FTP 会使用传输层的两个端口号，并且做了区分，21 端口号是命令端口，20 端口号表示数据传输端口。21 端口控制 Socket 用来传送命令，20 端口用于传送数据 Socket。每一个 FTP 命令发送之后，FTP 服务器都会返回一个字符串，其中包括一个响应代码和一些说明信息。其中的返回码主要用于判断命令是否被成功执行了。对于有数据传输的操作，主要是显示目录列表，而上传和下载文件，需要依靠另一个 Socket 来完成。

FTP 又分主动模式和被动模式。主动模式：服务端通过指定的数据传输端口（默认 20），主动连接客户端提交的端口，向客户端发送数据。被动模式：服务端开启数据传输端口的监听，被动等待客户端的连接，然后向客户端发送数据。这里主动和被动是相对于 FTP 服务器而言的，如果服务端主动连接客户端就是主动模式，服务端被动等待客户端连接（客户端主动连接服务端）就是被动模式。

2.5.2 虚拟机 Linux 系统启用 FTP 服务

FTP 的优势在于能够跨平台传输文件。用户在 Windows 平台完成交叉编译后的文件，如何传输给 Linux 系统运行呢？又或者用户在 Linux 系统下编辑好的文档怎么传输到 Windows 平台？除了使用 USB 设备或者借助工具外，可以通过 FTP 跨平台文件传输。

为了方便读者快速使用 FTP 服务进行跨平台的文件互传，本小节将介绍虚拟机 Linux 系统启用 FTP 服务的过程，具体操作步骤如下。

Step 1 在启用虚拟机里的 Linux 系统 FTP 服务时，要确保物理机和虚拟机里的系统能够 ping 通，如图 2-27 和图 2-28 所示。

图 2-27　虚拟机 ping 通物理机

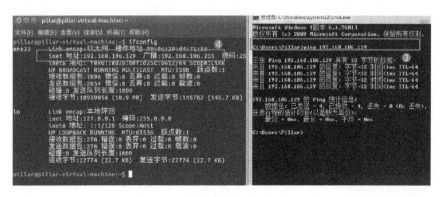

图 2-28　物理机 ping 通虚拟机

小白成长之路：FTP 服务网络设置注意事项

　　物理机和虚拟机里的系统能 ping 通的实现前提是物理机和虚拟机都在同一个网段内，上一页的操作并没有使用同一网段内的 IP 地址也能相互通信的原因在于物理机使用无线局域网共享模式，且虚拟机在配置网络时，选择 NAT 方式连接，这样虚拟机就虚拟出了一台交换机，物理机的共享网络则连接在这台虚拟交互机上，因此物理机可以和虚拟机进行网络通信。

Step 2 安装 FTP 服务器，如图 2-29 所示。

Step 3 修改 FTP 服务器的配置参数，输入 sudo vi /etc/vsftpd. conf，进入图 2-30 的界面。

图 2-29　安装 FTP 服务器　　　　　　　　　　图 2-30　FTP 参数设置

Step 4 重启 FTP 服务器，如图 2-31 所示。

图 2-31　重启 FTP 服务器

Step 5 FTP 服务器在虚拟机里搭建起来了，下面我们跨平台访问 FTP 服务器，如图 2-32 和图 2-33 所示。

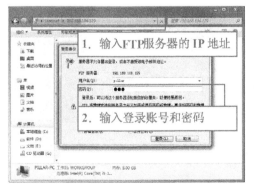
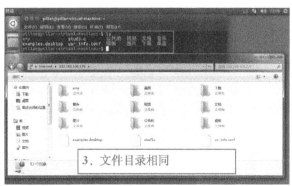

图 2-32　Windows 平台下访问 FTP 服务器　　　　图 2-33　访问 FTP 服务器成功

Step 6 成功访问 FTP 后，就可以跨平台进行文件操作了，如图 2-34 所示。

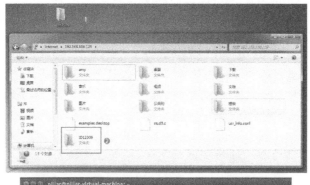

图 2-34　文件的跨平台操作

2.6　【案例实战】Hello World！两种编程方式

　　嵌入式 Linux 系统开发过程中肯定会涉及编程，那么在这一小节，特别安排了两种编程方式，打印最经典的"Hello World！"。一种是采用 C 语言的编程方式来实现，另一种是采用 shell 脚本的方式来实现。这部分内容只做功能演示，不解释细节，在后续章节中会详细阐述。

　　为了能够让读者直观地感受在 Linux 系统下编程，本小节专门设置了采用 C 语言和 shell 脚本的编程案例，读者可以通过下面的操作步骤来动手实践。

1. Hello World！——C 代码编程

　　先使用 vi first.c 在普通用户下新建一个文件，然后使用 C99 的标准编写一个 C 程序，接着调用 gcc 编译器编译执行，如图 2-35 和图 2-36 所示。

图 2-35　Linux 系统下的 C 编程

图 2-36　C 编程输出 Hello World！

2. Hello World！——shell 脚本编程

使用 vi first. sh 创建一个脚本文件，然后使用 shell 语句进行脚本命令的编写，最后调用 bash 解释器解释 shell 脚本，如图 2-37 和图 2-38 所示。

图 2-37　Linux 系统下的 shell 编程　　　　　图 2-38　shell 编程输出 Hello World！

2.7　要点巩固

本章介绍了 Linux 操作系统的基础知识，目的是给读者扫盲，让初学者先了解 Linux 操作系统的基础知识，这样我们后续的讲解才不会让读者感觉到茫然，这里还需要强调本节的要点知识。

1. 了解操作系统的基本功能

操作系统作为硬件和用户交互的中间层，负责处理器的进程管理、内存管理、设备管理和文件管理等功能。

2. 掌握 Linux 系统下常用的基本命令

对于 Linux 系统下的常用命令，需要读者多动手操作，切莫死记硬背。这里需要注意的是我们在终端上使用的命令，统称为 shell 命令，由 shell 命令组合编辑的文本，称为 shell 脚本，shell 和 shell 脚本的执行都依赖 bash 解释器。作为内核和应用程序接口的中间层，shell 也被称为壳（相对于内核）。

3. 掌握 vi 与 vim 编辑器的用法和命令

vim 编辑器是 vi 编辑器的升级版，但是 Linux 系统一般内置了 vi 编辑器，因此读者还是需要多实践 vi 编辑器的基本命令，特别是 vi 编辑器的三种模式以及三种模式切换的键入按键。

4. 使用链接文件

链接文件分为软链接和硬链接，我们要了解两者的区别和相同点。

5. 搭建 FTP 服务器

掌握 FTP。为了满足嵌入式 Linux 系统开始过程中的跨平台文件互传需要，我们需要掌握建立 FTP 服务的流程，这在后续章节讲解的系统移植部分会用到。在 FTP 搭建过程中要确保互联平台之间的网络是连通的，可以使用 ping + ip 地址的测试方式。此外 Windows 平台登录 Linux 平台的 FTP 站点时需要账号和密码，这是跨平台操作时需要注意的。

2.8 技术大牛访谈——Linux 操作系统架构

Linux 操作系统宏观上可以分为应用程序、内核层和硬件层，结构上是自顶向下。首先是和用户也就是使用者打交道的应用程序，应用程序向上提供友好的人机交互接口，向下调用操作系统的服务接口。第二层为系统内核层，这一层主要是操作系统功能特点的体现，比如进程管理、设备管理、内存管理以及文件管理。除此以外，系统内核还包括驱动程序。最后一层就是底层的硬件物理层，这一层是系统基础资源，如图 2-39 所示。

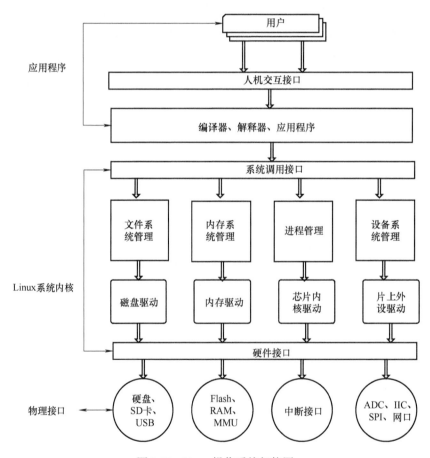

图 2-39　Linux 操作系统架构图

1. 应用程序

像腾讯 QQ、支付宝、微信、360 安全卫士等，都属于应用程序。这类软件有良好的用户接口，比如支付宝的登录页面。有形象的运行状态，如 360 安全卫士查杀病毒。有各种编译器以及编译环境，都是以人的常规思维状态设计而成的。应用程序不关心底层硬件，只关心操作系统类型，因为现在不是所有的软件都是跨平台，比如苹果系统无法安装安卓和微软的应用程序，反之亦然。应用程序关注操作系统主要是因为操作系统提供的调用接口是差异化的。设想一下，如果应用程序没有系统接口可以调用，其功能就非常单一了。

2. Linux 系统内核

上文列举了不同操作系统平台提供的系统接口是有差异化的，这个差异化的本质是因为操作系统的内核不同。首先我们要明白什么是系统内核，以 Linux 操作系统内核为例，Linux 内核是一个稳定的代码，它需要为多个用户程序服务，为了防止用户空间的某些程序使 Linux 内核代码崩溃或产生其他问题，而不能为其他用户服务，内核向应用程序提供接口函数，并在这些接口函数中加上防护策略，向符合接口函数的应用程序提供服务，同时也保护了系统内核。

Linux 内核层与硬件层之间的接口是驱动程序，驱动程序负责硬件操作，内核提供了驱动程序的添加机制，便于开发人员将驱动代码添加到内核中。

3. 物理接口

物理层接口是以电平信号为对象，完成各种电平信号之间的相互转换，通常电平信号变换前后其承载的信息保持不变，因此，无论如何变换，电平信号之间总是存在某种映射关系。硬件物理层接口取决于硬件系统的资源，硬件系统资源主要包括：处理器、存储器、I/O 设备、通信接口以及扩展接口。其中微处理器又是硬件资源的核心，因为处理器的性能决定着硬件系统的处理速度、GPIO 口的数量、内存大小、通信接口以及扩展接口。

第 3 章
Linux 嵌入式系统下编程

计算机的发展经历电子管时代、晶体管时代、集成电路时代以及超大规模集成电路时代，而编程语言和硬件的发展是息息相关的，编程语言也经历了机器语言、汇编语言、高级编程语言和自然编程语言四个阶段，如图 3-1 所示。

1. 机器语言

所谓机器语言，就是计算机能直接识别和执行的语言。机器语言因为指令都是二进制码，一般生涩难记，但执行速度最快。不同类型机器有不同的机器码，因此机器语言移植性差。

2. 汇编语言

汇编语言是一种非常接近机器语言的编程语言，也属于低级语言，它和机器语言的主要区别在于汇编语言增加了助记符，因此比机器语言容易记忆，但是汇编语言会根据不同的 CPU 有着不同的指令集，所以移植性还是很差。

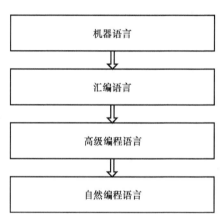

图 3-1　编程语言的四个阶段

3. 高级编程语言

高级编程语言已经没有机器语言和汇编语言生涩的影子了，高级编程语言的语法习惯接近人的使用习惯，不再像机器语言和汇编语言那样一次只执行一条指令，可以一行包括多条指令，开发程序的效率大大提高，高级编程语言移植性要远远优于机器语言和汇编语言。

4. 自然编程语言

自然编程语言是未来计算机编程语言发展的趋势，随着编程越来越简单，甚至可以忽略底层硬件设备的差异性。自然编程语言的发展会降低对编程人员的技术要求，程序设计人员可以忽略程序编译过程，只注重状态转移和控制策略，比如 SQL 语句就近似自然编程语言的一种。

3.1　小白也要懂——C 语言的发展过程

C 语言之所以命名为 C，是因为源自 Ken Thompson 发明的 B 语言，而 B 语言则源自 BC-

PL 语言。C 语言形成于著名的贝尔实验室，于 1972 年形成雏形。其中有个重要的人物就是丹尼斯·里奇（Dennis Ritchie），被称为 C 语言之父，如图 3-2 所示。

图 3-2　C 语言之父

谈到 C 语言的发展，就不得不提 UNIX 系统，因为 C 语言形成的重要原因是早期科学家们用来开发 UNIX 系统的。由于汇编语言需要借助各种各样的助记符，移植起来非常困难，因此科学家们不得不转换思路来开发代码量巨大的 UNIX 系统。C 语言采用程序化的编程风格，模块化的编程思想，极大地简化了开发 UNIX 系统的复杂度。

1. C 语言的版本

C 语言作为高级编程语言，不是一蹴而就的。在 1972 年 C 语言刚开始形成，后来由 C 语言之父丹尼斯·里奇和他的搭档布莱恩·科尔尼干共同开发 K&R C 版本，这个版本要早于标准 C 语言版本，因此业界不认为这是一个正式的版本。直到 1989 年由美国国家标准局（American National Standards Institute，简称 ANSI）正式批准 C 语言标准。这也就是人们经常使用和提到的 C89 标准。接着在 1990 年提交到 ISO（国际标准化组织），形成了 ISO C90 标准。我们以后再看到 ANSI C89 或 ISO C90 就不需要疑惑了，它们是一个概念，都是标准 C 语言。C 语言的标准也是不断变化和完善的，比如 1999 年修订的 C99 标准、2011 年修订的 C11 标准。因此如非特殊说明，我们使用的都是标准 C 语言，但是涉及使用的哪个版本的 C 标准，需要根据年限来推断。

2. 如何查看 gcc 编译器支持 C 语言的版本

在近几年的 Linux 系统发行版本中一般都是内置了 gcc 编译器，可以通过 gcc--version 命令来查看 gcc 的版本，以及支持的 C 标准，如图 3-3 所示。也可以使用 man gcc 来直接查看 gcc 支持的 C 标准，如图 3-4 所示。

```
pillar@pillar-virtual-machine: ~
pillar@pillar-virtual-machine:~$ gcc --version
gcc (Ubuntu 5.4.0-6ubuntu1~16.04.11) 5.4.0 20160609
Copyright (C) 2015 Free Software Foundation, Inc.
This is free software; see the source for copying conditions.  There is NO
warranty; not even for MERCHANTABILITY or FITNESS FOR A PARTICULAR PURPOSE.

pillar@pillar-virtual-machine:~$
```

图 3-3　查看 gcc 编译器的版本

```
pillar@pillar-virtual-machine: ~
    gnu89
          GNU dialect of ISO C90 (including some C99 features).

    gnu99
    gnu9x
          GNU dialect of ISO C99. The name gnu9x is deprecated.

    gnu11
    gnu1x
          GNU dialect of ISO C11. This is the default for C code. The
          name gnu1x is deprecated.

    c++98
    c++03
          The 1998 ISO C++ standard plus the 2003 technical corrigendum
          and some additional defect reports. Same as -ansi for C++ code.

    gnu++98
    gnu++03
          GNU dialect of -std=c++98. This is the default for C++ code.

    c++11
    c++0x
```

图 3-4　Ubuntu 16.04 LTS 查看 gcc 支持的 C 标准

3.2 Linux 系统下 C 语言的编程基础

在这一小节中，主要讲解在 Linux 系统环境下 C 语言的基础操作。这里重点介绍运算符和程序设计的三种基本结构。由于篇幅受限，不能面面俱到，如果没有任何编程语言基础的读者，建议先阅读 C 程序的基础书籍，这里以概述的方式来把握 C 语言基本体系结构。

什么是程序化的编程语言？要了解这个问题，首先要知道什么是程序。计算机对程序的定义就是：按照一定顺序执行的一系列的指令。程序的功能是控制计算机执行程序员设计的动作，它是人与计算机沟通的交流语言。

3.2.1 记住标识符

标识符是程序语言中变量名、函数名、类型名、文件名等的统称，标识符不是随便编辑的，而是有规则的，要求是字母、数字、下划线的排列组合，但是首个字符不能是数字，区分字母大小写。为什么区分字母大小写呢？换个思路理解，标识符都是由 ASCII 字符组成，大写 A 的 ASCII 码值是十进制 65，小写 a 的 ASCII 码值是十进制 97，因为 ASCII 码值不一样，所以 C 语言对字母大小写是区别对待的。理论上标识符没有字节长度的限制，但是 C 标准允许编译器忽略第 31 个字节以后的字符，也就是意味着标识符允许的最大字符是 32 个（0~31）。

C 语言标识符不能和关键字重名，因此有些关键字不能作为标识符来使用，如表 3-1 所示。

表 3-1　C 语言的关键字表

auto	union	static	while
short	enum	volatile	goto
int	typedef	void	continue
long	const	if	break
float	unsigned	else	default
double	signed	switch	sizeof
char	extern	for	return
struct	register	do	case

3.2.2 C 语言中的数据

对于程序来说，它的主要工作实际就是在操作各种各样的数据，这里数据是宏观意义上的，不是单纯指某个数字或者字符。C 语言作为面向过程的高级语言，其核心工作就是完成程序员要求它处理的各种数据。

在 C 语言中有各种类型的数据，比如常量、整型变量、字符型变量、有符号、无符号等，同时这些数据类型的存储方式有大端方式存储和小端方式存储，此外还有在程序中定义的数据作用域以及链接属性等。由此看来 C 语言中的数据比较烦琐。

1. 基本数据类型

在 C 语言中基本数据类型可分为 4 大类，分别是整型、浮点型、指针类型以及构造数据类型。我们在日常使用中看到那么多的数据类型，其实都是由这 4 大类基本类型衍生出来的。这里我们先讨论整型和浮点型数据，指针类型和构造类型数据在后面章节有详细介绍。

（1）整型

整型细分为长整型、整型、短整型，根据有无符号又划分为有符号长整型、无符号长整型、有符号整型、无符号整型、有符号短整型以及无符号短整型，如表 3-2 所示。

表 3-2　整型数值表

名　　称	类型标识	缩写标识	位　　数	数 值 范 围
短整型	short int	short	16	−32768 ~ +32767
无符号短整型	unsigned short int	unsigned short	16	0 ~ 65535
整型	int	int	32	−2147483648 ~ 2147483747
无符号整型	unsigned int	unsigned int	32	0 ~ 4294967295
长整型	long int	long	32	−2147483648 ~ 2147483747
无符号长整型	unsigned long int	unsigned long	32	0 ~ 4294967295

小白成长之路：整型的注意事项

ANSI C 标准并没有严格规定长整型一定要大于整型或者短整型，只是规定了三种整型的最小值范围。这需要编译器根据计算机 CPU 的寻址范围来定义。

（2）浮点型

浮点数也称小数或实数。例如，0.23、0.98、89.3 都是合法的小数。这些常见的小数是以十进制的形式表现出来的。C 语言中采用 float 和 double 关键字定义小数，float 称为单精度浮点型，double 称为双精度浮点型，long double 是更长的双精度浮点型。这些关键字定义在 float.h 中，它们对应文件中的 FLT_MAX、DBL_MIN 和 LDBL_MIN。

小白成长之路：浮点型数据的注意事项

浮点数在缺省值状态下默认是 double 类型的，除非有关键声明或者是在浮点数后面跟着一个 L 或者 l，用来表示它是一个 long double 类型的值，或者跟一个 F 或 f 来说明它是一个 float 类型的值。

（3）字符型

在 C 语言中字符型数据只能用单引号括起来，字符串类型则使用双引号括起来。其次是字符型数据只能是单个字符或者其 ASCII 码的形式赋值。但是数字被定义为字符型之后就不能直接参与算术运算，比如'1' + 2 = 0x33。

小白成长之路：转义字符

转义字符是一种特殊的字符，它是不同于字符原有的意义，以反斜线 \ 开头，后面跟着一个或者多个字符。例如我们前面使用的 \ n 指的就是换行的意思。转义字符一般用来表示字符不方便表示的控制代码。

字符变量和我们说的整型、浮点型变量类似，它的类型说明符是 char。字符变量的命名规则和标识符定义的一样。字符变量在内存中通常只需要一个字节的内存空间，因此字符变量的内容就是 ASCII 码表中的字符。比如 ASCII 中字符 1 的十六进制形式为 0x31，而在计算机中的二进制码为 0011 0001。

2. 常量和变量

常量是在程序中保存不变的量，在程序执行的过程中其值不能被改变，通常出现在宏定义、表达式语句、赋值语句中。此外，使用关键中 const 修饰的变量也是常量。

常见的常量有整型常量，如 23、100；有实型常量，如 3.14；有字符型常量，如 a、\ n；还有字符串常量，如 abc、1234。字符型属于整型的一种，因为字符型值的范围是整型数据的子集，如表 3-3 所示。

表 3-3　字符型数值表

名　　称	类型标识	缩写标识	位　　数	数值范围
有符号字符型	signed char	char	8	− 128 ~ 127
无符号字符型	Unsigned char	unsigned char	8	0 ~ 255

小白成长之路：指针常量和常量指针的区别

1）指针常量：在指针常量中，指针自身的值是一个常量，不可改变，始终指向同一个地址。在定义的同时必须初始化。

2）指针常量本质上是一个不能修改的地址值。

3）常量指针：在常量指针中，指针指向的内容是不可改变的，指针看起来是指向了一个常量。

4）常量指针本质上是一个常量，只是可以有不同的指针来指向它。

变量在程序运行过程中，允许值的内容可以随时修改。因此要求变量在使用之前必须先声明，最好带着初始化，且必须要声明数据类型。关于变量的命名规则，可以参考标识符的命名规则。变量命名必须用字母或下划线开头，只能是字母、下划线、数字的组合，不能出现其他符号。变量名不能使用 C 语言中的关键字。

3. 字符串

字符串是一种非常重要的数据类型，但是 C 语言中不存在显式的字符串类型，其中的字符串都以字符串常量的形式出现或存储在字符数组中。同时，C 语言提供了一系列库函数来使用字符串，这些库函数都包含在头文件 string. h 中。

小白成长之路：字符和字符串的区别

1）字符通常是由单引号括起来，字符串则是由双引号括起来。

2）字符只能包含一个 ASCII 码值，字符串能够由一个和多个字符组成。

3）字符数据可以赋值给一个字符变量，但是字符串数据不能赋值给一个字符变量。

4）字符只占用一个字节的内存空间，但是字符串占用的字节数等于字符串中字符数再加 1。增加的一个字节存放字符 '\0'，表示字符串结束的标志。

3.2.3　运算符和表达式

运算符是用来表示各种不同运算的符号，比如加减乘除四则运算就属于 C 语言中的算术运算符。除了算术运算符以外，还有关系运算符、逻辑运算符、赋值运算符、条件运算符以及逗号运算符等。

表达式则是由带有运算符的操作数组成的式子，其实运算符和表达式也可以看成一个整体，因为它们总是相辅相成的。如果抛开运算符，单看表达式是没有意义的，反之亦然。

1. 算术运算符及其表达式

算术运算符不仅包括加减乘除四则运算，还包括取整和取余。乘除和取余操作优先级要高于加减运算，其中加减乘除中如果是整型之间做运算得到的还是整型，如果参与运算的两个数中有一个是浮点数，结果都是浮点型数；取余操作要求参与运算的两侧的操作数必须为整型数据，且运算结果的正负号和取余左边的操作数相同；'/' 除操作，如果两边操作数都为整数，此时是取整操作。

2. 关系运算符及其表达式

关系运算符主要有大于（>）、小于（<）、等于（==）、不等于（!=）、大于等于（>=）、小于等于（<=）这六种关系型运算符，其中大于、小于、大于等于和小于等于优先级高于等于和不等于。关系运算符常常用来判断两个表达式之间的大小关系，当关系表达式成立即值为非零数值，不成立时值为 0。

3. 逻辑运算符及其表达式

逻辑运算符包括逻辑与（&&）、逻辑或（||）以及逻辑非（!）三种。逻辑表达式为真时结果为 1，为假时结果为 0。逻辑与的规则是两个逻辑表达式均为真，结果才为真，其他情况为假。逻辑或的规则是只要参与运算的两个逻辑表达式中一个为真结果就为真，只有两个逻辑表达式都为假时结果才为假。非零的值参与逻辑运算时，等价为 1。

4. 赋值运算符及其表达式

赋值运算符包括 =、*=、/=、%=、&=、|=、^=、<<= 和 >>=。赋值表达式的格式为：变量 = 表达式。赋值表达式的值等于右边表达式的值，而结果的类型由左边变量的类型决定。a+=b+c 等同于 a=a+(b+c)，a-=b+c 等同于 a=a-(b+c)，a*=

$b + c$ 等同于 $a = a * (b + c)$，$a / = b + c$ 等同于 $a = a / (b + c)$，$a\% = b + c$ 等同于 $a = a\%(b + c)$。

5. 条件运算符及其表达式

"?:"是 C 语言里面唯一的一个三目运算符。"表达式 1？表达式 2：表达式 3"，先计算表达式 1 的值，若为真则返回表达式 2 的值作为整个条件表达式的值，否则返回条件表达式 3 的值。

6. 逗号运算符及其表达式

逗号运算符属于 C 语言运算符中优先级最低的，可以用作参数列表的分割符，也可以用作运算符，它的运算意义是从左向右顺序执行。逗号运算符的一般形式为：表达式 1, 表达式 2, 表达式 3, ……, 表达式 n。

7. 位运算符及其表达式

位运算是直接对整型数据在内存中的二进制位进行操作。位运算有左移位操作（<<）、右移位操作（>>）、位取反操作（~）、位或操作（｜）、位与操作（&）以及位异或操作（^）。

小白成长之路：自增与自减运算符

++i：先自增 1，再使用 i。
i++：先使用 i，再自增 1。
--i：先自减 1，再使用 i。
i--：先使用 i，再自减 1。

8. 优先级

C 语言将运算符的优先级划分为 15 个等级，为了便于理解运算符的优先级，又分为单目、双目和三目运算类型。单目就是只有一个对象（变量或者常量）参与运算，双目就是有两个对象，三目就是有三个对象。进一步描述运算过程，有左结合和右结合，它们的意思分别是运算过程从左向右执行和从右向左执行，如表 3-4 所示。

表 3-4　运算符的优先级

优先级	运算符	名称或含义	使用形式	结合方向	说　明
1	[ ]	数组下标	数组名 [常量表达式]	左结合	
	( )	圆括号	（表达式）/函数名（形参表）		
	.	成员选择（对象）	对象.成员名		
	- >	成员选择（指针）	对象指针 - > 成员名		
	++	后置自增运算符	++变量名		单目运算符
	- -	后置自减运算符	- -变量名		单目运算符

（续）

优先级	运算符	名称或含义	使用形式	结合方向	说　明
2	−	负号运算符	− 表达式	右结合	单目运算符
	（类型）	强制类型转换	（数据类型）表达式		
	++	前置自增运算符	变量名 ++		单目运算符
	− −	前置自减运算符	变量名 − −		单目运算符
	*	取值运算符	* 指针变量		单目运算符
	&	取地址运算符	& 变量名		单目运算符
	!	逻辑非运算符	! 表达式		单目运算符
	~	按位取反运算符	~ 表达式		单目运算符
	sizeof	长度运算符	sizeof（表达式）		
3	/	除	表达式/表达式	左结合	双目运算符
	*	乘	表达式 * 表达式		双目运算符
	%	余数（取模）	整型表达式/整型表达式		双目运算符
4	+	加	表达式 + 表达式	左结合	双目运算符
	−	减	表达式 − 表达式		双目运算符
5	< <	左移	变量 < < 表达式	左结合	双目运算符
	> >	右移	变量 > > 表达式		双目运算符
6	>	大于	表达式 > 表达式	左结合	双目运算符
	> =	大于等于	表达式 > = 表达式		双目运算符
	<	小于	表达式 < 表达式		双目运算符
	< =	小于等于	表达式 < = 表达式		双目运算符
7	= =	等于	表达式 = 表达式	左结合	双目运算符
	! =	不等于	表达式 ! 表达式		双目运算符
8	&	按位与	表达式 & 表达式	左结合	双目运算符
9	^	按位异或	表达式^表达式	左结合	双目运算符
10	|	按位或	表达式 | 表达式	左结合	双目运算符
11	&&	逻辑与	表达式 && 表达式	左结合	双目运算符
12	| |	逻辑或	表达式 | | 表达式	左结合	双目运算符
13	?:	条件运算符	表达式 1? 表达式 2：表达式 3	右结合	三目运算符
14	=	赋值运算符	变量 = 表达式	结合	
	/ =	除后赋值	变量/ = 表达式		
	* =	乘后赋值	变量 * = 表达式		
	% =	取模后赋值	变量% = 表达式		
	+ =	加后赋值	变量 + = 表达式		
	− =	减后赋值	变量 − = 表达式		
	< < =	左移后赋值	变量 < < = 表达式		

（续）

优先级	运算符	名称或含义	使用形式	结合方向	说　明
14	＞＞＝	右移后赋值	变量＞＞＝表达式	右结合	
	＆＝	按位与后赋值	变量＆＝表达式		
	＾＝	按位异或后赋值	变量＾＝表达式		
	｜＝	按位或后赋值	变量｜＝表达式		
15	，	逗号运算符	表达式，表达式，…	左结合	从左向右顺序运算

小白成长之路：强制类型转换

　　在编程过程中往往需要类型之间相互转换，但是由于在起始声明时类型名称不一致，因此就需要强制类型转换。如（float）（5%3），这就将5%3的值转换成float类型。需要强调的是，在强制类型转换时，会产生一个所需类型的中间数据，而原来的变量的类型未发生变化。

3.2.4　C语言的三种基本结构

　　使用C语言编写的算法，无论简单或复杂，最终都可以由顺序结构、选择结构和循环结构这三种基本结构组合而成。这三种基本结构也称为程序设计的三种基本结构。实际上我们接触的其他编程语言或者脚本语言通常也包括这三种基本结构。

1. 顺序结构

　　三种基本结构中顺序结构最简单，顾名思义，顺序结构表示程序中的各个操作按照它们在程序中的排列顺序依次执行，其流程如图3-5所示。

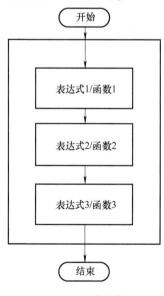

图3-5　顺序结构

图 3-5 中表示一个顺序结构程序执行的过程。对于程序来说，一般顺序结构是最外层的，因为所有的程序在执行的过程中都遵循自上而下、从左到右的执行顺序。即便是中断、回调函数也遵循这一规则，只不过它们是从程序执行的不同角度来定义的。

2. 选择结构

选择结构也称为条件结构，本质上讲选择的前提是要有选择的条件，有了条件以后，程序在执行过程中，满足条件时执行某一操作流程，不满足条件时执行另一个操作流程，如图 3-6 所示。

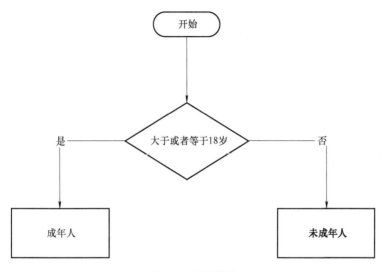

图 3-6　选择结构

小白成长之路：选择结构的分类

多重选择结构：该结构是指在 if...else 语句中的 else 代码块中包含其他的 if 语句。

嵌套选择结构：是指在 if...else 语句中的 if 代码块中包含其他的 if 语句。

多分支选择结构：switch...case 语句用于多分支选择结构，这里需要注意的是分支条件必须是整型的表达式，分支条件的结果必须和 case 中的整型数保持一致，否则需要使用默认（default）分支。

条件表达式：条件表达式可以代替简单的 if...else 语句，但不是所有的 if...else 语句都可以使用条件表达式来代替，因为条件表达式必须返回一个值，所以不能调用没有返回值的函数。

3. 循环结构

在编程中根据设定条件周而复始地执行固定代码段的结构，称为循环结构。循环结构的特点：在设定条件成立（为真）时，重复执行固定的代码段，直到程序不成立（为假）。循环结构分为当型循环（while）、直到型循环（do-while）以及 for 循环。其中 for 循环和 while 循环相似，都属于先判断后执行的循环结构，而 do-while 循环则是属于先执行再判断的循环结构。循环结构的一般流程如图 3-7 所示。

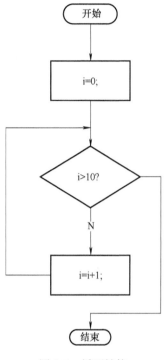

图 3-7　循环结构

 小白成长之路：循环结构中的跳转语句

1）break 语句通常用来改变程序的控制流。break 语句用于 do-while 循环、while 循环和 for 循环中，可使程序终止循环而执行循环后面的语句，break 语句一般和选择结构语句一起使用，比如，若选择条件为真，跳出循环，否则继续执行循环语句。换句话说，如果已经执行 break 语句，就不会再执行该 break 语句后的循环语句。需要特别注意的是，在多层循环结构中，一个 break 语句只能向外跳转一层。

2）continue 语句的功能是跳过本次循环，转去执行下一次循环。对于 while 循环和 do-while 循环，执行 continue 语句完毕后的下一个动作就是去判断循环条件是否成立；而对于 for 循环，continue 语句执行完毕后，下一个动作是变量值的更新。

3）在编程时如果使用嵌套循环，必须将被嵌套的循环语句完整地包含在外层循环的循环体中。如果程序中有需要嵌套多层循环结构，建议将执行时间最长的循环结构放在最内层、最短的循环放在最外层，这样可以减少 CPU 跨切循环层的次数。

3.3　Linux 系统下 C 语言的进阶编程

C 语言进阶编程主要是围绕数组、指针、函数、构造数据类型展开的，这部分内容和上一小节相比，在内容理解方面提升了一点难度，尤其是指针，因此指针是本小节的重点内容，也是学好 C 语言、用好 C 语言、理解 C 语言的关键。进阶编程会配合示例代码讲解，这样理解起来更容易些。

3.3.1　C 语言的数组

C 语言中数组的命名和标识符命名规则一致，在这里我们需要关注数组的初始化、数组类型、数组的访问方法、一维数组和二维数组。

在创建数组时，我们必须定义数组的类型和大小，数组的大小不能为 0，数组中的元素类型都是相同的。

```
char array[10];                 //数组要声明数组大小,数组大小必须为常量,不能是变量。
```

数组的初始化有多种方式，一般数组定义好后就要初始化。

```
int arr1[3] = {1, 2, 3};        //一般的数组初始化
int arr2[] = {1, 2, 3};         //在这里,arr[3]里边的数字可以不用写
int arr3[3] = {1, 2};           //也是可以的,只是把最后一个数初始化为 0 了而已
int arr4[3] = {1, 2, 3, 4};     //是不可以的,不能超过数组长度
char arr5[3] = {'a', 98, 'c'};  //因为是字符类型,所以 98 其实就是字符'b'
char arr6[] = "abcdef";         //字符串数组
```

一维数组初始化和赋值操作，具体如下。

```
#include < stdio. h >
int main()
{
    int arr[10] = { 0 };
    inti = 0;
    for (i = 0; i < 10; i ++)    //i < =10、i <11 都是不可以的,数组越界错误
    {
        arr[i] = i;
    }
    return 0;
}
```

二维数组初始化和赋值操作，具体如下。

```
#include < stdio. h >
int main()
{
    Int arr[3][4] = { 0 };
    for(inti =0;i <3;i ++)                //循环 1
    {
        for(int j =0;i <4;j ++)           //循环 2
        {
            Arr[i][j] =100;
```

```
        }
    }
    return 0;
}
```

数组是在内存中连续的一段地址空间，因此在访问数组时常用下标来访问。由于数组名本身就是数组首地址，因此下标总是从零开始，数组名［下标］就是数组对应元素的内存地址。

 小白成长之路：使用数组的注意事项

1）数组下标越界编译器不会报错，因为数组的外部内存空间，不确定是否有权限，如果越界访问程序可能奔溃。

2）数组采用下标来访问数组元素，数组下标总是从 0 开始，到数组元素个数的 n-1 结束。

3）数组作为函数参数的时候，传递的是地址。

4）字符数组不等于字符串，因为字符串中必须包含 '＼0' 字符串结束转义字符，但是字符数组可以不包含，也可以包含多个。其次，对于相同字符的字符串和字符数组来说，字符串数组初始化要比字符数组多一个字节的存储单元。字符串数组是字符数组的一个子集。

3.3.2　C语言的指针

指针是 C 语言中最为重要的一个数据类型，它也是用来区别 C 语言和其他编程语言与众不同的地方。指针使用非常灵活方便，能够让编程人员高效便捷地进行编程。尽管指针功能强大，但有时也会让程序员苦恼。原因在于 C 语言不对指针操作进行限制。比如定义一个整型变量，那么这个变量在初始化阶段就在内存中占据了一个固定的位置，然而每个变量的内存位置都是有 CPU 地址总线唯一寻址得到的，如果想访问这个变量，一是可以直接使用声明好的变量名来访问，二是可以使用相同类型的指针指向它，然后使用该指针来访问变量。变量的地址就相当于人们的身份证，是唯一的。指针只是地址的一个别名，所以指针就是地址。

1. 指针的定义

指针就是一个用来存储地址的变量，指针里面储存的不是内容，是存放的内存地址。在讨论指针之前，需要先讨论一下计算机的内存地址，我们知道计算机内存地址是一个连续的存储空间，这里暂且比作有一排 100 间的房子，假定一个变量就占用一个房间，给这 100 个房间从 0 ~ 99 编号，这里定义房间钥匙对应内存地址。首先声明一个变量，如 int p = 3，这个时候假设系统给 p 这个变量分配第 0 号房间。然后再定一个指针类型的变量 int ＊q，假设系统给指针变量 q 分配房间号为第 23 号，如果执行 q = &p 操作，这时我们在第 23 号房间里能够发现 0 号房间的钥匙，这样 q 指针变量就能使用 0 号房间里的东西。

2. 指针变量

为了更好地说明指针变量这个概念，我们看一个例子，具体如下。

```
int a = 10;          //定义一个整型变量,变量内容是具体的数值 10
int * P = &a;        //定义一个整型的指针变量,变量的内容是整型变量 a 的内存地址
```

从上面的例子可以得出指针变量存储的是地址的结论。之所以称为变量,是因为地址的值是可以动态变化的。在定义指针时要声明指针所指向的类型,指针在初始化时规范操作要让指针指向确定的地址空间,防止出现"野指针"导致内存泄漏。

在学习的过程中,我们要搞清指针四方面的内容:指针的类型、指针所指向的类型、指针的值或者叫指针所指向的内存区,以及指针本身所占据的内存区。

3. 指针类型

既然指针变量所占内存地址都是一样的(这是由 CPU 的位数决定),为什么还要在定义指针变量的同时声明基本数据类型呢?因为不同类型的数据在内存中所占的字节数是不同的,比如 int 型数据占 4 字节、char 型数据占 1 字节。而每个字节都有一个地址,比如一个 int 型数据占 4 字节,就有 4 个地址。指针变量所指向的是这 4 个地址中的第一个地址,即它里面保存的是其所指向的变量的首地址。通过所指向变量的首地址和该变量的类型,就能知道该变量的所有信息。

从语法的角度看,只要把指针声明语句里的指针名字去掉,剩下的部分就是这个指针的类型。这是指针本身所具有的类型,让我们看看下面几个例子中各个指针的类型。

```
int * ptr;           //指针的类型是 int *
int * * ptr;         //指针的类型是 int * *
int ( * ptr)[3];     //指针的类型是 int( * )[3]
int * ( * ptr)[4];   //指针的类型是  int * ( * )[4]
```

4. 指针指向类型

当我们通过指针来访问指针所指向的内存时,指针所指向的类型决定了编译器将把那段内存区里的内容当做什么来看待。从语法上看,只需把指针声明语句中的指针名字和名字左边的指针声明符 * 去掉,剩下的就是指针所指向的类型。

```
int * ptr;           //指针的指向类型是 int
int * * ptr;         //指针的指向类型是 int *
int ( * ptr)[3];     //指针的指向类型是 int()[3]
int * ( * ptr)[4];   //指针的指向类型是  int * ()[4]
```

5. 指针所指向的内存区

指针的值是指针本身存储的数值,这个值将被编译器当成一个地址,而不是一个一般的数值。在 32 位程序里,所有类型的指针的值都是一个 32 位整数,因为 32 位程序里内存地址全都是 32 位长。指针所指向的内存区就从指针的值所代表的那个内存地址开始,长度为 sizeof(指针所指向的类型)的一片内存区。以后我们说一个指针的值是 XX,就相当于说该指针指向了以 XX 为首地址的一片内存区域;我们说一个指针指向了某块内存区域,就相当于说该指针的值是这块内存区域的首地址。指针所指向的内存区和指针所指向的类型是两个完全不同的概念,示例如下。

```
Int a = 0x08000000;  //a 中存储一个内存地址 0x08000000
int * ptr = &a;      //指针 ptr 指向 a 的内存地址
int * * str = ptr;   //指针 str 指向内存地址 0x08000000
```

6. 指针本身所占据的内存区

指针本身占了多大的内存？我们只要用函数 sizeof( )（指针的类型）测一下就知道了。在 32 位平台里，指针本身占据了 4 个字节的长度。结果是一个指针的表达式就是指针表达式，当一个指针表达式有了自身明确占据的内存区就是一个左值（即一个能用于赋值运算左边的表达式）。

小白成长之路：指针数组和数组指针的区别

1）指针数组：首先它是一个数组，数组的元素都是指针，数组占多少个字节由数组本身的大小决定，每一个元素都是一个指针，在 32 位系统下任何类型的指针永远是占 4 个字节。它是"储存指针的数组"的简称。

2）数组指针：首先它是一个指针，它指向一个数组。在 32 位系统下任何类型的指针永远是占 4 个字节，至于它指向的数组占多少字节，具体要看数组大小。它是"指向数组的指针"的简称。

3.3.3 C 语言的函数

在学习 C 语言编程中，无法避免的是学习使用和设计 C 语言的函数，因为函数是面向过程编程中的基本组成部分。当设计一个程序的时候，都是采用模块化的思想，自顶向下进行分解，最终分解到一个个小的模块。这一个个小的模块可以设计封装成一个函数，比如输出函数 printf( )。函数的实现则是由一个个语句表达式完成，C 语言中引入函数的原因，一是可以将系统进行分解模块化，二是这些函数方便移植使用，不需要每个 IT 工程师重复地设计相同的函数。

1. 函数分类

函数总体上分为两大类，一类是库函数，另一类是用户自定义函数。库函数主要是在进行编程中调用 C 标准库的函数，比如 printf( )输出函数、scanf( )输入函数等。自定义函数主要是用户自己设计或者是移植三方的函数（非标准库函数）。函数设计的总体思想是"高内聚，低耦合"，这个思想就是在函数设计时尽可能保证在程序功能发生变化时，修改的代码量最少。

2. 函数定义

函数必须要先定义后使用，函数定义的一般格式如下。

```
类型名    函数名(参数列表)
{
    函数体；
}
```

在函数定义的一般格式中，类型名就是函数的返回值，如果这个函数不准备返回任何数据，那么需要声明 void 类型（void 就是无类型，表示没有返回值）。函数名就是函数的名字，一般我们根据函数实现的功能来命名，比如 print_C 就是"打印 C"的意思，一目了然。参数列表指定了参数的类型和名字，如果这个函数没有参数，那么这个位置直接写上小括号或是使用 void 关键字声明即可。

　　函数声明方式很简单，即在函数体定义处复制函数名并在最后加上分号。注意函数声明必须要放在函数使用相关的头文件中，并且要在使用前定义和声明。

小白成长之路：什么是指针函数、函数指针和回调函数

　　1）指针函数本质是一个函数，只不过返回值为某一类型的指针（地址值）。函数返回值必须用同类型的变量来接受，也就是说，指针函数的返回值必须赋值给同类型的指针变量。

　　2）函数指针本质是一个指针，只不过这个指针指向一个函数。常见的函数都有其入口，比如 main( ) 函数是整个程序的入口。我们调用的其他函数都有其特定的入口，正如可以通过地址找到相应的变量一样，也可以通过地址找到相应的函数。而这个存储函数地址的指针就是函数指针。

　　3）我们知道，函数指针变量也是一个变量，那么作为变量当然也可以当作参数来使用，回调函数就是函数指针作为某个函数的参数。回调函数是利用函数指针实现的一种调用机制，其调用机制原理如下：调用者不知道具体事件发生时需要调用的具体函数；被调用函数不知道何时被调用，只知道被调用会完成需要的任务；当具体事件发生时，调用者通过函数指针调用具体函数。

3.3.4　C 语言的构造数据类型

　　在实际编程过程中，如果基本数据类型（整型、浮点型、字符型、指针型）无法满足编程需要，就需要设计出一种能够满足编程结构的类型，我们将其称之为构造数据类型。常用的构造数据类型有结构数据类型、共用体数据类型以及枚举数据类型。

1. 结构体数据类型

　　结构体是由几个不同数据类型的元素组合成的复杂数据类型，这些基本的数据类型称为结构体的成员。定义一个结构体需要给出各个成员的类型及名称。结构声明描述了一个结构的组织形式，结构体定义需要声明一个结构体变量。

　　在结构体类型声明的一般格式中，结构体成员是该结构体类型所包含的变量或数组。成员类型由程序员自己定义，在结构体类型声明中成员变量不需要初始化。结构体类型声明完成后，使用结构体类型和常规的基本数据类型是一样的，因此在结构体初始化之前是不分配内存空间的，具体如下。

```
struct 结构体名{
    结构体成员;
};
```

下面以一个学生结构体类型为例，介绍结构体的定义和初始化操作。

```
//结构体变量声明
struct    Student{
    char    name[100];
    int     age;
```

```
    char    sex[10];
    int     ID;
    char  * link;
}student1;        //这里 student1 就是 Student 类型的结构体变量

//结构体变量初始化
struct      Studentstudent2 = {"pillar",25,"男",10001,"www. baidu. com"};
student2. name = "amy";                    //结构体访问非指针变量使用
student1. link = "www. taobao. com";        //结构体访问指针变量使用- >
```

typedef 属于 C 语言中的关键字，常常用来重定义结构体的类型名。typedef 本身是一种存储类的关键字，与 auto、extern、static、register 等关键字不能出现在同一个表达式中。typedef 作用是为一种数据类型定义一个新名字，这里的数据类型包括内部数据类型（int 和 char 等）和自定义的数据类型（struct 等）。下面将对比使用 typedef 重新定义结构体类型名。

```
#include < stdio. h >
struct TUT{
    char name2[20];
    int age2;
    char * link2;
};
typedef struct {
    char name[20];
    int age;
    char * link;
}STU;
int main (void)
{
    STUstu = {"amy",26,"WWWW. baidu,com"};
    struct TUT tut = {"pillar",28,"www. taobao. com"};
    printf("amy = % s \n",stu. link);
    printf("pillar = % s \n",tut. link2);
    return 0;
}
```

 小白成长之路：typedef 与#define 的区别

1）#define 一般用来定义常量，也可以定义类型，但是不常用。#define 宏定义不仅可以配合#ifdef、#ifndef 等进行逻辑判断，还可以使用#undef 取消定义。

2）typedef 符合（C 语言）范围规则，使用 typedef 定义的变量类型，其作用范围限制在所定义的函数或者文件内（取决于此变量定义的位置），而宏定义则没有这种特性。

2. 共用体数据类型

在进行嵌入式系统的某些编程中，需要使几种不同类型的变量存放在同一段内存单元中。这几种变量可以共享这一段内存单元，几个变量可以互相覆盖。这种几个不同的变量共同占用一段内存的结构，在 C 语言中被称作"共用体"类型结构，简称共用体，也称为联合体。

共用体类型数据的特点如下。

1）同一个内存段可以用来存放几种不同类型的成员，但是在每一瞬间只能存放其中的一种，而不是同时存放几种。换句话说，每一瞬间只有一个成员起作用，其他的成员不起作用，即不是同时都在存在和起作用。

2）共用体变量中起作用的成员是最后一次存放的成员，在存入一个新成员后，原有成员失去作用。

3）共用体变量和它的各成员都是同一地址。

4）不能对共用体变量名赋值，也不能企图引用变量名来得到一个值。

5）共用体类型可以出现在结构体类型的定义中，也可以定义共用体数组。反之，结构体也可以出现在共用体类型的定义中，数组也可以作为共用体的成员。

小白成长之路：结构体和共用体的区别

结构体的各个成员会占用不同的内存，互相之间没有影响；而共用体的所有成员占用同一段内存，修改一个成员会影响其余所有成员。结构体占用的内存大于等于所有成员占用的内存总和（成员之间可能会存在缝隙），共用体占用的内存等于最长的成员占用的内存。共用体使用了内存覆盖技术，同一时刻只能保存一个成员的值，如果对新的成员赋值，就会把原来成员的值覆盖掉。

3. 枚举数据类型

enum 是 C 语言中的一个关键字，enum 叫枚举数据类型，描述的是一组整型值的集合，相比结构体类型，枚举是常量的集合，不允许枚举变量中有变量。枚举型是预处理指令#define 的替代，枚举和宏类似，宏在预处理阶段将名字替换成对应的值，枚举在编译阶段将名字替换成对应的值。枚举简单地说也是一种数据类型，只不过这种数据类型只包含自定义的特定数据，是一组有共同特性的数据集合。举个例子，颜色也可以定义成枚举类型，它可以包含我们定义的任何颜色，当需要的时候，只需通过枚举调用即可；又比如季节（春夏秋冬）、星期（星期一到星期日）等具有共同特征的数据，都可以定义枚举，举例如下。

```
Mon = 1, Tues, Wed, Thurs, Fri, Sat, Sun
枚举类型定义:enum week {Mon =1,Tuse,Wed,Thurs} num;
```

小白成长之路：枚举类型的注意事项

1）在没有显示说明的情况下，默认第一个枚举常量（也就是花括号中的常量名）的值为 0，往后每个枚举常量依次递增 1。

2）在部分显示说明的情况下，未明确数值的枚举常量将依附前一个有明确数值的枚举常量依次顺序递增。

3）一个整数不能直接赋值给一个枚举变量，必须用该枚举变量所属的枚举类型进行类型强制转换后才能赋值。

4）同一枚举类型中不同的枚举成员可以具有相同的值。

5）同一个程序中不能定义同名的枚举类型，不同的枚举类型中也不能存在同名的枚举成员（枚举常量）。

3.4　Linux 系统下 C 语言的高阶编程

对于 C 语言的高阶编程，这里将简明扼要地对相关知识点和数据结构进行介绍，包括 C 语言的文件操作、排序算法、队列以及链表做基本的程序展示。由于篇幅限制，对于数据结构中的堆、栈、树和图的操作这里不做探讨。如果大家对数据结构很感兴趣，可以继续阅读相关的书籍。理论讲得再好，不如亲自动手实践，让我们开始学习吧。

3.4.1　C 语言的文件操作

C 语言支持文件的增删改查等各种操作。文件其实就是存储在计算机外部存储区，是系统用来管理数据的一种构造类型。文件根据逻辑结构、存储介质、数据的组织形式分为很多种，按照数据的组织形式可分为文本文件和二进制文件。文本文件中数据是以字符（ASCII 码）的形式存储，而二进制文件存储的数据就是 0 和 1。文本文件的优点是存储量大，便于对字符操作，缺点是读写速度慢；二进制文件的优点是占用存储空间小，读写速度快，缺点是不方便人的理解。

1. 文件操作的常用函数

在标准 C 语言中文件操作的常用函数定义在头文件 < stdio. h >，如打开文件流的函数 fopen( )，其函数原型为 FILE * fopen（const char * filename，const char * mode），其他文件操作函数见表 3-5。

表 3-5　文件操作函数列表

函　　数	功　　能
fopen( )	打开流
fclose( )	关闭流
fputc( )	写一个字符到流中
fgetc( )	从流中读一个字符
fseek( )	在流中定位到指定的字符
fputs( )	写字符串到流
fgets( )	从流中读一行或指定字符
fprintf( )	按格式输出到流

（续）

函　　数	功　　能
fscanf( )	从流中按格式读取
feof( )	到达文件尾时返回真值
ferror( )	发生错误时返回其值
rewind( )	复位文件定位器到文件开始处
remove( )	删除文件
fread( )	从流中读指定个数的字符
fwrite( )	向流中写指定个数的字符
tmpfile( )	生成一个临时文件流
tmpnam( )	生成一个唯一的文件名

数据在磁盘上怎么写不是由文件打开方式决定的，而是由写入函数决定的。数据怎么从磁盘上读也不是由文件打开方式决定的，而是由读取函数决定的。上面说的数据怎么写是指，一种类型的变量是怎么存的。比如 int 12，可以直接存 12 的二进制码（4 个字节），也可以存字符 '1' 和字符 '2'。数据怎么读是指要读一个 int 变量，是直接读 sizeof（int）个字节，还是逐个字符地读，直到读到的字符不是数字字符。

2. 文件操作的具体使用方式

文件操作首先要知道文件的类型，区分是文本文件还是二进制文件，这样在使用具体的读写操作时不容易出现未知错误，如表 3-6 所示。

表 3-6　文件操作方式列表

使 用 方 式	含　　义
"r"（只读）	输入打开一个文本文件
"w"（只写）	输出打开一个文本文件
"a"（追加）	追加打开一个文本文件
"rb"（只读）	输入打开一个二进制文件
"wb"（只写）	输出打开一个二进制文件
"ab"（追加）	追加打开一个二进制文件
"r+"（读写）	读/写打开一个文本文件
"w+"（读写）	读/写创建一个文本文件
"a+"（读写）	读/写打开一个文本文件
"rb+"（读写）	读/写打开一个二进制文件
"wb+"（读写）	读/写创建一个二进制文件
"ab+"（读写）	读/写打开一个二进制文件

同一个文件从磁盘读取到内存时，对于文本和二进制两种方式下，内存中的内容一般不相同，这就是两种打开方式的实质性差别。因此建议，以 ASCII 码字符写入的文本文件，最

好以文本方式读；以二进制方式写入的二进制文件，最好以二进制方式读，否则可能会发生错误。

3.4.2 C 语言的队列操作

队列，简称队，是一种操作受限的线性表，其限制在表的一端进行插入，另一端进行删除。可进行插入的一端称为队尾（rear），可进行删除的一端称为队头（front）。向队中插入元素叫入队，新元素进入之后就称为新的队尾元素；从队中删除元素叫出队，元素出队后，其后继节点元素就称为新的队头元素。

1. 队列的特点

队列的特点是先进先出，英文简称 FIFO，可以和数据结构中的栈结构对比，因为栈结构是先进后出。从队列的存储结构分，队列分为顺序队列和循环队列。队列在内存中存放的方式又分为顺序表和链式队列。

2. 队列的基本操作

（1）头元初始化队列：InitQueue（Q）

操作前提：Q 为未初始化的队列。

操作结果：将 Q 初始化为一个空队列。

```c
int voidInitQueue(SeqQueue * SQ)
{
    SQ-> fornt = SQ-> rear = 0;          //把对头和队尾指针同时置 0
}
```

（2）判断队列是否为空：IsEmpty（Q）

操作前提：队列 Q 已经存在。

操作结果：若队列为空则返回 1，否则返回 0。

```c
intIsEmpty(SeqQueue * SQ)
{
    if (SQ-> fornt = = SQ-> rear)
    {
        return 1;
    }
    return 0;
}
```

（3）判断队列是否已满：IsFull（Q）

操作前提：队列 Q 已经存在。

操作结果：若队列为满则返回 1，否则返回 0。

```c
int IsFull(SeqQueue * SQ)
{
    if (SQ-> rear = =MaxSize)
    {
```

```
        return 1;
    }
    return 0;
}
```

（4）入队操作：EnterQueue(Q,data)

操作前提：队列 Q 已经存在。

操作结果：在队列 Q 的队尾插入 data。

```
voidEnterQueue(SeqQueue * SQ,DataType data)
{
    if (IsFull(SQ))
    {
        printf("队列已满 \n");
        return 0;
    }
    SQ->Queue[SQ->rear] = data;        //在队尾插入元素 data
    SQ->rear = SQ->rear + 1;           //队尾指针后移一位
}
```

（5）出队操作：DeleteQueue(Q,&data)

操作前提：队列 Q 已经存在且非空。

操作结果：将队列 Q 的队头元素出队，并使用 data 带回出队元素的值。

```
int DeleteQueue(SeqQueue * SQ,DataType * data)
{
    if (IsEmpty(SQ))
    {
        printf("队列为空！ \n");
        return 0;
    }
    * data = SQ->Queue[SQ->fornt];     //出队元素值
    SQ->fornt = (SQ->fornt) +1;        //队尾指针后移一位
    return 1;
}
```

（6）取队首元素：GetHead(Q,&data)

操作前提：队列 Q 已经存在且非空。

操作结果：若队列为空则返回 1，否则返回 0。

```
int GetHead(SeqQueue * SQ,DataType * data)
{
    if (IsEmpty(SQ))
    {
```

```
        printf("队列为空! \n");
    }
    return * data = SQ->Queue[SQ->fornt];
}
```

（7）清空队列：ClearQueue(&Q)

操作前提：队列 Q 已经存在。

操作结果：将 Q 置为空队列。

```
void ClearQueue(SeqQueue * SQ)
{
    SQ->fornt = SQ->rear = 0;
}
```

（8）销毁队列：DestoryQueue (&Q)

操作前提：队列 Q 已经存在。

操作结果：Q 队列不存在。

```
void destory(SeqQueue* SQ)
{
    while(SQ.front)
    {
        SQ.rear = SQ.front->next;
        free(SQ.front);
        SQ.front = SQ.rear;
    }
}
```

3.4.3　C 语言的链表操作

链表就是能够在计算机内存中申请逻辑上连续物理内存不连续的线性表。用一组任意的存储单元存储线性表中的数据元素，称为线性表的链式存储结构。在编程中，有时想动态申请内存空间，数组满足不了我们要求，原因在于数组是内存地址连续的空间，这时就可以使用链表来满足编程需求。

链表的头节点是人为规定的，头节点就是在链表的第一个节点之前附设一个节点，它没有直接前驱。没有头节点的情况复杂很多，因为要考虑在头节点前或者后插入，而有头节点只用考虑是不是在最后插入。没有头节点，连删除第一个节点都很困难，因为要判断头节点是不是为空。总之，没有头节点要考虑两头的事情，很麻烦，有了头节点只需考虑末尾的事情。

链表分为单链表和双链表，其区别在于节点结构的不同。

1. 单链表的节点结构

单链表的节点结构如下。

```
struct  LNode{              //声明一个单链表的节点类型
    ElemType data;
```

```
    structLNode * next;              //这里只有一个指针说明是单链表
};
structLNode * LinkList;              //声明一个指向单链表节点类型的指针变量
```

2. 双链表的节点结构

双链表的节点结构如下。

```
struct DNode {                       //声明一个双链表的节点类型
    ElemType data;
    structDNode * prior, * next;     //这里有两个指针说明是双链表
};
structDnode * DlinkList;             //声明一个指向双链表节点类型的指针变量
```

3. 单链表节点插入操作

在链表中插入节点，要判断插入链表的位置，主要分为在链表表头插入节点、在链表中间位置插入节点以及在链表尾部插入节点。虽然节点插入链表中位置不同，但是插入方法是相通的。插入步骤分为两步，第一步将新节点的尾指针（next）指向插入位置后面的节点，第二步是将插入位置前一个节点的尾指针（next）指向新插入的节点，具体代码如下。

```
//声明一个节点类型
typedef struct Link{
    int elem;
    struct Link * next;
}link;

//old 为原链表,elem 表示新数据元素,pos 表示新元素要插入的位置
link * InsertNode(link * old, int elem, int pos)
  {
    link * temp = old;
    for (inti = 1; i < pos; i ++)
    {
        temp = temp->next;
        if (temp == NULL)
        {
            printf("插入位置无效 \n");
            return old;
        }
    }
    link * c = (link *)malloc(sizeof(link));
    c->elem = elem;
    c->next = temp->next;
    temp->next = c;
    returnold;
  }
```

61

4. 单链表节点查找操作

由于链表中的节点在物理内存中是分散存储的，因此在链表中查找指定数据元素，最常用的方法是：从表头依次遍历表中节点，用被查找元素与各节点数据域中存储的数据元素进行比对，直至比对成功或遍历至链表最末端的 NULL 表示失败，代码如下。

```
intSelectNode(link * old,int elem)
{
    link * t = old;
    inti = 1;
    while (t->next)
    {
        t = t->next;
        if (t->elem = = elem)
        {
            returni;
        }
        i ++;
    }
    return -1;
}
```

5. 单链表节点删除操作

在链表中删除指定数据节点时，实际上就是将这个节点直接去掉，但是直接去掉可能会产生不好的影响，比如这个删掉的节点没有释放内存，并且这个节点还在指向这个链表的某个节点，所以这样的操作是很危险的，需要对删掉的节点进行释放内存操作，具体代码如下。

```
link * DeletNode(link * old, int pos)
{
    link * temp = old;
    for (int i = 1; i < pos; i ++)
    {
        temp = temp->next;
        if (temp->next = = NULL)
        {
            printf("没有该节点 \n");
            return old;
        }
    }
    link * del = temp->next;
    temp->next = temp->next->next;
    free(del);
    returnold;
}
```

6. 单链表节点修改操作

链表的节点内容修改和链表节点查找相似，因为节点内容的修改是基于查找的基础上找到节点所在位置，然后对其数据域内容进行更新，代码如下。

```
link * ModifyNode(link * old,int pos,int newElem)
{
    link * temp = old;
    temp = temp- > next;
    for (inti = 1; i < pos; i ++ )
    {
        temp = temp- > next;
    }
    temp- > elem = newElem;
    return old;
}
```

小白成长之路：链表的其他类型

1）循环链表分为循环单链表和循环双链表，循环单链表中最后一个节点的指针不是 NULL，而改为指向头节点，从而整个链表形成一个环。循环单链表中没有指针域为 NULL 的节点。循环单链表的判空条件不是头节点的指针是否为空，而是它是否等于头指针。在循环双链表 L 中，当某节点 * p 为尾节点时，p- > next = L；当循环双链表为空表时，其头节点的 prior 域和 next 域都等于 NULL。

2）静态链表是借助数组来描述线性表的链式存储结构。节点也有数据域和指针域，但是与之前链表中的指针不同的是，这里的指针是节点的相对地址（数组下标），又称为游标。

3.4.4　C 语言的排序算法

排序是在计算机中经常进行的一种操作，简而言之，就是帮助杂乱无章的数据元素回归自己的正确位置。排序算法可以分为内部排序和外部排序，常见的内部排序算法有冒泡排序、快速排序、插入排序、选择排序、希尔排序、归并排序、堆排序和基数排序等。这里我们仅讨论冒泡排序、选择排序以及插入排序的代码实现。

1. 冒泡排序

冒泡排序是一种简单的排序算法。这种排序算法重复地走访过要排序的数列，一次比较两个元素，如果它们的顺序错误就交换过来。走访数列的工作是重复地进行直到没有需要交换的元素，也就是说该数列已经排序完成。冒泡算法的名字由来是因为较小的元素经由交换，会慢慢"浮"到数列的顶端，相关代码如下。

```
function bubbleSort(arr)
{
    var len = arr.length;
```

```
    for (vari = 0; i < len-1; i++)
    {
        for (var j = 0; j < len-1-i; j++)
        {
            if (arr[j] > arr[j+1])                    //相邻元素两两对比
            {
                var temp = arr[j+1];                  //元素交换
                arr[j+1] = arr[j];
                arr[j] = temp;
            }
        }
    }
    return arr;
}
```

2. 选择排序

选择排序是一种简单直观的排序算法，其工作原理是首先在未排序序列中找到最小（大）元素，存放到排序序列的起始位置，然后再从剩余未排序元素中继续寻找最小（大）元素，放到已排序序列的末尾。以此类推，直到所有元素均排序完毕，相关代码如下。

```
function selectionSort(arr)
{
  var len = arr.length;
  var minIndex, temp;
  for (var i = 0; i < len-1; i++)
  {
    minIndex = i;
    for (var j = i + 1; j < len; j++)
    {
        if (arr[j] < arr[minIndex])
        {    //寻找最小的数
            minIndex = j;                    //将最小数的索引保存
        }
    }
    temp = arr[i];
    arr[i] = arr[minIndex];
    arr[minIndex] = temp;
  }
  return arr;
}
```

3. 插入排序

插入排序算法描述的是一种简单直观的排序算法，其工作原理是通过构建有序序列，对于未排序数据，在已排序序列中从后向前扫描，找到相应位置并插入，相关代码如下。

```
function insertionSort(arr)
{
    var len = arr.length;
    var preIndex, current;
    for (vari = 1; i < len; i ++)
    {
        preIndex = i - 1;
        current = arr[i];
        while (preIndex > = 0 && arr[preIndex] > current)
        {
            arr[preIndex + 1] = arr[preIndex];
            preIndex--;
        }
        arr[preIndex + 1] = current;
    }
    return arr;
}
```

小白成长之路：如何判断算法的好坏

通常判断一个算法的好坏取决于时间复杂度、空间复杂度以及稳定性。稳定性指的是如果 a 原本在 b 前面，而 a = b，排序之后 a 仍然在 b 的前面。不稳定的算法表现为：如果 a 原本在 b 的前面，而 a = b，排序之后 a 可能会出现在 b 的后面。时间复杂度是对排序数据的总的操作次数，反映当 n 变化时，操作次数呈现什么规律。空间复杂度是算法在计算机内执行时所需存储空间的度量，它也是数据规模 n 的函数。

3.5　【案例实战】学生成绩信息管理系统

学生成绩信息管理系统作为一个经典综合项目实践案例，能够全方位地考察初学者对 C 语言编程应用的实战能力，主要实现对学生的个人信息和成绩的增加、删除、查找、修改等基本操作。

本案例实战项目代码篇幅过长，下面主要介绍学生信息管理系统的主要功能，源代码可以通过扫描封底二维码获取。

Step 1 图 3-8 是学生成绩信息管理系统的主界面，下面主要介绍如何实现增删改查四个基本操作核心代码。

图 3-8　学生成绩信息管理系统界面

Step 2 增加学生个人信息和成绩的核心代码如下。

```c
//输入学生的个人基本信息
void input_information(void)
{
    for(int i = 0;i < N;i ++)
    {
        printf("请顺序输入学号 年龄 名字");
        scanf("%d %d %s",&students[i].id,&students[i].age,&(students[i].name[0]));
    }
}
//录入学生的个人成绩
void input_score(void)
{
    for(int i = 0;i < N;i ++)
    {
        printf("请顺序录入语文成绩 数学成绩 英语成绩");
        scanf("%d %d %d",&students[i].chinese,&students[i].math,&students
        [i].english);
    }
}
```

Step 3 增加学生个人信息的运行效果，如图3-9所示。

图 3-9　增加学生基本信息

Step 4 查找学生个人信息和成绩，核心代码如下。

```c
//查找学生个人信息的核心代码
void find_student(void)
```

66

```
{
    int idnumber = 0;
    printf("请输入要查寻的学生 ID 号");
    scanf("% d",&idnumber);
    for(inti = 0;i < N;i ++)
    {
        if(idnumber = = students[i].id)
        {   printf("该学生的 ID =%d\n 年龄 =%d\n",students[i].id,students[i].age);
            printf("该学生的语文成绩 =% d \n 数学成绩 =% d \n 英语成绩 =% d \n",
students[i].chinese,students[i].math,students[i].english);
            printf("这名同学叫% s \n",(&students[i].name[0]));
            break;
        }
    }
}
```

Step 5 查找学生个人信息和成绩的运行效果，如图 3-10 所示。

图 3-10　查找学生基本信息

Step 6 删除学生个人信息和成绩的核心代码如下。

```
//删除成绩信息的核心代码
voiddelete_student(void)
{
    int idnumber = 0;
    printf("请输入要删除的学生 ID 号");
    scanf("% d",&idnumber);
    for(inti = 0;i < N;i ++)
    {
        if(idnumber = = students[i].id)
        {
            students[i].id = 0;
            students[i].age = 0;
            students[i].chinese = 0;
            students[i].math = 0;
```

```
        students[i].english=0;
        for(int n=0;n<20;n++)
        {
          students[i].name[n]='\0';
        }
        printf("ID为%d学生信息已经清除完毕\n",students[i].id);
        break;
      }
    }
}
```

Step 7 删除学生个人信息和成绩的运行效果，如图3-11所示。

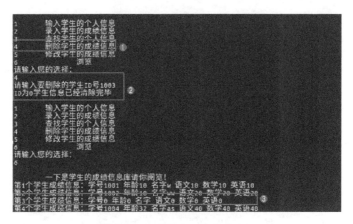

图3-11　删除学生基本信息

Step 8 修改学生个人信息和成绩的核心代码如下。

```
//修改的核心代码
void change_student(void)
{
    int idnumber=0;
    printf("请输入要修改的学生ID号");
    scanf("%d",&idnumber);
    for(inti=0;i<N;i++)
    {
        if(idnumber==students[i].id)
        {
    printf("请顺序填写修改内容,学号 年龄 名字 语文成绩 数学成绩 英语成绩");   scanf("%d
%d%s%d%d%d",&students[i].id,&students[i].age,&(students[i].name[0]),
&students[i].chinese,&students[i].math,&students[i].english);
        printf("\nID为%d学生信息修改完毕\n",students[i].id);
```

68

```
        break;
      }
    }
}
```

Step 9 修改学生个人信息和成绩的运行效果，如图 3-12 所示。

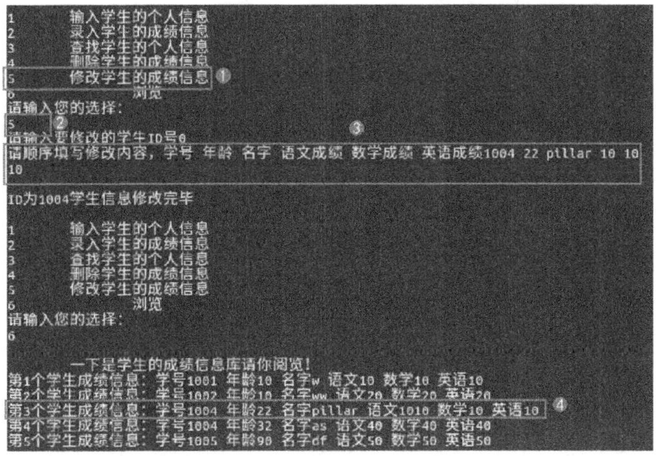

图 3-12　修改学生基本信息

3.6　要点巩固

　　Linux 系统下的嵌入式编程主要就是 C 语言的编程，因此在学习完 C 语言的理论之后，要多实践。本章内容总体上把 C 语言的基本知识梳理了一下，让初学者对 C 语言的知识框架有基本的认识，在进行 Linux 系统移植和应用程序开发时不至于手忙脚乱。本章主要讲述 C 语言的基础知识到进阶再到高阶编程知识点，我们这里再回顾一下。

　　本章第一小节讲述了基本数据类型、表达式和三种基本结构，重点是三种基本结构，其中选择结构要区分多重选择结构和嵌套选择结构，多重 if 结构就是在主 if 块的 else 语句里嵌套了 if 语句，而嵌套 if 结构是主 if 块中包含 if 语句。嵌套 if 结构中每个 else 部分总是属于前面最近的那个缺少对应 else 部分的 if 语句。switch 结构多用于多分支选择结构。用于分支条件必须是整型表达式，而且判断该整型表达式的值要匹配对应的 case 语句，最后执行相应的某种操作。条件运算符属于 if-else 语句的另一种表现形式。for 循环中的各个表达式都可以省略，但是要注意分号分隔符绝对不能省。break 语句和 continue 语句通常用在循环结构中，两者的相同点是可以改变程序执行的过程；不同点是 break 语句是直接结束当前循环体，continue 语句则是跳过本次循环，执行下一次循环。

　　在进阶编程知识部分，首先讲述了数组。数组是在内存中连续存储多个相同类型元素的结构。数组必须要先声明，后使用。声明一个数组只是为了该数组留出内存空间，并不会为其赋任何值。数组元素都是通过数组下标访问。其次是指针，指针是一个变量，它有类型，用来存放相同类型的变量地址。指针的算术运算实际上是指针的移动，将指针执行加上或者

减去一个整数值 n 的运算相当于指针向前或者向后移动 n 个数据单元。指针可以用来比较相等的运算，用来判断两个指针是否指向同一个地址。函数的一般结构为返回值类型、函数名、入口参数列表、函数体，函数是实现 C 语言模块化编程的基本单元。最后在进阶编程中介绍了常用构造类型，要注意结构体和共用体数据类型的区别。

C 语言的高阶编程内容部分，除了讲解文件常用操作方法外，还讨论了排序、队列、链表基本数据结构，文件操作区分文本文件和二进制文件，如果文件写入时使用字符模式，那么读取最好也要用字符模式，对于二进制文件也是同样的操作规范。队列的结构分为顺序队列和循环队列，在内存中存放的方式分为顺序表和链队列。对于链表这一数据结构，我们需要掌握链表的增删改查的基本操作，理解链表在物理内存中分散存储的特点，掌握链表的基本概念。最后是排序算法，一个算法的好坏，需要综合评估其时间开销、空间开销以及稳定性，在排序算法中，主要讲述了冒泡排序、插入排序和快速排序的算法实现。

3.7 技术大牛访谈——GNU C 和标准 C 的差异

什么是 GNU？GNU 是 GNU'S Not Unix 的缩写，中文名为革奴计划，是由 Richard Stallman 在 1983 年 9 月 27 日公开发起的，目标是创建一套完全自由的操作系统。它在编写 Linux 的时候自己制作了一个 C 语言标准，称为 GNU C 标准。1989 年美国国家标准协会组织（ANSI）对 C 语言的标准重新修订，这也就是所说的标准 C（C89），1990 年国际标准协会 ISO 组织将 C 语言作为国际标准（C90）。这里所说的 ANSI C 和 ISO C 就是通常所指的标准 C。但是 GNU C 和标准 C 是有区别的，具体区别如下。

1. GNU C 支持零长度的数组

零长度的数组属于一种柔性数组，通常用在可变结构体中，主要功能是满足结构体声明以后可以动态调整结构体的大小，一般用法是在结构体内最后一行声明一个长度为 0 的数组，对于编译，只是在结构体内部申请了一个数组名字，因此它不占用内存空间，而且数组名字本身就是一个不可修改的地址常量，相关代码如下。

```
#include < stdio. h >
#include < stdlib. h >
#include < string. h >

struct Zero
{
        int number;
        char zero[0];
};

int main(void)
{
        int num = 8;
        char test[5] = "12345";
```

```
struct Zero * zer = (struct Zero *)malloc(sizeof(struct Zero) + num);
zer->number = num;
memset(zer->zero,'$',num);
zer->zero[0] = 0x31;
printf("zer->number = %d,zer->zero[] = %s \n",zer->number,zer->zero);
return 0;
}
```

运行结果，如图 3-13 所示

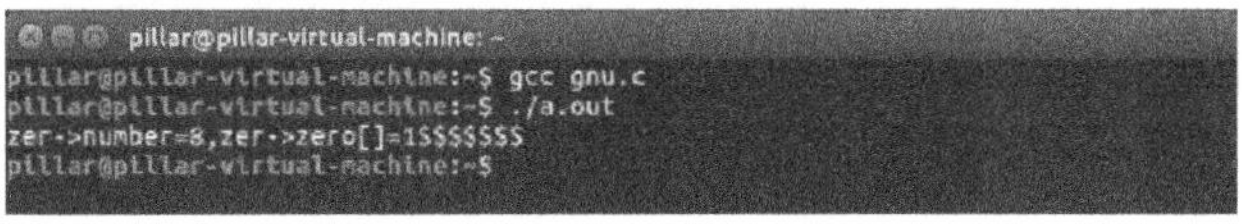

图 3-13　零长度的数组运行结果

2. GNU C 特殊多分支条件语句的用法

GNU C 支持 switch-case 语句，并且允许 case 后面跟着一个整型的范围。如果我们之前只接触过标准 C 语言的话，会明白 switch-case 语句中分支条件一定要是整型数，而且 case 后面要匹配唯一的整型常量数值。这在某些应用场合就会受到限制。

```
#include < stdio. h >

int main(void)
{
    char t = 0;
    printf("please enter a char:");
    scanf("%c",&t);
    switch(t)
    {
        case '0'...'9':printf("this is a number \n");
        break;
        case 'a'...'z':printf("this is a letter \n");
        break;
    }
    return 0;
}
```

运行结果，如图 3-14 所示。

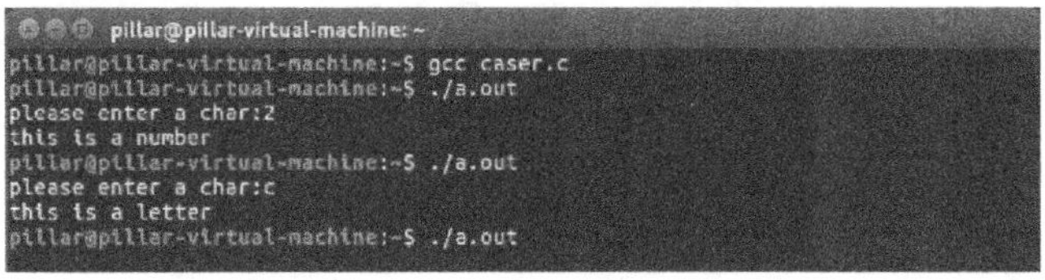

图 3-14　case 范围语句运行结果

71

3. GNU C 支持语句表达式

GNU C 把包含在括号里的复合语句看成是一个表达式，称为语句表达式，它可以出现在任何允许表达式的地方。可以在语句表达式中使用原本只能在复合语句中使用的循环变量和局部变量等，相关代码如下。

```
#include <stdio.h>

#definemin_t(type,x,y)  ({type _x = (x); type _y = (y); _x < _y? _x: _y;})

int main(void)
{
    int ia = 10,ib = 90,ni = 0;
    ni = min_t(int,ia,ib);
    printf("输出 mini 值 = %d\n",ni);
    return 0;


}
```

运行结果，如图 3-15 所示。

图 3-15　语句表达式运行结果

4. GNU C 支持内建函数

所谓内建函数，指的是编译器内部建立实现的函数。内建函数的使用和关键字类似，可以直接使用不需要引用任何文件，因为我们在使用 GNU gcc 编译器时编译器能够自动识别。内建函数的函数名通常以_builtin 开头，由于内建函数主要为编译工作，其用途有以下几点。

1）可以用来处理动态变长的参数列表。

2）可以用来处理程序在运行时的告警和异常。

3）可以优化编译过程，提高代码的效率，优化硬件性能。

内建函数是编译器内部定义，主要由编译器相关的工具和程序调用，因此这些内建函数缺少文档说明，而且版本变更快。对于程序开发者来说，不建议使用这些函数。但有些函数，对于我们了解程序运行的底层信息、编译优化很有帮助，做 Linux 嵌入式开发经常使用这些函数，所以还是很有必要去了解 Linux 内核中常用的一些内建函数，相关代码如下。

```
//内建函数可以不需要标准 C 库函数 #include <stdio.h>
int main(void)
{
    char t[200];
```

```
        _builtin_memcpy (t," hello world! yyyyy", 200);
        _builtin_puts (t);
        return 0;
    }
```

运行结果，如图 3-16 所示。

图 3-16　内建函数运行结果

此外，GNU C 还支持 typeof 关键字、可变参数宏、标号元素以及特殊属性声明等。为什么要了解 GNU C 和标准 C 的区别呢？首先要了解标准 C 语言的由来，其次更重要的原因是嵌入式 Linux 系统开发接触内核源代码是早晚的事情，而 Linux 内核源代码就是由 GNU C 完成的，其中会有很多标准 C 语言无法解释的语句表达式，比如带可变参数的宏、内建函数、零数组等。所以了解 GNU C 和标准 C 语言的区别以后，再去看内核源代码就不至于摸不到头绪。

第4章
Linux 嵌入式硬件系统

嵌入式系统和通用计算机系统的区别之一是，嵌入式系统硬件可以根据项目的需要剪裁，而这里的对硬件剪裁其实还可以继续细分，一个是电路板卡级的剪裁，另一个就是芯片级的量身定制。对于 Linux 嵌入式系统工程师来说，一般只要求能够看懂电路原理图即可，因此不用过多关注电路板卡级的剪裁。虽然不需要嵌入式工程师对嵌入式微处理器进行剪裁，但是要求对芯片的体系架构、指令集、片上外设等非常熟悉，因为在移植 Linux 系统时需要关注微处理器的这些基本参数。因此对于嵌入式 Linux 项目中常用到的微控制器的数据手册，是 Linux 嵌入式工程师必须要了解和掌握的。

本章内容主要对嵌入式微控制器的基本组成原理、体系结构以及常用外部接口电路做详细阐述，帮助读者在进行系统移植时顺利跨过硬件的相关"拦路虎"。

4.1 小白也要懂——微处理器字节序列存储的大小端模式

决定字节序存储是大端模式还是小端模式，最主要的是微处理器，其次是操作系统。做 Linux 嵌入式系统开发，不可避免会遇到字节序在内存中存储的方式，即大端模式和小端模式，这两个存储方式非常容易混淆，用户要对此辩证理解。

计算机系统中对大端模式的定义是，数据权重大的字节存储在低内存地址处，数据权重小的字节存储在高内存地址处。这种存储方式符合人从左至右的运算处理方式。比如字符串顺序，地址是从小到大排列，数据内容也是从高到低存放，和人们的阅读习惯一致。小端模式定义和大端模式相反，数据权重大的字节存储在高内存地址处，数据权重小的字节存储在低内存地址处。大小端模式对于单个字节存储没有争议，主要表现在多字节存储上面，如图 4-1 所示。

之所以会有大小端模式之分，这是因为在计算机系统中，我们是以字节为单位的，每个地址单元都对应着一个字节，一个字节为 8bit。但是在 C 语言中除了 8bit 的 char 之外，还有 16bit 的 short 型和 32bit 的 long 型（要看具体的编译器）。另外，对于位数大于 8 位的处理器，例如 16 位或者 32 位的处理器，由于寄存器宽度大于一个字节，必然存在一个如何将多个字节安排的问题。因此就导致了大端存储模式和小端存储模式。

将内容 0X12345678
用以下内存存放

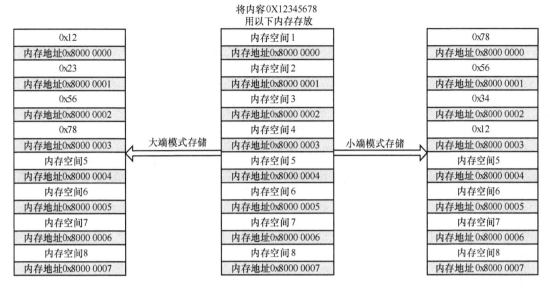

0x12	内存空间 1	0x78
内存地址 0x8000 0000	内存地址 0x8000 0000	内存地址 0x8000 0000
0x23	内存空间 2	0x56
内存地址 0x8000 0001	内存地址 0x8000 0001	内存地址 0x8000 0001
0x56	内存空间 3	0x34
内存地址 0x8000 0002	内存地址 0x8000 0002	内存地址 0x8000 0002
0x78	内存空间 4	0x12
内存地址 0x8000 0003	内存地址 0x8000 0003	内存地址 0x8000 0003
内存空间 5	内存空间 5	内存空间 5
内存地址 0x8000 0004	内存地址 0x8000 0004	内存地址 0x8000 0004
内存空间 6	内存空间 6	内存空间 6
内存地址 0x8000 0005	内存地址 0x8000 0005	内存地址 0x8000 0005
内存空间 7	内存空间 7	内存空间 7
内存地址 0x8000 0006	内存地址 0x8000 0006	内存地址 0x8000 0006
内存空间 8	内存空间 8	内存空间 8
内存地址 0x8000 0007	内存地址 0x8000 0007	内存地址 0x8000 0007

大端模式存储　　　　小端模式存储

图 4-1　大小端存储模式

4.2　嵌入式微处理器的系统架构

对于嵌入式系统来说，微处理器就是系统的心脏，那么这个至关重要的嵌入式系统核心具有怎样的体系结构呢？本节主要从计算机系统结构、指令系统和常用内核架构三个角度来理解嵌入式微处理器。

计算机体系结构总体分为两类，分别是冯·诺依曼体系结构和哈佛体系结构，微控制器也是采用这两种体系结构，微控制还分为精简指令集和复杂指令集。随着生产生活对微处理器性能的需求越来越多样化，微处理器的内核架构也出现了细分，常用的就是 x86 内核架构、MIPS 内核架构、PowerPC 内核架构以及 ARM 内核架构。

4.2.1　冯·诺依曼计算机系统

自从 1946 年世界上第一台电子计算机埃尼阿克（ENIAC）诞生以来，人类生活开始迈向信息技术时代，这里要给大家隆重介绍一位计算机"大佬"：冯·诺依曼。他不仅在 1946 年参与第一台电子计算机的研发，而且在同年 6 月发表了一篇决定计算机系统架构的文章，这篇文章论述的就是冯·诺依曼计算机系统。

那究竟什么是冯·诺依曼计算机系统呢？该系统主要阐述了两点，第一，计算机结构采用二进制表示指令和数据；第二，确定了程序指令存储器和数据存储器合并在一起的存储器结构。其中第二点是冯·诺依曼结构最为显著的特点，就是程序指令存储地址和数据存储地址指向同一个存储器的不同物理位置。这种结构有利于统一编址，所以要求程序指令和数据的位宽要保持一致。冯·诺依曼计算机系统结构如图 4-2 所示。

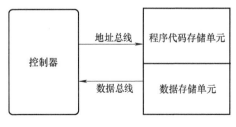

图 4-2　冯·诺依曼计算机系统结构

提到冯·诺依曼计算机系统结构就不得不提哈佛计算系统结构。哈佛计算机系统结构是一种存储器并行体系结构，主要特点是将程序和数据存储在不同的存储空间中，即程序存储器和数据存储器是两个独立的存储器，每个存储器独立编址、独立访问。CPU 首先到程序指令存储器中读取程序指令内容，解码后得到数据地址，再到相应的数据存储器中读取数据，并进行下一步的操作（通常是执行）。程序指令存储和数据存储分开，可以使指令和数据有不同的数据宽度。哈佛计算机系统结构的优点是逻辑代码和变量单独存放，使之不会相互干扰，当程序出 Bug 的时候，最多只会修改变量的值，而不会修改程序的执行顺序（逻辑关系）。因此，这种结构大量应用在嵌入式编程当中。哈佛计算机系统结构如图 4-3 所示。

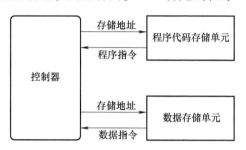

图 4-3　哈佛计算机系统结构

小白成长之路：改进型哈佛计算机系统结构的特点

1）使用两个独立的存储器模块，分别存储指令和数据，每个存储模块都不允许指令和数据并存。

2）具有一条独立的地址总线和一条独立的数据总线，利用公用地址总线访问两个存储模块（程序存储模块和数据存储模块），公用数据总线则被用来完成程序存储模块或数据存储模块与 CPU 之间的数据传输；两条总线由程序存储器和数据存储器分时共用。

冯·诺依曼结构和哈佛结构其实就是 CPU 如何同时获取指令和数据的两种不同设计思路。哈佛结构认为 CPU 应该分别通过两组独立的总线来对接指令和数据，而冯·诺依曼结构认为 CPU 通过 1 组总线来分时获取指令和数据即可。

4.2.2　指令系统

指令和程序是有区别的，对于计算机来说，指令是计算系统执行的最小单元，指令就是响应计算机执行某种操作的命令，而程序是一串执行命令的指令集。我们都知道计算机系统只能识别 0 和 1，指令也是由 0 和 1 组成，因此指令又称为指令码，指令码的集合就是指令系统。

对于微处理器内核来说，指令系统是尤为重要的，因为它不仅影响了微处理器的工作效率，而且也决定了微处理器的基本功能。一套完整的指令系统至少要保证四点：第一，指令系统能够完全满足微处理器的所有指令需要，这里的完全满足是指指令的硬件处理能力；第二，指令系统能为微处理器提高工作效率；第三，指令集要整齐等长；第四，指令系统在设计之初要考虑兼容性问题，要兼容同系列的微处理器。

对于微处理器来说，按照指令集复杂与否，可以划分为复杂指令系统（简称 CISC）和精简指令系统（简称 RISC）。为了帮助大家理解两种不同的指令系统，现举个冲奶粉的例子。

复杂指令集执行过程：step1，去冲奶粉；step2，拿来奶粉冲好。

精简指令集执行过程：step1，去；step2，取杯子；step3，放奶粉；step4，倒热水；step5，拿来。

对比冲奶粉这个例子，显然复杂指令速度快、效率高，但是如果是冲 100 次奶粉呢？

复杂指令集：step1，去冲奶粉；step2，拿来奶粉冲好……重复 100 次。

精简指令集：step1，去；step2，拿杯子 ×100 次；step3，放奶粉 ×100 次；step4，倒热水 ×100 次，step5，拿来。对比冲奶粉 100 次这个例子，精简指令集效率更高。

简单而言，复杂指令集和精简指令集的设计思路完全不同，两种处理器在工作时的思考方式也有很大的区别。复杂指令集更适合处理一些高密度的计算任务，而精简指令集则更适合处理器做一些简单重复的任务。举个例子，如果要让我们执行早上起床上班的任务应该怎么做呢？复杂指令集此时只要下达上班的命令，我们就会自动执行一系列复杂的动作，如起床、穿衣、洗漱、出门、上车等命令；而精简指令集则要单独向我们下达一个一个简单的指令，从而一步一步执行它下达的命令，最终达成上班的目的。具体操作流程可以参考冲奶粉的例子。

这就是两者为什么不好比较性能的原因，这样的思路导致了 CISC 和 RISC 两种处理器的巨大差异，前者更加专注于高性能但同时也需要高功耗，而后者则专注于小尺寸低功耗的领域。执行高密度的运算任务时 CISC 更具备优势，而执行简单重复劳动时 RISC 就能占到上风。

4.2.3　微处理器的内核架构

前面讲解了冯·诺依曼计算机系统结构和哈佛计算机系统结构，但是微处理器的内核结构是以微观的角度来理解微处理器的组成。微处理的内核架构是基于冯·诺依曼计算机系统结构或者哈佛计算机系统结构之上的技术架构，是芯片厂商在研发芯片时需要考虑的，但是芯片厂商在研发芯片时还需要一个重要的核心，就是芯片的内核。因为只有有了芯片的内核以后，芯片厂商才能规划芯片的性能以及整体布局。比如根据内核支持的微处理器的位宽、时钟系统、中断系统来设计芯片最高支持频率、存储空间大小以及中断。在嵌入式领域里常见的微处理器内核架构有 4 种，分别是 x86 内核架构、PowerPC 内核架构、MIPS 内核架构以及本书使用的 ARM 内核架构。

这里为什么要讨论内核架构？第一，因为内核架构的不同，对于操作系统移植来说也是不同的，比如很难将 x86 内核架构下的 Windows 系统移植到 ARM 内核的处理器中。第二，了解内核架构能够帮助我们理解芯片手册的内容，就像学习 STM32 中的中断系统时，如果不告诉我们内核是 ARM 系列 Cortex-M3 内核，在查看芯片手册遇到嵌套中断向量地址的概念时，就很难理解为什么中断向量地址要这么设计。这是因为内核已经对中断向量地址分布进行了约束。第三，了解内核架构，有利于判断芯片是冯·诺依曼结构还是哈佛结构，以及判断芯片是精简指令集系统还是复杂指令集系统。

可以使用 arch 命令或者 uname-m 命令查看系统微处理的内核架构，虚拟机环境下查看的 x86 内核架构如图 4-4 所示。

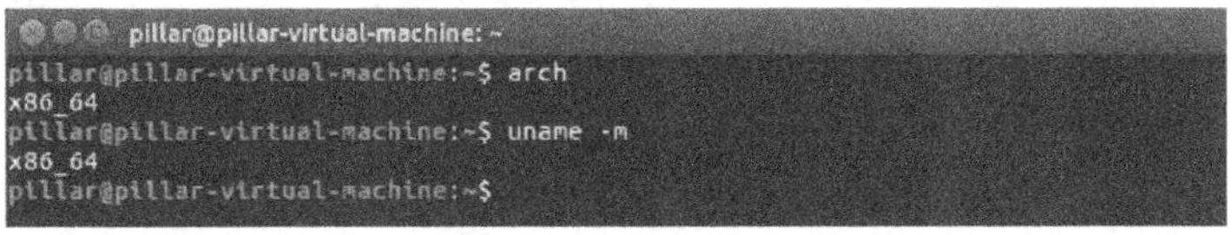

图 4-4　虚拟机环境下查看的 x86 内核架构

1. x86 内核架构

对于 x86 内核架构大家都不会陌生，因为人们日常使用的 Windows 操作系统就是在此内核架构平台下搭建起来的，x86 内核架构最早由 Intel 于 1978 年研发出来，诞生的标志是 Intel 发布的 8086 型微处理器。x86 内核架构采用复杂指令集系统，但是在内存空间里采用的是冯·诺依曼计算机系统结构，因为内存空间里不区分数据与指令；以 x86 内核架构制作的芯片则是采用哈佛结构。因此不能把 x86 简单地定义为某一种结构，准确说应该是混合结构。

2. MIPS 内核架构

MIPS 是由美国 MIPS 科技公司开发的一种内核架构，主要采用精简指令集系统，其特点是内核支持大量的寄存器、指令码以及可视化的管道延时时隙，这些显著的特点在专业领域非常容易开发出片上 SOC 系统。因此 MIPS 内核架构多用于网关和机顶盒等方面。国产芯片龙芯，就是采用的 MIPS 架构。

3. PowerPC 内核架构

PowerPC 内核架构是由苹果、IBM 以及摩托罗拉三个巨头科技公司组成的 AIM 联盟研发的一种新型精简指令集内核架构。之所以称为新型内核机构是因为 PowerPC 发布于较晚于其他架构的 1991 年，主要是特点是外设集成度高，可集成 USB、PCI、DDR 控制器、SATA 控制器、千兆网口控制器、CAN 控制器、RapidIO 以及 PCI_Express 控制器。其次是性能高、稳定性好，一般用于高端领域，比如汽车行业，最为人们熟知的就是飞思卡尔系列微处理器。

4. ARM 内核架构

ARM 内核架构是本小节内容重点讨论的一个内核结构，原因有两点。第一，本书主要介绍 Linux 操作系统移植和 Linux 项目开发，而项目使用的微处理器就采用 ARM 内核架构。我们选用的是时下比较火的 I. MX6ULL 系列的一款芯片，该芯片的内核架构就是 ARM 系列的 Cortex-A7 内核。第二，ARM 内核处理器在嵌入式领域可谓是占据着半壁江山，很多嵌入式应用场合基本上都会将 ARM 内核处理器作为首选，因为它功耗低、性能强悍，最重要的是成本低。

讨论 ARM 内核架构以前，需要先了解一下 ARM 这家宏伟的高科技公司。说 ARM 是一家宏伟的高科技公司，是因为人们现在使用的平板计算机和智能手机 95% 的 CPU 核心使用的都是 ARM 架构，但是 ARM 公司却不生产芯片。包括嵌入式领域比较主流的 STM32 单片机以及本章选用的 I. MX6ULL 系列的芯片都是用的 ARM 内核，但都不是 ARM 公司生产的。ARM 公司主要是做微处理器内核 IP 技术授权，打个设计电路板的比喻，ARM 只设计基本核心的原理图，不做 PCB 板的打样以及 SMT 相关的工作。

ARM 公司前身名叫 Acorn，于 1978 年由物理学家 Hermann Hauser 和工程师 Chris Curry 创办的。1985 年，Roger Wilson 和 Steve Furber 设计了他们自己的第一代 32 位、6MHz 的处理器，做出了一台 RISC 指令集的计算机，简称 ARM（Acorn RISC Machine）。这就是第一代 ARM 处理器 ARM1。随后，改良版的 ARM2 也被研发出来，用在 BBC Archimedes 305 上。

后来 Acorn 被 Olivetti 收购，在 Andy Hopper 的提议下，1990 年 11 月 27 日，Advanced RISC Machines Ltd.（简称 ARM）被分拆出来，正式成为一家独立的处理器公司，由苹果公

司出资 150 万英镑，芯片厂商 VLSI 出资 25 万英镑，Acorn 本身则以 150 万英镑的知识产权和 12 名工程师入股。公司的办公地点非常简陋，就是一个谷仓。这个项目到后来进入 ARM6，首版的样品在 1991 年发布，苹果计算机使用 ARM6 架构的 ARM 610 来当成他们 Apple Newton 产品的处理器。在 1994 年，艾康计算机使用 ARM 610 作为他们个人计算机产品的处理器。下面看看如今 ARM 公司微处理器的产品，如图 4-5 所示。

图 4-5　ARM 现有的 CPU 内核架构

ARM 是一家技术前瞻度比较高的科技公司，因此除了嵌入式领域的微处理器以外，它也开始布局云计算、边缘计算、安全以及机器学习相关的内核架构。这些不是本书研究的范围，我们主要研究的是操作系统移植，因此只需要了解 ARM 不同版本内核之间的特点和区别即可。

4.3　嵌入式硬件系统的基本组成部分

对于一个嵌入式硬件系统来说，微处理器是嵌入式系统的核心基础，基础决定上层建筑，因此需要了解嵌入式硬件系统的组成部分。这个就好比人们买笔记本计算机一样，选择什么配置的计算机，准备买英特尔 i5 处理器还是 i7 处理器、内存选 8G 的还是 16G 的、显示屏选择 14 寸的还是 15.6 寸等。嵌入式硬件系统正是要探讨这些内容，只是关注得更深层次一些。对于一个嵌入式硬件系统来说，主要从它的微处理器的时钟系统、中断系统、总线、I/O 设备以及常用外设接口电路几个方面着手研究。嵌入式硬件系统基本组成部分如图 4-6 所示。

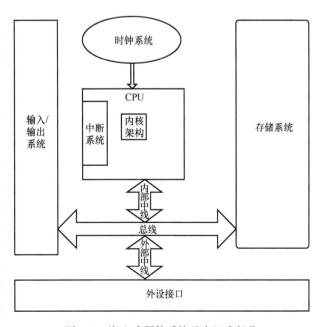

图 4-6　嵌入式硬件系统基本组成部分

4.3.1 时钟系统

准确地说，嵌入式系统中不存在时钟的概念，时钟是人为设计的一个概念，因为一个嵌入式硬件系统只有晶振产生的振荡电路，这个振荡电路在不同电压的作用下产生振幅不同、但是规正的波形输入到微处理器中。脉冲信号是一个按一定电压幅度、一定时间间隔连续发出的脉冲信号。脉冲信号之间的时间间隔称为周期；而在单位时间（如1秒）内所产生的脉冲个数称为频率。频率是描述周期性循环信号（包括脉冲信号）在单位时间内所出现的脉冲数量多少的计量名称；频率的标准计量单位是 Hz（赫）。

1. 时钟周期

时钟周期也称为振荡周期，是由晶振周期振荡产生的物理周期，如果一个微处理器不采用倍频技术化，那么时钟周期也就是该系统的最小时间单位。在计算机术语中也常常将时钟周期称为节拍。

2. 机器周期

机器周期是相对于微处理器来说，因此也称为处理器周期。为了便于管理，常把一条指令的执行过程划分为若干个阶段，每一阶段完成一项工作。例如，取指令、存储器读、存储器写等，这每一项工作称为一个基本操作。完成一个基本操作所需要的时间称为机器周期。一般情况下机器周期的时间要大于时钟周期，为了便于理解，以 8051 单片机为例，一个机器周期等于 12 个时钟周期。

3. 指令周期

指令周期的定义是处理器完成一条指令全部操作所用的时间。一般一条指令周期由若干个机器周期组成，但是由于指令不是完全相同的，所以指令周期也是不同的。对于简单指令，可能只需要一条机器周期，对于复杂指令则需要使用多个机器周期。通常含一个机器周期的指令称为单周期指令，包含两个机器周期的指令称为双周期指令。

小白成长之路：定时器和计数器的区别

对于微处理器来说，定时器和计数器在硬件电路都是相同的，只是使用逻辑和使用场景不同而已。定时器一般用于系统计算时间来处理相应的功能，定时器功能侧重于对时间的计算；计数器功能侧重于对输入信号的计数，它不关心时间问题。

4.3.2 中断系统

什么是中断？举个生活中的例子，如果我们正在考试，突然笔没有墨水了，这个时候通常会举手示意老师，经过老师允许后去加墨水，加完墨水后再次示意老师回到座位继续进行考试。在这个例子中，中断系统一般会有以下几步：首先是中断请求，比如第一次举手示意老师加墨水；其次是中断响应，就是老师允许我们离开座位去加墨水；再次是中断处理，就是加墨水的过程；最后是中断返回，就是加完墨水后再次目光示意老师回到座位继续考试。

但是对于能够移植操作系统的微处理器来说中断系统是复杂的，需要明白三个基本概念，分别是中断向量表、中断管理以及中断服务函数。

1. 中断向量表

中断向量表是一系列中断服务程序入口地址组成的表，主要存放中断服务函数的入口地址。比如一般 ARM 处理器都是从地址 0X00000000 开始执行指令的，那么中断向量表就是从 0X00000000 开始存放的。如果将程序下载到其他位置，还要进行中断向量表偏移。比如将程序下载到 0X8780 0000，要设置中断向量表偏移位 0X8780 0000。

2. 中断管理

中断管理主要是用来管理微处理器中断优先级的，对于微处理器不同中断管理的方式也存在很大差别。有的处理器支持中断嵌套，而有的则不支持，有的处理器支持中断可以被抢占，而有的则不支持。对于 ARM 处理器来说，Cortex-M3 内核中断管理方式采用 NVIC，全称是 Nested vectoredinterrupt controller，即嵌套向量中断控制器。但是对于 Cortex-A7 内核中断管理方式采用 GIC，全称是 General Interrupt Controller，即通用中断控制器。

3. 中断服务函数

中断服务函数其实就是指中断以后需要处理的事件，使用中断的目的是为了使用中断服务函数。中断发生后，中断服务函数就会被调用，我们要处理的工作就可以放到中断服务函数中去完成。

 小白成长之路：ARM 处理器的 7 种工作模式

1）用户模式（user）是用户程序的工作模式，运行在操作系统的用户态。用户模式没有权限去操作其他硬件资源，只能执行处理自己的数据，也不能切换到其他模式下，想要访问硬件资源或切换到其他模式只能通过软中断或产生异常。

2）系统模式（system）是特权模式，不受用户模式的限制。用户模式和系统模式共用一套寄存器，操作系统在该模式下可以方便地访问用户模式的寄存器，而且操作系统的一些特权任务可以使用这个模式访问一些受控的资源。

3）一般中断模式（IRQ）也叫普通中断模式，用于处理一般的中断请求，通常在硬件产生中断信号之后自动进入该模式。一般中断模式为特权模式，可以自由访问系统硬件资源。

4）快速中断模式（FIQ）是相对一般中断模式而言的，用来处理对时间要求比较紧急的中断请求，主要用于高速数据传输及通道处理。

5）管理模式（SVC）是 CPU 上电后默认模式，主要用来做系统的初始化，软中断处理也在该模式下。当用户模式下的用户程序请求使用硬件资源时，通过软中断进入该模式。

6）中止模式（abort）用于支持虚拟内存或存储器保护，当用户程序访问非法地址，没有权限读取内存地址时，会进入该模式。Linux 下编程时经常出现的 segment fault 通常都是在该模式下抛出返回的。

7）未定义模式（undefined）用于支持硬件协处理器的软件仿真，CPU 在指令的译码阶段不能识别该指令操作时，会进入未定义模式。

4.3.3　总线

总线就是不同设备之间交互数据的通道，其特点是共享，超过两种设备以上的连接方式称为总线，一对一的连接方式一般不能称为总线。总线根据在微处理器内部还是外部分为内部总线和外部总线，在微机原理中常用的地址总线、数据总线以及控制总线数据内部总线，像 USB、SPI、PCI、IIC、CAN 等属于外部总线。

1. 地址总线

地址总线决定着微处理的位数、寻址能力，通常情况下地址总线的传输方向是单方向的，微处理器只需要获取具体地址后，使用数据总线读写数据即可。一个微处理的寻址范围通常等于 2^n（n 表示地址总线的数量），比如 32 位微处理器的寻址范围就是 4GB，这也是为什么老式的计算机，比如 Windows XP 时代，好多的计算机即使安装了 8GB 的内存条，依旧只能读出来 4GB 左右。所以地址总线的数量决定着微处理器的位数和内存寻址能力。

2. 数据总线

数据总线是微处理器与存储单元以及其他外设数据交换的公共通道，由于地址总线决定了微处理器的内存寻址能力，那么数据总线就决定了微处理器的一个时钟周期和外界数据交换的速度。通常 8 位数据总线在一个时钟周期可以传输一个字节，但是 32 位数据总线在一个时钟周期可以一次传输四个字节。因为数据总线既可以完成微处理器写入操作，也可以完成微处理器的读取操作，因此数据总线在传输方向上是双向的。

3. 控制总线

控制总线是在地址总线确定了内存地址以后，告诉数据总线当前操作是读操作还是写操作，此外控制总线决定着微处理器对外部设备有多少种。控制总线除了控制读写信号以外还需要控制时序信号，因为对外部设备的读取，不是只是一种电平信号，而是多种电平信号有序排列。控制总线一般是双向的，控制总线的位数要根据系统的实际控制需要而定。实际上，控制总线的具体情况主要取决于微处理器。

4. SPI 总线

SPI 总线的全称为串行外围设备接口（Serial Peripheral Interface），这是由摩托罗拉科技公司开发的一款串行总线通信方式，它的设计目的是给微处理器提供连接外围设备的低成本的方案。SPI 总线只需要 4 个 I/O 接口就可以实现对于存储器、传感器、LCD 驱动器以及音频等芯片的数据通信。与标准的串行接口不同，SPI 是一个同步协议接口，所有的传输都参照一个共同的时钟，这个同步时钟信号由主机（处理器）产生，接收数据的外设（从设备）使用时钟来对串行比特流的接收进行同步化。可能会有许多芯片连到主机的同一个 SPI 接口上，这时主机通过触发从设备的片选输入引脚来选择接收数据的从设备，没有被选中的外设将不会参与 SPI 传输。SPI 接口的缺点是没有指定的流控制，没有应答机制确认是否接收到数据。

5. CAN 总线

CAN 总线是一种抗干扰极强的串行通信总线，主要用于汽车、航天、船舶等对数据稳定传输要求极高的领域。CAN 总线的成本相对其他低速串行总线来说比较高，主要是 CAN 的收发控制器价格比较贵。CAN 总线最早是由德国博世公司开发的，后来被 ISO 国际标准委员会组织收录并作为汽车行业标准的串行通信协议。CAN 总线能够抗干扰是因为 CAN 总线将内部逻辑电平转换为差分信号输出到 CAN 总线上，差分信号由于采用电位差来定义高低电平的逻辑，所以能有效地对抗电磁干扰。

小白成长之路：串行总线和并行总线的区别

　　微处理器的内部总线都是并行总线，并行总线的特点是单位时间内吞吐量大，对时序要求高，并且对物理 I/O 的数量要求比较多，一般至少需要 8 条并行数据线（一个字节位宽）。因此并行总线的抗电磁干扰比较差，通常都是用于微处理器内部以及板卡布线使用。

　　串行总线也有很多，像前面提到的 SPI 和 CAN 总线。其实还有很多，比如 USB、IIC、SATA、RS-485、RS-232 以及 LIN 总线等。LIN 总线的特点是通过时序控制减少对物理 I/O 数量的依赖，因此封装了串行总线的微处理器通常比较小。串行总线数据线少，便于对信号做抗干扰处理，通常串行总线的抗干扰能力强，适合远距离通信。但是串行总线的单位时间内数据的吞吐量要小于并行总线。

4.3.4　存储系统

　　存储系统是一个嵌入式系统的重要组成部分，甚至可以说一个嵌入式系统不能没有存储系统。嵌入式系统经常使用的存储器可以分为三类，分别是随机存取存储器、只读存储器和闪存，理论上闪存是从只读存储器派生出来的，因为闪存也是一种非易失存储器类型，如图 4-7 所示。

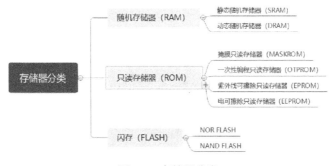

图 4-7　存储器分类

1. 随机存取存储器（RAM）

　　首先需要明白随机的概念，随机就是微处理器想什么时间读写数据都不需要提前和存储器"打招呼"，反过来理解就是存储器中的数据被读写是随机的。RAM（Random Access Memory）随机性和 ROM（Read-only Memory）、FLASH 不同。RAM 是一种掉电数据就会丢失的存储器类型，这是和 ROM 相同的地方。随机存储器又分为动态随机存储器和静态随机存储器。

　　DRAM（Dynamic Random Access Memory，动态随机存取存储器）是最为常见的系统内存。这里对动态的理解是这样的：DRAM 的物理构造是采用电容充放电来保存数据的，这也就需要动态地给 DRAM 内存电激励信号，就是间隔一段时间用电信号刷新数据，防止电容充放电不及时导致数据丢失，常见的 DRAM 就是计算机的内存条。

SRAM（Static Random-Access Memory，静态随机存取存储器）是一种具有静止存取功能的内存，其内部机构比 DRAM 复杂，可以做到不刷新电路即能保存它内部存储的数据。静态的意思就是不需要刷新。对比 DRAM，SRAM 的优点是读写速度特别快，但是缺点也很明显，就是集成度低，相同容量的存储单元中 SRAM 体积比 DRAM 大，而且价格高，一般用于对读写速度要求较高的场景，比如 CPU 的高速缓存一般是 SRAM。

2. 只读存储器（ROM）

只读存储器 ROM，顾名思义就是只能读取不能随便写入信息，它的特点是掉电以后数据不会丢失。只读存储器是不断发展的，只读存储器分类是在发展中划分的，因此根据时间线划分只读存储器可以分为掩膜只读存储器（MASK ROM）、一次性编程只读存储器（OTP ROM）、紫外线可擦除只读存储器（EPROM）、电可擦除只读存储器。注意这里的擦除和写入是两个概念。早期的微处理器基本采用 EEPROM，比如 80C52 单片机。

3. 闪存（Flash Memory）

闪存是一种非易失数据存储器，它实际也是由只读存储器派生出来的。闪存主要分为两类，一类是 NOR Flash，另一类是 NAND Flash。两者的区别主要有：第一，在速度上由于 NAND Flash 是安装页或者块来擦写，因此比按照字节擦写的 NOR Flash 要快，但是在读取数据上由于 NAND 需要定位内存地址，需要时钟周期要远远高于 NOR Flash，因此在读取速度上 NOR Flash 更有优势。第二，在可靠性方面，就是大家经常说的 NAND Flash 会出现坏块，这是因为 NAND Flash 之间容易发生位翻转，产生的坏块是随机分布的，所以一般都会选择使用 EMMC 接口的 Flash，因为 EMMC 标准接口能够管理 NAND Flash 出现的坏块。最后从成本上来说，NAND Flash 更占优势，总体来说 NAND Flash 的市场要远远大于 NOR Flash。

4.3.5 嵌入式微处理器片上外部设备

嵌入式微处理片上的外部设备决定着嵌入式系统输入和输出设备的类型和数量，这也会影响微处理器的成本。嵌入式系统根据应用场景和领域的不同，对外部设备的需求也不同，片上外部设备通常也被称为接口，常见有以下几种。

1. 通用输入/输出接口（GPIO）

通用输入/输出接口是微处理器最基本的接口，简称 GPIO，GPIO 是连接微处理器和板卡设备的重要接口，一般 GPIO 是可以配置的，配置参数根据微处理器的不同而不同，如输入模式、输出模式、复用模式等，GPIO 输入/输出的通常是 TTL 信号，输入板卡级别的信号，信号电压一般在 0V～5V 之间。比如通常的微处理器控制 LED 亮灭主要就是操作的 GPIO。

2. 串行接口（IIC、SPI、USART/UART、USB、CAN）

串行接口种类有很多种，像 IIC、SPI、USART/UART、USB、CAN 串行总线接口。除此以外还有 RS-232、RS485、SATA 接口等，但是对于微处理器来说，能够直接与其通信的一般都是 TTL 信号的串行接口，比如 IIC、SPI、USART/UART 等，这些串行接口简化的嵌入式系统的布线方式，原本至少 8 根数据线的并口，可以使用一根数据线和一根时钟线来完成。随着嵌入式系统的分工越来越明确，对于一些特殊应用和场合会有专门的硬件解决方案，这些硬件解决方案为了更好地适用市场，会兼容各种串行接口，比如使用最多的 U 盘，就是采用 USB 串行接口。

3. 数模/模数转换接口（ADC/DAC）

在讲 ADC/DAC 接口以前，要先明白什么是模拟量、什么是数字量。模拟量就是连续不变的量，这里的关键词是连续；而数字量是离散的，它和模拟量相对。知道这两个概念以后，就能明白什么是数模转换和模数转换了。微处理器集成 ADC/DAC 以后就能够通过传感器采集的自然模拟量，经过运算处理以后显示出来，这个过程就是模数转换和数模转换的过程。因此，所有的微处理基本都会集成 ADC/DAC 接口。

4. 液晶显示接口（LCD-RGB）

LCD 的接口方式有很多种，比如 LVDS 接口、EDP 接口、MIPI 接口以及最常用的 TTL 接口。这里的接口是根据驱动 LCD 信号的性质来划分的，微处理器基本都可以使用 TTL 信号接口，但前提是微处理器的引脚够多。其中 LCD 中的 RGB 接口就属于 TTL 电平信号。通过对红（Red）、绿（Green）、蓝（Blue）三个颜色通道的变化以及它们相互之间的叠加来得到各式各样的颜色，RGB 即代表红、绿、蓝 3 个通道的颜色，这个标准几乎包括了人类视力所能感知的所有颜色。RGB 接口一般是 8bit 的 R 数据线、8bit 的 G 数据线以及 8bit 的 B 数据线，即数据线 24 位。这也是日常看到的 RGB24 位真彩色。

4.4　【案例实战】微处理器的两种编程方式

> 案例实战演示微处理的裸机编程和移植 Linux 系统编程。源代码可以通过扫描封底二维码获取。

对于嵌入式微处理器，根据项目的复杂程度以及任务数量，可以分为带操作系统编程和裸机编程。其中裸机编程主要通过操作微处理器的寄存器达到项目需求的效果，比较典型的就是传统的单片机编程方式；带有操作系统的微处理器编程方式比较简单，工程师只需要关注代码如何实现的逻辑功能，其中微处理的寄存器被封装成库函数，提供给工程师调用。在任务调度方面，工程师只需要将任务的调度逻辑实现就可以。下面通过两个具体的案例帮助大家理解。

4.4.1　微处理器裸机系统的 GPIO 操作

微处理器的裸机编程其实就是单片机编程。现在使用比较多的是 STM32 系列单片机，这个系列的单片机就属于裸机编程（带有操作系统的除外）。STM32 系列单片机在国内比较流行是因为它的配套环境，首先是多种 IDE 支持 STM32 系列单片机，其次就是 STM32 官方提供标准库函数和 HAL 库，大大简化了 STM32 开发复杂度。这一章采用 i.MX6ull 微处理器用裸机方式实现 GPIO 操作，大家会发现，没有库函数、没有集成开发环境、没有操作系统以后，裸机开发的工作量非常大。

在 4.3.2 小节中，介绍了 ARM 处理器的 7 种工作模式。对于这款 i.MX6ull 微处理器来说，它的内核是 ARM Cortex-A7，因此裸机编程的默认工作模式是 SVC。第一步需要设置这个微处理器的 SVC 工作模式，具体操作如下。

Step 1 新建一个设置 SVC 模式的汇编文件，i.MX6ull 没有提供官方的启动文件，因此需要自己动手写，如图 4-8 所示。

图 4-8　设置处理器的 SVC 模式

Step 2 配置微处理器的寄存器并使能时钟，如图 4-9 所示。

图 4-9　配置寄存器操作

Step 3 编写操作 GPIO 的主函数，控制 LED 灯灭 500ms 然后亮 500ms，周而复始，如图 4-10 所示。

图 4-10　主函数

Step 4 配置文件和主函数写好后，编写 Makefile 文件，如图 4-11 所示。

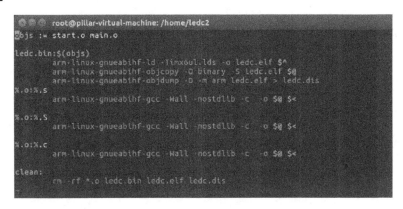

图 4-11　Makefile 文件

Step 5 执行 make 指令，如图 4-12 所示。

图 4-12　执行 make 指令

Step 6 插入 SD 卡，然后选择连接到虚拟机，如图 4-13 所示。

Step 7 SD 卡连接到虚拟机以后就能够将生成的 led. bin 文件直接复制到 SD 卡中，如图 4-14 所示。

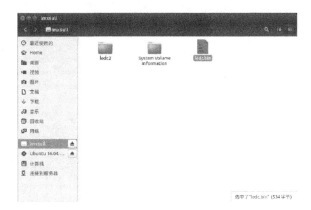

图 4-13　SD 卡连接虚拟机　　　　　图 4-14　将 ledc. bin 文件拷贝到 SD 卡中

Step 8 将 SD 卡插上板卡，上电效果如图 4-15 和图 4-16 所示。

图 4-15　红色 LED 灯灭 500ms　　　　图 4-16　红色 LED 灯亮 500ms

4.4.2　微处理器移植 Linux 系统的 GPIO 操作

读者如果没有单片机的编程经验，对于 4.4.1 小节的裸机编程会感到非常复杂，因为微处理器的裸机编程，首先要求工程师要对芯片技术参数非常清楚，最低要掌握常用的寄存器。但是如果在移植好的 Linux 系统里编程就显得比较轻松了，这里选择第 1 章介绍过的树莓派开源硬件。本章案例就是采用树莓派来操作其自身的 GPIO，为了给读者展示效果，专门在 GPIO 上接了一个 LED 灯，通过灯的亮灭更能体现效果。

Step 1 使用树莓派通过 C 语言的方式操作 GPIO，需要下载安装树莓派的 C 语言的支持库 wiringPi 库。然后使用命令 gpio readall 来查看树莓派的型号和 GPIO 的分布，如图 4-17 所示。

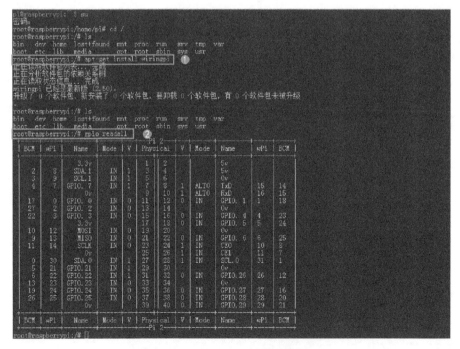

图 4-17　安装 wiringPi 库并查看 GPIO

Step 2 在安装完 wiringPi 库并查看 GPIO 口以后，选择 GPIO.27 引脚，然后在树莓派的目录里新建一个 led.c 文件，新建命令为 touch led.c，接着使用 vim led.c 打开并编写下述程序代码。

```c
#include < stdio.h >
#include < wiringPi.h >
int main(void)
{
        int LED = 27;
        wiringPiSetup();
        pinMode(LED,OUTPUT);
        int count = 0;
        while(count < 10)
        {
                printf("LED:%d is On \n",LED);
                digitalWrite(LED,HIGH);
                delay(1000);
                printf("LED:%d is Off \n",LED);
                digitalWrite(LED,LOW);
                delay(1000);
                count ++ ;
        }
        return 0;
}
```

Step 3 使用交叉编译工具（后面章节会介绍）编译 led.c 文件，编译的时候一定要关联 wiringPi 库，否则编译器会报错。这里使用的命令是：gcc-o led-lwiringPi led.c。最后使用目标文件 ./led 使其执行，如图 4-18 所示。

图 4-18　LED 灯的状态信息

Step 4 可以看到 LED 灯会以一秒的时间间隔周期闪烁，并闪烁 10 次，效果如图 4-19 和图 4-20 所示。

图 4-19　LED 灯灭　　　　　　　　图 4-20　LED 灯亮

通过对比两个案例实战的 GPIO 操作,很明显在系统上编程更有效率。对于系统上的编程,只需要配置相应的支持库,不需要关心微处理器的底层寄存器。但是裸机编程不单单要写主函数,还需要对底层的寄存器进行配置,工作量比较大。

4.5　要点巩固

对于 Linux 嵌入式硬件系统,首先需要了解系统的微处理器及其架构和指令集,这对后续程序移植过程非常有帮助。时下的微处理器的嵌入式系统基本属于混合结构体系(既有哈佛结构也有冯·诺依曼结构)。嵌入式领域一般使用精简指令集系统更多一些,因为精简指令集系统结构上更简单,设计难度小,设计周期短,除了 x86 内核架构以外,如 Power-PC、MIPS 以及 ARM 均是采用精简指令集系统。

对于 Linux 嵌入式系统,还需要关注字节序大小端存储的问题。决定字节序是大端存储还是小端存储的因素主要是微处理的内核架构,其次是操作系统。

对于嵌入式硬件系统的基本组成部分,我们需要理解嵌入式系统的时钟系统、中断系统、总线、存储系统以及嵌入式系统常用的外部接口。时钟系统主要的三个概念就是时钟周期、机器周期以及指令周期。对于微处理器的中断系统,在理解了中断基本概念的基础上重点要关注微处理器的中断向量表、中断管理方式以及中断函数三个基本概念。对于计算机系统的总线要区分并行总线和串行总线的区别,除了书上讨论的几种总线以外,要多拓展其他总线以及协议。最后提到了微处理器常用的片上外设。总之,嵌入式硬件系统对于嵌入式 Linux 系统的移植至关重要,这也是在移植系统时需要考虑的问题。

4.6　技术大牛访谈——嵌入式系统微处理器选型方案

嵌入系统微处理选型方案,需要从五个方面考虑,分别是成本、系统复杂度、项目周期、技术能力以及市场使用情况。在第一章讲嵌入式系统的一般开发流程时,提到整体方案设计时就需要将嵌入式微处理器选型方案确定下来。微处理器选型看似简单实则又有些难度,难度体现在以下几点。

1. 成本控制

成本控制是选择处理器的重要依据,因为做嵌入式系统开发的最终目的是为了赚钱,否则很难将产品推向市场，例如，如果一款智能手机售价两万元，就很难被大多数用户接受。因此在做嵌入式系统开发时，能够用 8 位机解决的项目绝不用 32 位微处理器，能够用 Cortex-M 内核解决的问题尽量不用 Cortex-A 内核的处理器。除非特殊情况，比如后者成本比前者还要低。

2. 预计系统复杂度

在产品经理导入一款新产品时，所有参与项目研发的人员都要去评估这个产品最终到手上的工作量，这个要配合项目开发周期以及过往的项目开发经验，评估自己是否能够按照要求完成预期目标。特别是作为嵌入式软件工程师，当产品导入后，需要和产品经理以及硬件工程师讨论微处理器选型的可行性。举个简单例子，如果系统比较简单，就是 2 ~ 3 个任务的系统，可以直接使用裸机系统；但是如果系统比较复杂，涉及多任务多线程时，就要考虑移植操作系统来解决。但不是说多任务多线程必须要用操作系统，而是如果不用操作系统可能会增加开发周期或者不方便后期的维护，因此要求嵌入式系统工程师要对整个系统的功能复杂度大概进行估算。

3. 项目开发周期

在做微处理器选型时要考虑项目开发周期，如果项目开发周期相对比较短，这个时候就建议嵌入式工程师一定要选用自己最熟悉的微处理器，前提是这个微处理器能够满足产品要求。最好是复用自己之前稳定运行的项目案例，这样能够将开发效率大大提高。但是如果项目开发周期允许，可以尝试新的微处理器方案，这样可以储备自己的微处理器知识库，以应对未知的挑战。

4. 评估自己的研发实力

在微处理器选型中除了成本外，研发人员的研发实力也是占据主要地位的。在对嵌入式系统微处理器选型时，大家一般会选择自己擅长的微处理器作为首选方案，但是如果现有技术能力无法满足产品的需求，这个时候对研发人员的挑战也是巨大的。因为不熟悉新的处理器方案，在开发周期上无法准确地评估开发时间。

5. 调研市场占有率

调研微处理器的市场占有率，这个可能会让大家很不理解，但是它确实很重要。原因在于，调研市场占有率可以评估这款微处理器会不会短时间内停产；其次是通过调研市场占有率，可以反馈出这款微处理的性能以及稳定性，因为微处理器的稳定性是嵌入式系统选型的重要指标。

从成本、系统复杂度、项目周期、技术实力以及市场使用情况这五个维度综合考量之后再去决定具体选用什么架构、什么指令系统、什么等级的微处理器更加适合。嵌入式系统微处理器选型维度，如图 4-21 所示。

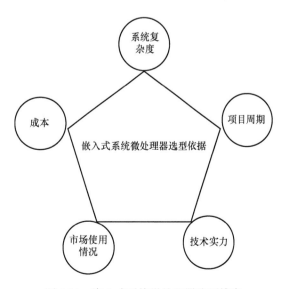

图 4-21　嵌入式系统微处理器选型维度

第5章
Linux 嵌入系统之交叉编译

本章属于 Linux 嵌入式系统知识的基础章节，主要介绍编译过程和交叉编译。在讲解交叉编译前先了解编译原理以及常用的编译器，比如 gcc 编译器。此外介绍了 Linux 下程序调试工具——gdb。对于基于 ARM 内核的微处理器移植操作系统，不可避免需要使用交叉编译。什么是交叉编译呢？它是指不同平台间编译程序代码的操作，这里的不同平台一是不同的系统平台，比如在 Windows 平台下编译 Linux 系统源代码；二是不同处理器平台，比如 x86 平台下编译 ARM 微处理器的驱动程序。

5.1　小白也要懂——gcc 编译器的工作流程

首先需要了解编译器的工作流程。编译器是具备编辑代码功能并且能够翻译代码为机器码的工具。例如，C 语言属于面向过程的高级编程语言，在写代码的时候用的是文本工具编辑，但是最终的文件格式必须为 .C 文件；Java 语言属于面向对象的高级编程语言，在写代码的时候也是用文本工具编辑，但是最后的文件格式为 .java 文件。这里的文件格式就是编译器的编辑功能所具有的特点，即不管什么编译器，必须具备文件编辑功能，因为没有文件编辑，就没有谈译码的必要。

编译器的第二个主要功能就是翻译编辑好文件的功能，暂且将翻译过程简称为译码，这个功能也是编译器非常重要的功能。译码分为几个阶段，分别是预处理、编译、汇编、链接。经过链接后形成可执行文件，然后下载到目标系统执行。编译器的一般工作流程如图 5-1 所示。

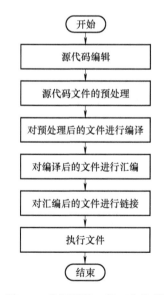

图 5-1　编译器的一般工作流程

为了便于大家理解编译器的工作流程，下面以 gcc 编译器执行一个 hello. c 文件为例进行介绍。首先使用 vim 编辑器编辑一个打印 hello world 的文件，文件名为 hello. c，如图 5-2 所示。

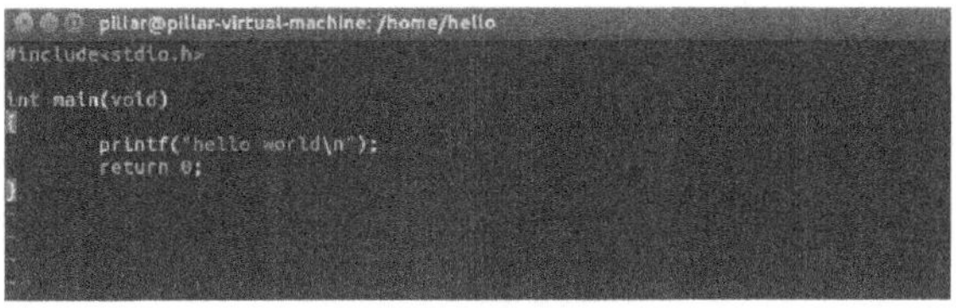

图 5-2　hello. c 的源文件

1. 编译器的预处理过程

以 gcc 编译的预处理过程为例，首先编译器会将所包含的头文件以及宏定义的值找到并替换成最终的内容，预处理阶段会将代码中注释部分自动删除。源文件被预处理后依旧是一个文本文件，但是经过预处理的文件要比源文件大得多。可以使用命令 gcc E hello. c-o hello. i 来生成 hello. c 的预处理文件，文件名为 hello. i。使用 vim hello. i 查看 hello. c 的预处理文件内容，如图 5-3 所示。

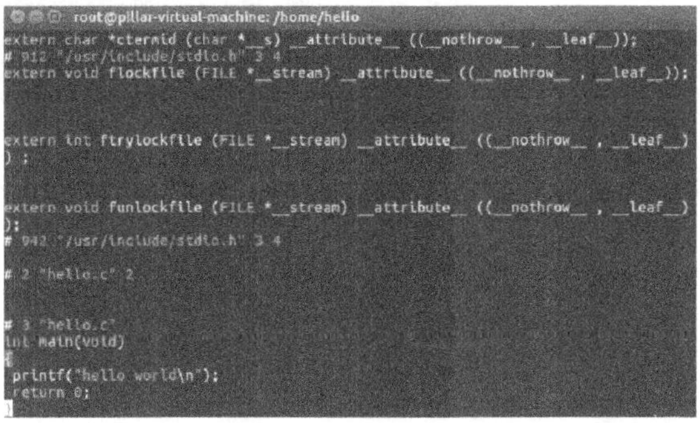

图 5-3　hello. i 预处理文件

由于预处理文件关联文件和定义比较多，不必过于在乎预处理文件的内容，只需要知道预处理过程主要做的事情：第一，将所有的宏定义关键字#define 删除，并且展开所有的宏定义，然后进行字符替换。第二，处理所有的条件编译指令，包括#ifdef、#ifndef、#endif 等。第三，将头文件关键字#include 删除，将#include 指向的文件插入到该行处并删除所有注释内容。第四，添加行号和文件标识，这样在调试和编译出错的时候才知道是哪个文件的哪一行。第五，保留#pragma 编译器指令，因为编译器需要使用它们。

2. 编译器的编译阶段

对于 gcc 编译器来说，编译阶段主要目的是将预处理好的文件翻译成汇编文件的过程。对于程序来说，编译也是最重要的一个阶段，程序在编译阶段能够被检查出来是否有错误，并且显示出错误类型。而对于编译器来说，编译阶段也是编译器最复杂的处理过程，因为在这个过程中需要检查编程语言的语法、语义、词法以及优化内容等多个方面。可以使用 gcc-S hello. i-o hello. s 生成汇编代码，使用 vim hello. s 查看 hello. c 的汇编代码，如图 5-4 所示。

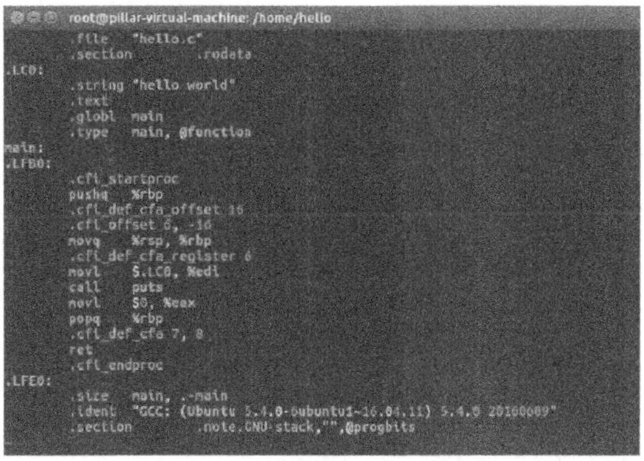

图 5-4　hello. s 汇编代码

gcc 编译器在编译阶段是将预处理后的文件翻译成汇编代码，在前面章节中提到，汇编代码是最接近机器码的编程语言。除了使用 gcc-S hello. i-o hello. s 命令生成汇编代码以外，gcc-S hello. c-o hello. s 也可以直接将 hello. c 文件编译成汇编代码。

3. 编译器的汇编过程

对于 gcc 编译器来说，它的汇编过程就是将编译后形成的汇编文件转换为目标文件的过程，即通过汇编阶段生成中间目标文件。在 Linux 系统下可以使用 gcc-c hello.s-o hello.o 命令将编译后的汇编文件转换为中间目标文件。这里 hello.o 并不是最终执行文件，如图 5-5 所示。

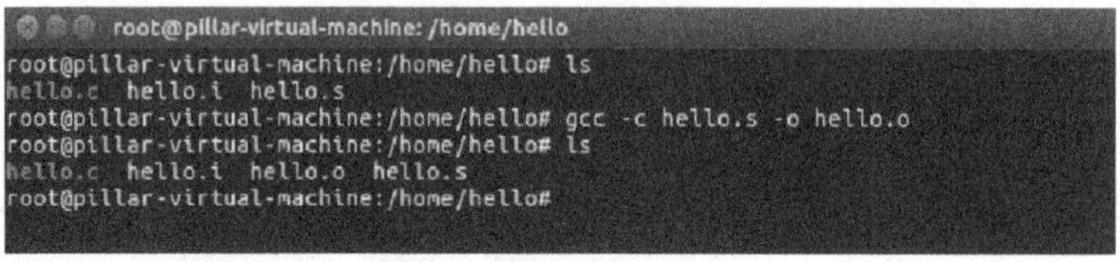

图 5-5　hello.c 目标文件

汇编过程实质上将上一步的汇编代码转换成机器码，这一步产生的文件称为中间目标文件，是二进制格式。之所以叫中间目标文件，是因为这个目标文件不能够被直接运行，需要链接后才可以执行。gcc 汇编过程通过 as 汇编器完成。

4. 编译器的链接过程

链接是链接器 ld 把中间目标文件和相应的库链接为可执行文件。链接器 ld 负责将程序的中间目标文件与所需的附加文件链接起来，附加文件包括静态链接库和动态链接库。使用命令 gcc　hello.o-o hello 将汇编后的目标文件生成可执行文件，如图 5-6 所示。

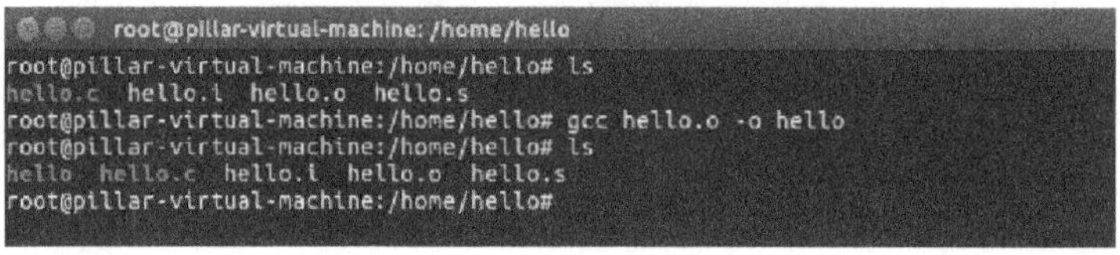

图 5-6　hello.c 可执行文件

链接过程将多个目标文件以及所需的静态库文件（.a）和动态库文件（.so）链接成最终的可执行文件。链接静态库文件称为静态链接，其特点是在编译链接时，把库文件的代码全部加入到可执行文件中，因此生成的文件代码比较大，但在运行时就不再需要这些静态库文件的参与了。同样链接动态库文件称为动态链接，其特点是在编译链接时，并没有把库文件的代码加入到可执行文件中，而是在程序执行时由链接文件加载库，这样可以节省系统的开销，但是运行时需要依赖库文件的支持。

通过这一小节的学习，我们了解了 gcc 编译器的主要工作流程，即预处理、编译、汇编、链接四个步骤。gcc 编译器在每一个步骤中都需要调用专门的工具，比如预处理就是调用 cpp 的预处理器完成预处理的所有操作，到了编译阶段再调用 cc1 编译器，cc1 编译器主要功能是词法分析、语法分析、语义分析、源代码优化以及代码生成等。经过 cc1 编译后的文件会根据 gcc 编译器的执行流程调用 as 汇编器，将汇编文件生成中间的目标文件。最后目标文件再经过 ld 链接器的链接过程，将需要的静态库文件和动态库文件关联上中间目标文件，形成最终的可执行文件。

小白成长之路：了解静态库和动态库

gcc 编译器在编译大的项目工程时往往需要在编译阶段导入静态库文件和动态库文件，下面就介绍这两个库文件怎么参与工作的。

1）静态库在链接阶段，会将汇编生成的目标文件 .o 与引用到的库一起链接打包到可执行文件中，因此对应的链接方式称为静态链接。

2）动态库在程序编译时并不会被链接到目标代码中，而是在程序运行时才被载入。不同的应用程序如果调用相同的库，在内存里只需要有一份该共享库的实例，规避了空间浪费的问题。

5.2　Linux 下 gcc 编译器的使用方法

前面介绍了 gcc 编译器工作流程，讲解了它如何将一个编辑好的源程序文件编译成最终的可执行文件的过程。前面介绍了 gcc 编译流程主要有预处理、编译、汇编、链接四个步骤，如图 5-7 所示。这一小节我们需要掌握 gcc 编译器在 Linux 系统下的使用方法。

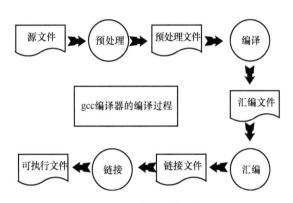

图 5-7　gcc 编译器编译过程

目前现有嵌入式 Linux 系统开发一般都会使用到交叉编译，而交叉编译工具链 90% 以上都会集成 gcc 编译器，这也是为什么我们要花费那么多篇幅来讲 gcc 编译器。对 gcc 编译器编译流程有一定的了解后，现在需要掌握 gcc 编译器在 Linux 系统中的使用方法。

gcc 编译器在 Linux 系统下将一个 .c 源文件经过预处理、编译、汇编、链接四个步骤的命令后生成可执行文件，下面就是 gcc 编译器在 Linux 系统下编译文件的四条基本命令。

```
gcc-E hello.c  -o hello.i            //预处理
gcc-S hello.i  -o hello.s            //编译
gcc-c hello.s  -o hello.o            //汇编
gcc hello.o-o hello                  //链接
```

Linux 系统下使用 gcc 编译器首先要能够认清文件的扩展名，其中表 5-1 为 gcc 编译器编译过程中常见的文件扩展名。

表 5-1　gcc 编译器常见的文件名称

序　号	扩　展　名	扩展名说明
1	. c	源文件
2	. h	头文件
3	. a	档案库文件
4	. i	预处理文件
5	. m	Objective-C 源代码文件
6	. o	目标文件
7	. s	汇编文件

　　gcc 编译器使用 gcc 的专用命令将源程序文件编译成可执行文件。gcc 的基本格式是 gcc [选项][输入文件名][-o 输出文件名]，其中［选项］就是需要编译器执行的操作，比如预处理、编译等过程。[输入文件名] 对应的是需要编译的文件，比如 hello. c 等。[-o 输出文件名] 一般是 gcc 编译阶段产生的中间文件类型，如 hello. i、hello. s 等。这里特别选择了 gcc 编译器常用的［选型］类型以及执行过程进行介绍。

　　1）[-c]：只是进行编译以及汇编而不链接成为可执行文件，编译器只是由输入的 . c 等源代码文件生成 . o 为扩展名的中间目标文件，通常用于编译不包含主程序的子程序文件，如图 5-8 所示。

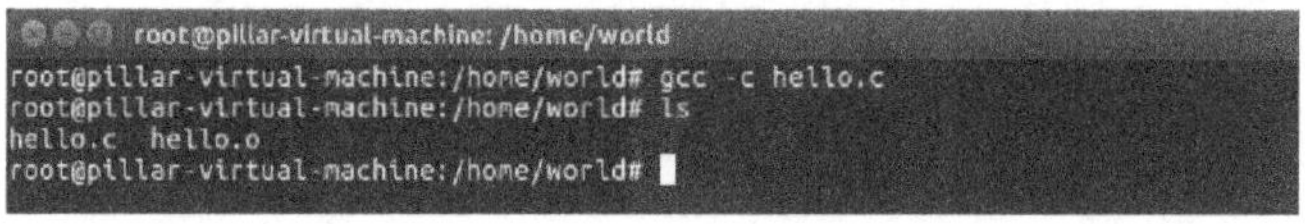

图 5-8　gcc -c 选项

　　2）[-o 输出文件名]：-o 选型后面要跟着明确的输出文件名称，如果-o 选项后没有紧跟着输出文件名称，gcc 就输出默认的可执行文件 a. out，如图 5-9 所示。

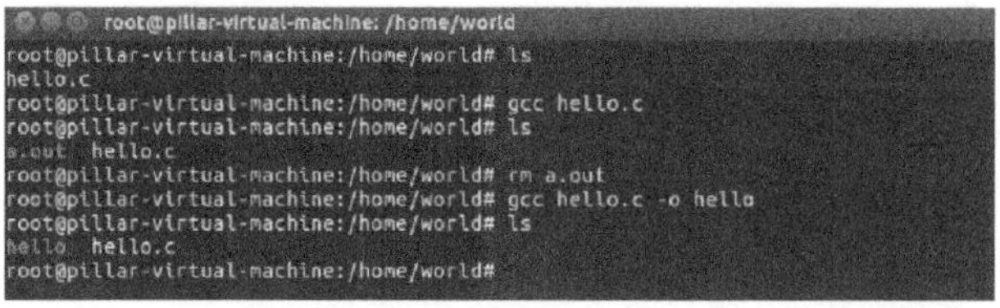

图 5-9　gcc-o 选项

　　3）[-E]：gcc 编译器使用该选项可以对源文件进行预处理，生成预处理文件，一般把预处理文件扩展名定义为 . i，如图 5-10 所示。

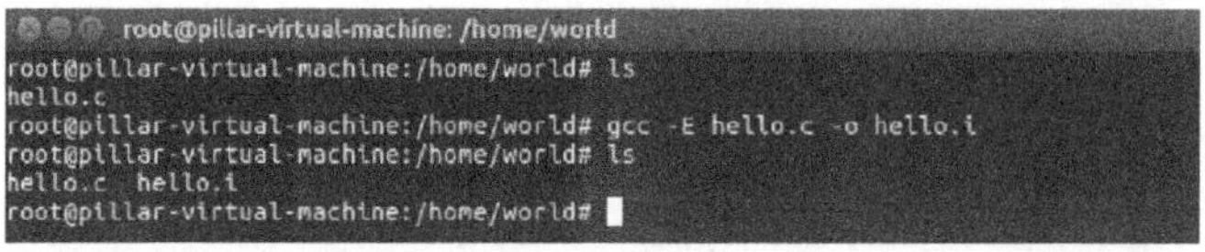

图 5-10　gcc -E 选项

4）［-S］：gcc 编译器使用该选项可以将预处理文件编译为汇编代码，我们把汇编文件扩展名定义为.i，如图 5-11 所示。

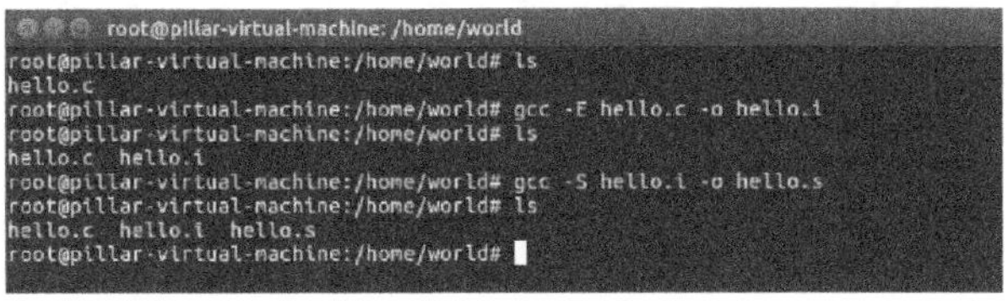

图 5-11　gcc -S 选项

5）［-O/-O2］：对程序进行优化编译、链接，采用这个选项，整个源代码会在编译、链接过程中进行优化处理，这样产生的可执行文件的执行效率可以提高，但是编译、链接的速度就相应地要慢一些。-O2 比-O 更好地优化编译、链接，整个编译、链接过程会更慢，如图 5-12 所示。

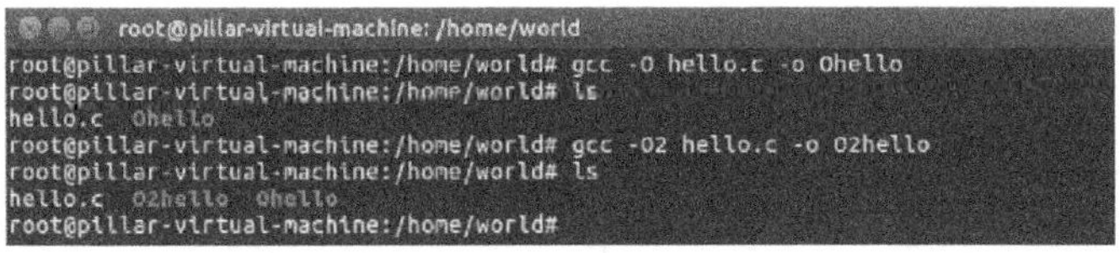

图 5-12　gcc-O/-O2 选项

gcc 编译器常用的［选型］类型还有很多，比如，-shared 主要是在生成共享库文件时使用，-Wall 生成所有警告信息，-w 不生成任何警告信息等，限于篇幅原因，感兴趣的读者可以继续研究其他［选型］类型。

5.3　gdb 调试工具的使用方法

gdb 调试工具有什么作用呢？习惯在 Windows 下开发的读者感觉不到调试工具的存在，比如使用 Visual Studio 做项目开发，需要调试时，使用快捷键 F11 就能进入程序的 Debug 模式。但在 Linux 系统中由于没有强大的图像调试工具，就需要借助 gdb 调试工具。gdb 是一个纯命令行的调试工具，也是由 GUN 组织开发和维护的。在讲解 gdb 调试工具前，需要确保 Linux 系统已经安装了 gdb 调试工具，可以使用 gdb-v 命令来查看，如图 5-13 所示。

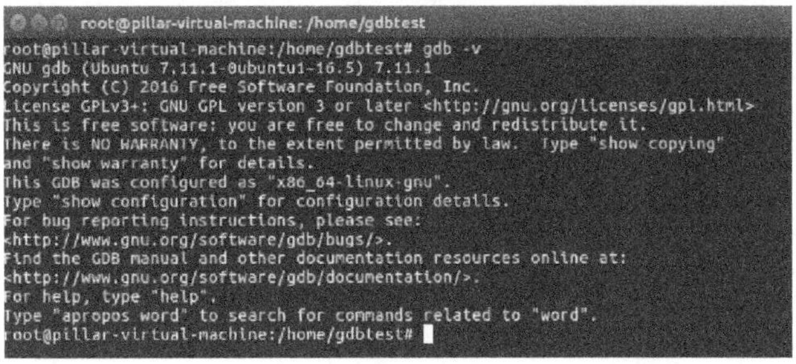

图 5-13　查看 gdb 版本信息

这里主要介绍如何在 Linux 系统下编写一个 C 语言的程序文件，然后使用 gdb 调试工具进行调试。需要强调是，使用 gdb 调试工具的前提是源文件没有语法、语义的错误，即源文件能够通过 gcc 编译器的编译。因为基本上所有的 Debug 工具都是用来调试逻辑功能，而不是用来检查代码完整性的。在演示调试过程之前，先需要了解 gdb 常用的调试命令，详见表 5-2。

表 5-2　gdb 调试工具常用命令

命　　令	简　　写	命　令　说　明
clear		删除设置的断点
break	b	设置断点
run	r	开始运行程序
next	n	执行当前行语句，如果该语句为函数调用，不会进入函数内部执行
step	s	执行当前行语句，如果该语句支持自定义函数调用，则进入函数执行其中的第一条语句，不支持库函数
print	p	显示变量值，例如 p value
continue	c	继续程序的运行，直到遇到下一个断点
set var name = value		设置变量的值
Quit	q	退出 gdb 环境

下面就来演示如何将一个源程序文件通过 gdb 调试工具，完成逻辑功能的调试。首先介绍一下 test1.c 程序文件的功能。test1.c 文件的功能就是在 Linux 系统终端下比较输入的两个整数的大小，具体的函数实现是先声明一个能够返回最大值的函数 Max，然后在主函数中调用它，具体的函数代码如图 5-14 所示。下面开始演示过程。

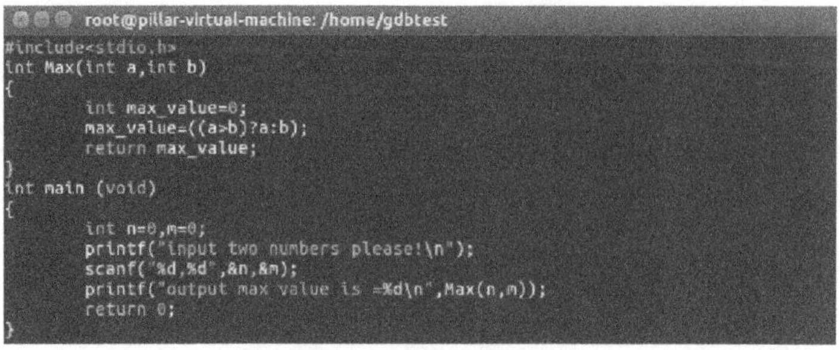

图 5-14　test1.c 文件代码

Step 1 由于 gcc 编译源程序的时候，编译后的可执行文件不会包含源程序代码，如果想要编译后的程序可以被调试，编译的时候要加-g 的参数，例如 gcc-g-o test1 test1.c，接着使用 gdb test1 命令就进入 gdb 的调试模式了，如图 5-15 所示。

Step 2 具体的调试命令参见表 5-2 gdb，下面演示 run 命令，如图 5-16 所示。

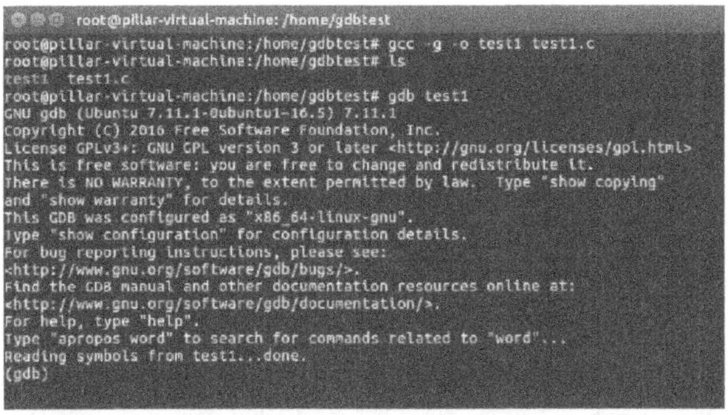

图 5-15　进入 gdb 调试模式

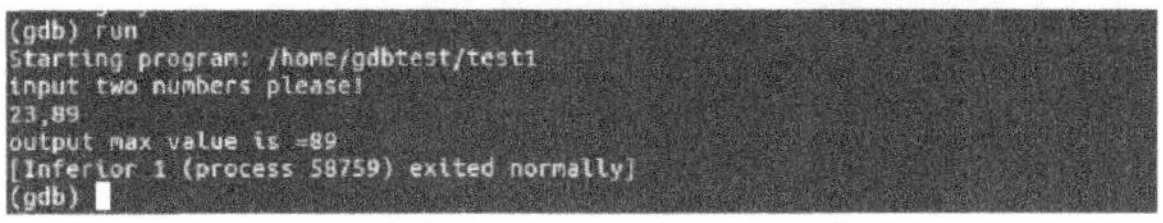

图 5-16　gdb 执行 run 命令

Step 3 设置断点操作，如图 5-17 所示。

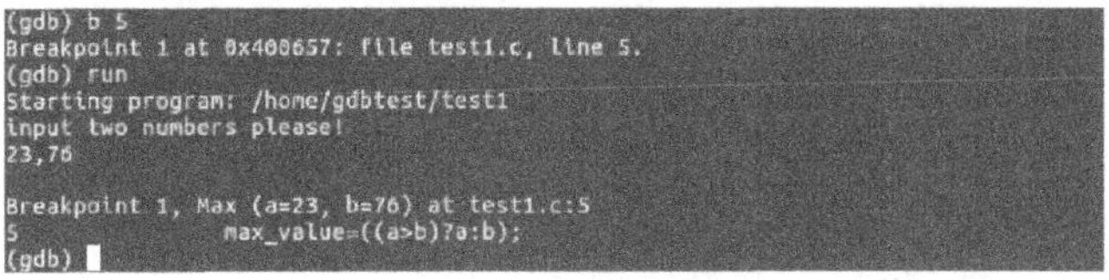

图 5-17　gdb 执行 break 命令

Step 4 执行当前语句操作，如图 5-18 所示。

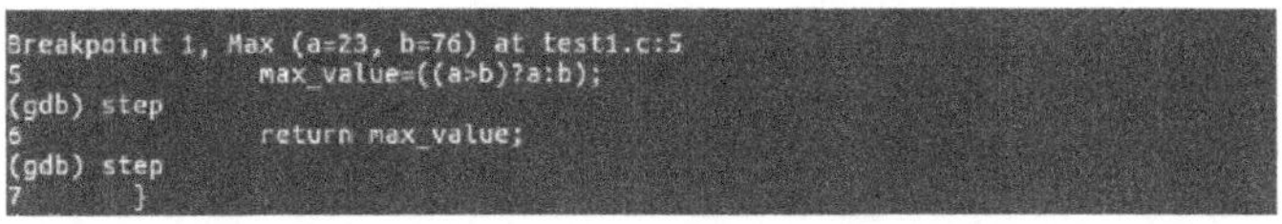

图 5-18　执行 step 命令

Step 5 设置继续程序的运行操作，如图 5-19 所示。

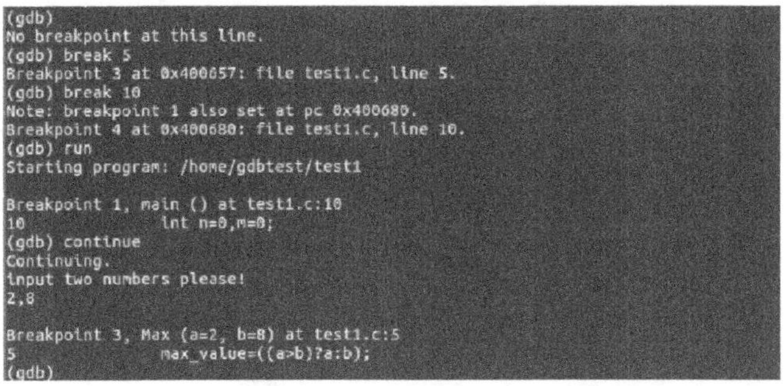

图 5-19　执行 continue 命令

99

Step 6 设置变量和查看变量操作，如图 5-20 所示。

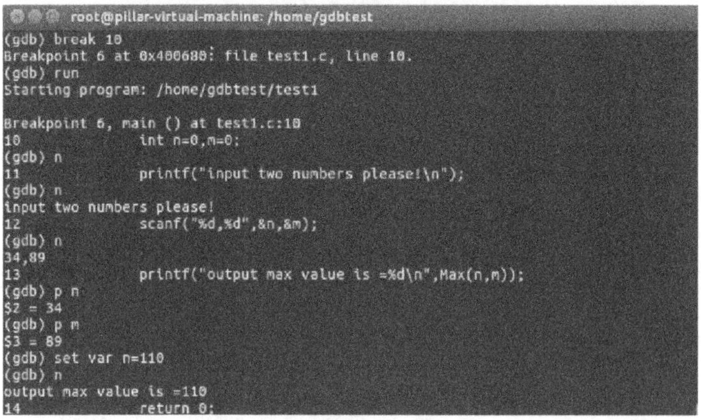

图 5-20　执行 p/set var 命令

Step 7 执行删除断点以及退出 gdb 调试操作，如图 5-21 所示。

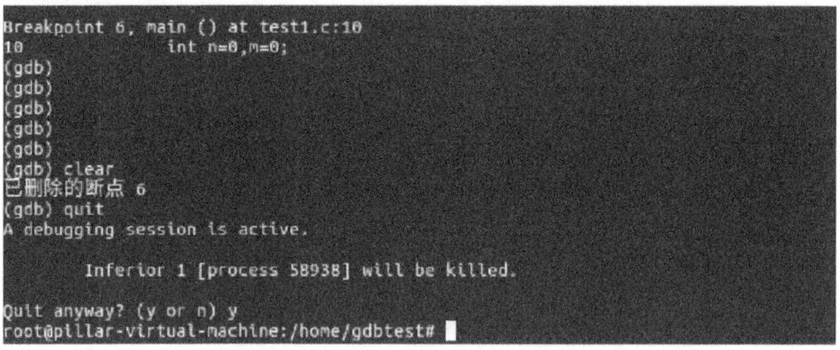

图 5-21　执行 clear/quit 命令

小白成长之路：gdb 调试工具的作用

　　我们为什么要讲解 gdb 调试工具呢？第一，gdb 调试工具能够帮助优化程序的逻辑功能，解决实际问题；第二，通过使用 gdb 调试工具能够理解 Windows 平台下 IDE 软件调试的机理；第三，在编译 Linux 内核时需要 gdb 调试工具的帮助。

5.4　什么是交叉编译

　　对于 IDE 环境下编程的读者，回忆一下在 Visual Studio 环境下在终端输出一个 hello world 的过程，这个过程只需要编写以下的程序代码即可。暂且定义这个文件是 hello. c。

```
#include < stdio. h >
Int main(void)
{
```

```
    printf("hello world");
return 0;
}
```

编辑完成代码以后，直接单击运行按钮，如果没有语法错误，就能够在终端上输出一个 hello world 的字样。但是读者有没有想过，为什么输入 C 语言代码最后能够被计算机所识别并且执行呢？这是因为 Visual Studio 环境集成了 GCC 的编译器，这个 GCC 的编译器帮我们把 hello. c 文件编译成计算机能够识别的机器码。那么，如果想在嵌入式开发板上输出同样的 hello world 字样到虚拟终端上，通常的做法有哪几种呢？第一种就是像单片机裸机开发嵌入式系统一样使用集成开发环境，比如 keil、IAR、CCS 等。第二种是自己搭建嵌入式系统的交叉编译开发环境。

无论是使用哪一种做法，它们都有相同点，就是在计算机上编译生成的文件要下载到开发板的处理器上，然后再上电使其运行。这里需要跨越硬件的平台，原来在 x86 平台下编译的机器码要转移到开发板的处理器平台下（ARM 平台），就需要使用交叉编译。

Keil、IAR 这种运行在 Widows 操作系统上的 IDE 软件，方便程序员操作，不需要手动搭建开发环境，也不需要自己写 Makefile 文件，通常像 keil 一样只需要单击编译运行按钮就可以完成机器码的编译。集成开发环境帮我们做了很多编译过程的工作，比如使用交叉编译器编译文件过程，源文件和头文件的文件关联过程，代码语法语义检查的功能等。但是如果没有了集成开发环境，比如在 Linux 虚拟机上编写开发板的程序，就要自己下载安装交叉编译工具链，编写 Makefile 文件等，因此在不同操作系统平台的交叉编译过程称为跨软件平台的交叉编译。

交叉编译就是将目标主机的程序代码在宿主计算机中编辑、编译，然后通过下载或者复制的方式植入到目标主机中，如图 5-22 所示。

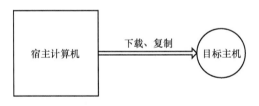

图 5-22　交叉编译模型

小白成长之路：为什么要交叉编译

大家肯定会想既然交叉编译这么复杂，为什么还要使用交叉编译呢？为什么不能像 winform 程序那样，直接在运行 Windows 操作系统的 x86 平台下编程并且生成可执行文件呢？通过图 5-23 的交叉编译模型不难发现，我们的目标主机初始状态是没有任何程序的一块电路板。如果想让目标主机按照需求工作，就需要在宿主计算机上编写编译目标主机的程序代码，这就是使用交叉编译的原因。当然还有其他的原因，由于目标主机的微处理器的性能要远远低于宿主计算机，如指令执行速度、内存空间以及配套的应用程序等，直接在目标主机上编写代码非常不现实。

5.5　构建交叉编译工具链

　　构建交叉编译工具链工作是在宿主计算机上开展的，但是构建它的目的是生成目标主机能够识别的可执行文件。交叉编译工具链是个由编译器、连接器和解释器组成的综合研发环境，主要有 binutils、gcc 和 glibc 3 个部分组成。有时出于减小 libc 库大小的考虑，也能用别的 C 库代替 glibc。

　　构建交叉编译工具链第一步需要确定目标主机的芯片内核架构，前面在讲微处理器的内核架构提到过常用的四种内核架构，而本书使用的开发板均为 ARM 内核架构，因此建立基于 ARM 平台的交叉工具链即可。确定了目标主机的内核架构以后还需要知道交叉工具链的命名规则，其一般规则为 arch［-vendor］［-os］［-（gnu）eabi］。arch 是指平台架构，如果我们使用的是 arm 架构，那么 arch 字段就要标记为 arm。vendor 是芯片供应商，比如下面使用的 Linaro 提供的交叉编译工具链。其次是 OS，如果宿主计算机使用 Windows 系统，那么 OS 就是 Windows；如果宿主计算机使用的是 Linux 系统，那么 OS 就是 Linux。eabi（Embedded Application Binary Interface）字段是嵌入式应用二进制接口，从一个交叉编译工具链我们能够知道目标主机的内核架构以及是否带有操作系统，但是这些还不够，还需要知道使用工具链支持的是大端模式还是小端模式、是否支持硬件浮点运算、是否支持 Linux 应用程序开发等。

　　从上面情况看，建立交叉编译工具链是一个相当复杂的过程，如果不想自己经历复杂烦琐的编译过程，网上有一些编译好的可用的交叉编译工具链可以下载。但就以学习目的来说读者有必要学习自己制作一个交叉编译工具链。目前来看，初学者没有太大必要去自己搭建一个交叉编译工具链。

　　通常构建交叉工具链有 3 种方法。

　　方法 1，分步编译和安装交叉编译工具链所需的库和源代码，最终生成交叉编译工具链。该方法相对比较困难，适合想深入学习构建交叉工具链的读者。对于做 Linux 系统应用程序开发，不建议使用这个方式，因为它会花费很多时间。

　　方法 2，是通过脚本工具来实现一次编译生成交叉编译工具链，该方法相对于方法 1 要简单许多，并且出错的机会也会少许多，有能力的读者可以使用该方法构建交叉编译工具链。

　　方法 3 建议初学者使用，因为做嵌入式 Linux 系统开发，绝大部分时间还是需要用在项目的功能实现上面，因此可以直接通过网络下载已制作好的交叉编译工具链。该方法最大的好处就是简单方便，一般情况下都能够顺利完成项目需要。但是这种方式也有局限性，使用第三方的交叉编译工具链会缺少灵活性。

5.6　【案例实战】交叉编译工具链的下载与安装

　　这里给大家演示交叉编译工具链的下载与安装步骤。交叉编译工具安装包可以通过扫描封底二维码获取。

　　上文讲述了构建交叉编译工具链的三种方式，这里给大家讲演如何使用第三方制作好的交叉编译工具链。因为我们使用的是 arm 内核架构的处理器，通常情况下，大部分软件都可以直接从主线下载，直接就会支持 arm 处理器。但本次使用的是 imx6ull 系列芯片，以 ARM crotex-A7 为内核架构，支持了新的特性，因此需要从 Linaro 官网下载安装。

Step 1 登录 Linaro 官网，在 Support 选项中选择 Downloads，再选择第一个 arm-linux-gnueabihf 交叉编译工具链，如图 5-23 所示。

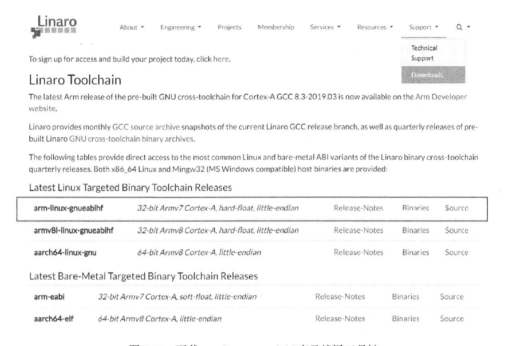

图 5-23　下载 arm-linux-gnueabihf 交叉编译工具链

Step 2 选择 arm-linux-gnueabihf 交叉编译工具链的版本，这里需要根据宿主计算机的位数来选择，如果是 32 位的宿主计算机，就选择 gcc-linaro- 4. 9. 4-2017. 01-i686 _arm-linux-gnueabihf. tar. xz；如果是 64 位的宿主计算机，就选择 gcc-linaro-4. 9. 4-2017. 01-X86_64_arm-linux-gnueabihf. tar. xz。这个交叉编译工具链的下载网址在国外，下载速度会很慢，大家可以扫封底二维码获取。而当前的宿主计算机是 64 位，因此选择第二种，如图 5-24 所示。

图 5-24　选择 gcc-linaro-4. 9. 4-2017. 01-X86_64_arm-linux-gnueabihf. tar. xz

Step 3 下载完成后，使用 FTP 将安装包先复制到 Linux 系统的 pillar 用户下，接着复制到/usr/local/arm 目录下，如图 5-25 所示。

图 5-25　复制过程

Step 4 使用解压命令 tar-vxf gcc-linaro-4. 9. 4-2017. 01-X86_64_arm-linux-gnueabihf. tar. xz
解压安装包文件获取安装目录，如图 5-26 所示。

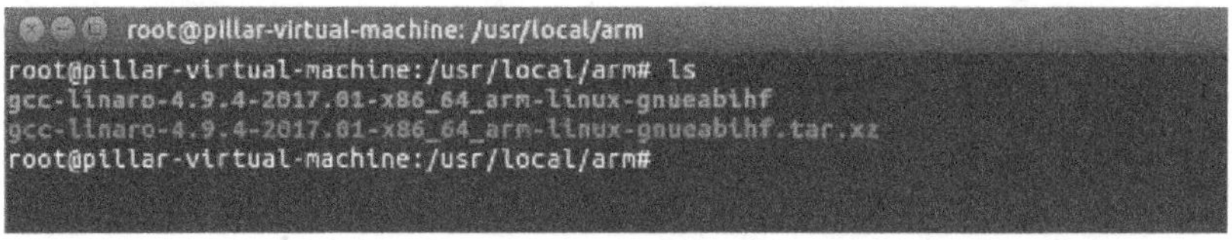

图 5-26　解压过程

Step 5 完成解压后，需要配置交叉编译工具链的环境变量，这里使用 vim/ect/profile
编辑环境变量，配置完成后使用 source/ect/profile 使配置生效，如图 5-27 所示。

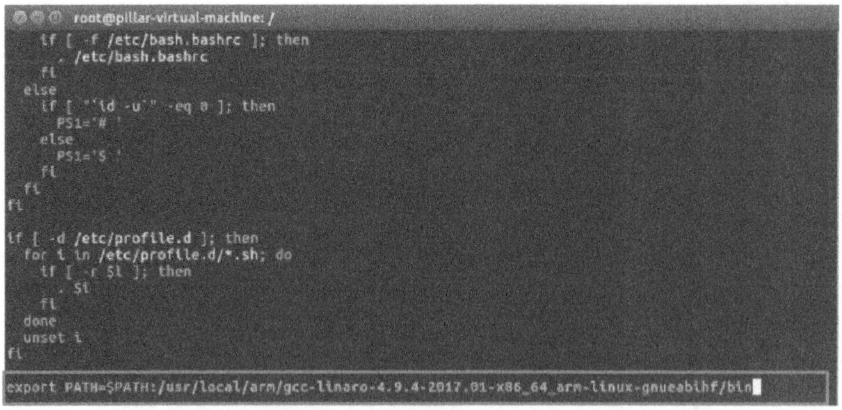

图 5-27　编辑交叉编译工具链的环境变量

Step 6 环境变量配置完成后，使用 arm-linux-gnueabihf-gcc-v 命令查看交叉编译工具链
是否安装成功，成功后如图 5-28 所示。

图 5-28　检查交叉编译工具链是否安装成功

Step 7 交叉编译工具链安装后需要 libstdc ++6 以及 lib32stdc ++6 库的支持，因此需要安装这两个库文件，但是由于这两个库文件需要 32 位兼容系统，需要先安装 libc6-i386 兼容文件，如图 5-29 所示。

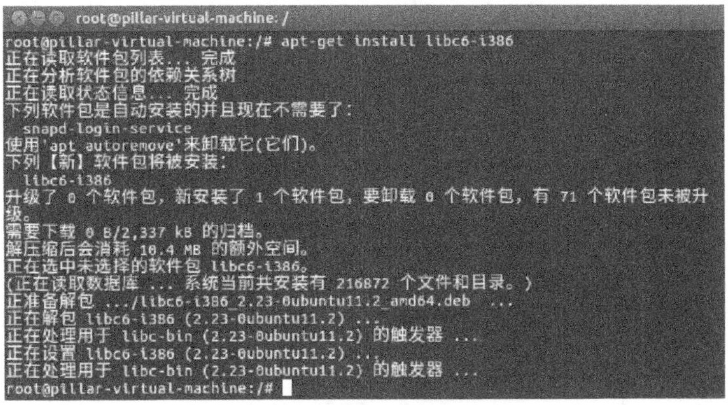

图 5-29　安装 libc6-i386 兼容文件

Step 8 安装 libstdc ++6 库文件，如图 5-30 所示。

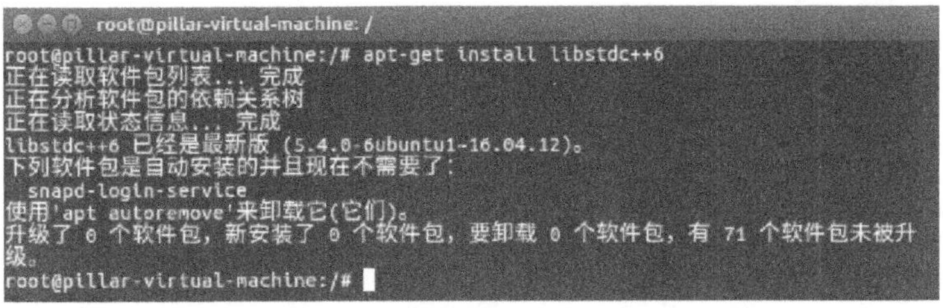

图 5-30　安装 libstdc ++6 库文件

Step 9 安装 lib32stdc++6 库文件，如图 5-31 所示。

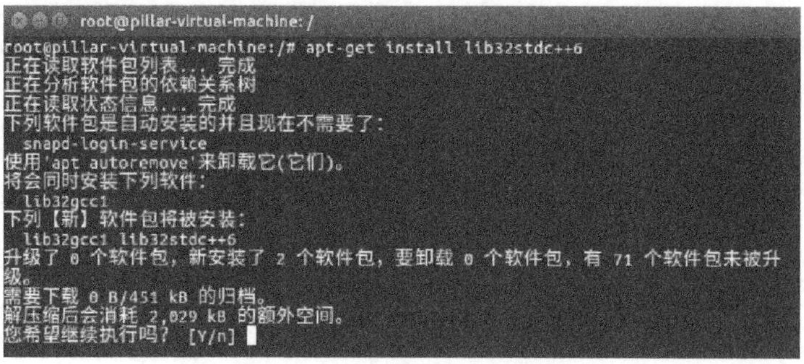

图 5-31　安装 lib32stdc++6 库文件

Step 10 支持库文件安装完成以后，使用第 4 章裸机编写的程序测试交叉编译工具链，编译成功并且生成目标主机可以识别执行的 ledc. bin 文件，如图 5-32 所示。

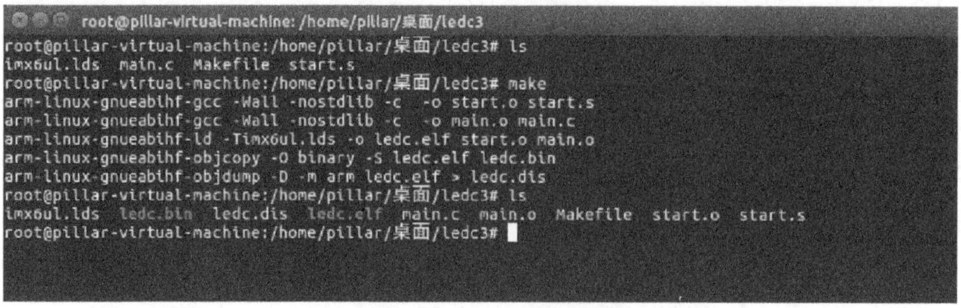

图 5-32　测试交叉编译工具链

5.7　要点巩固

本章前半部分主要讲述的知识点有 3 个，一是 gcc 编译器的执行过程，在 gcc 编译器执行过程中除了通用的编辑功能以外，还需要执行预处理、编译、汇编以及链接四个步骤后才能将源文件编译成可执行文件；二是 gcc 编译器的使用方法和常用命令，介绍了 gcc 编译器一般格式 gcc［选项］［输入文件名］［-o 输出文件名］，并且展示了常用选项类型的操作，需要读者自己上机实践。三是关于 gdb 调试工具的讲解，为了能够让读者直观感受 gdb 工具的使用方法，采用项目案例的方式，演示了最常用的 gdb 调试命令，希望读者能够根据演示内容自己亲自动手实践。只有实践才能出真知，这对学习嵌入式 Linux 系统非常重要。

交叉编译部分是本章重点内容。首先是交叉编译的概念，除了做基础理论知识的讲解外，还采用模型图的方式让大家更加容易理解什么是交叉编译。使用交叉编译主要是因为目标主机初始阶段是没有任何程序的一个板卡，需要从宿主计算机获取可以执行的目标文件，宿主计算机如果要生成这个目标文件就需要使用交叉编译工具链。交叉编译工具链有三种获取方法，第一种难度系统最大，需要自己获取各种所需的库和原始代码，最终生成交叉编译工具链。这种方式涉及的知识面非常广，对于刚入门的读者来说容易受挫，本章内容不涉及。我们主要使用第三种获取交叉编译工具链的方案，就是直接从网上获取交叉编译工具链，因为重点在于嵌入式系统能够按照我们要求正常运行，不需要过多关注中间过程。

在案例实战中介绍了如何下载和安装使用交叉编译工具链，并且对于时下盛行的脚本文件所使用的解释器做了对比，对比对象就是前面讲述的 gcc 编译器，编译器和解释器不同点在于，编译器是将项目中的所有文件一次编译，最后执行；解释器则是解释一条语句执行一条语句，执行效率非常低，适用于要求不高的应用程序。

5.8　技术大牛访谈——编译器和解释器的区别

本章对编译器的工作流程做了详细阐述，编译器主要是将源代码编译成目标板可以执行的机器码。但是很多读者可能会混淆解释器和编译器的区别，在这里给大家解解惑。目前计算机语言逐渐呈现两种编程风格的分化，一种是以 C、C++、Java 为代表的编译型语言，另一种是以 Python、Javascript 为代表的解释型语言（也成为脚本）。判断两种风格的编程语言的标准很简单，就是看源代码在执行过程中的差别，如果是一条一条解释执行就是解释型编程语言，如果是一次编译后执行机器码的就是编译型编程语言。

那么解释器和编译器有哪些区别呢？从使用便捷性、效率、跨平台等多个维度来对比编译器和解释器。编译器把源代码转换成其他更低级的代码，例如二进制码、机器码等。解释器会读取源代码，并且直接生成指令让计算机硬件执行，不会输出另外一种中间代码。解释器会一行一行读取源代码、解释，然后立即执行。这中间往往使用相对简单的词法分析、语法分析，压缩解释的时间，最后生成机器码，交由硬件执行。

1. 便捷性

解释型编程语言最近越来越火的原因就在于解释器在使用上非常方便，对比编译器，如果使用编译型编程语言实现某个功能，哪怕是修改一个变量值，都需要对这个项目的源代码重新编译，这样做第一个问题就是浪费了编译过程的时间，其次就是有可能需要搭建比较复杂的编译环境，比如做嵌入式 Linux 系统开发需要自己搭建交叉编译环境。但是如果嵌入式 Linux 系统开发支持解释器，直接写代码，然后一步一步地调试就可以了。此外解释器封装了很多丰富的静态链接库和动态链接库，基本上不需要开发者做太多的算法设计，只需要关注功能逻辑本身的实现。

2. 执行效率

编译器会事先用比较多的时间把整个程序的源代码编译成另外一种中间代码，中间代码往往比源文件更加接近机器码，时间消耗在预编译的过程中。谈到执行效率没有什么能够比得上机器码的执行效率，因此无疑是编译器的执行效率更高。虽然编译过程是复杂的，但是编译后生成的目标文件（机器码）确是计算机能够直接运行的产物。解释器在执行效率上就明显不足，首先解释器要取一条语句，然后去解释成计算机能够执行的机器码，再重复以上过程。这个过程好比微处理器的中断过程，这种频繁取源代码再解释的过程就类似频繁地中断，不仅仅增加了处理器的开销，也降低了执行效率。这也是为什么解释型编程语言一般应用在大型应用程序上，而编译型编程语言则是使用在驱动开发和中间层驱动开发上。

3. 跨平台

跨平台性解释器更优秀一些，比如在 x86 架构下编译的 C 程序，肯定不能在 ARM 架构下执行，再比如在 PC 上编译一个打印"hello world"的 C 代码，在手机上肯定没有办法执行。但是如果在 PC 上写一个带有 Javascript 脚本的网页，手机就能够打开识别。对比这两个例子就能看出解释器要比编辑器的跨平台效果好。其实通过本章搭建交叉编译环境也能够看出来，编译器环境搭建还是相对比较复杂的，不像解释器只要目标主机支持对应脚本的解释器就能够执行对应的脚本。

对比解释器和编译器在使用便捷性、执行效率以及跨平台三个方面，很难评价谁优谁劣。如果解释器类比人们生活中的同声传译，那么编译器则是类比生活中的口传翻译。借用黑格尔的一句话："存在即合理"，因此要接受两者的并存或现状。

第6章
Makefile 的基础知识

Makefile 是一个项目工程中的编译规则文件，定义了哪些文件先行编译、哪些文件需要后编译，以及文件的链接顺序等编译规则，属于自动化编译过程。专业的程序员只需要编辑好自己项目工程中的 Makefile 文件，然后使用 make 命令就可以完成整个项目的编译过程，最终输出项目的可执行文件。

听了 Makefile 的功能是不是很兴奋，向往马上编写自己的 Makefile 文件呢？需要提醒大家的是，Makefile 文件其实也可以称为一种编程语言，需要先了解其编写规则、语法、语义等概念。本章主要介绍 Makefile 的基础知识，读者需要在本书介绍的知识点以外，继续扩展 Makefile 的知识面，最终达到能够看懂别人的 Makefile，并能够编写自己项目中 Makefile 的目的。

6.1 小白也要懂——make 命令的执行过程

make 是 UNIX 与 Linux 系统下执行 Makefile 文件的命令，由源文件到可执行文件的过程就是编译过程，代码文件比较多的工程项目会面临编译顺序的问题，把编译顺序的安排称为构建过程，make 命令就是构建过程中的一种方式。对于 Linux 系统，在使用 make 命令之前需要先查看系统是否支持该命令，可以使用 make-version 命令在 Linux 系统终端下查看，如图 6-1 所示。

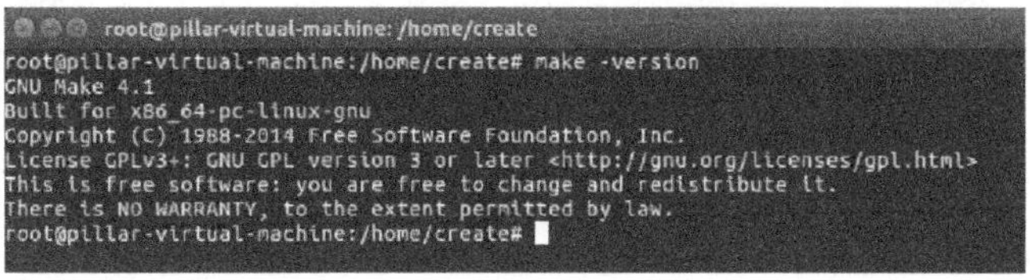

图 6-1　查看 make 的版本

既然 make 是一个构建代码编译规则的命令，那么它是如何执行的呢？换句话说，编写好的 Makefile 文件是怎么被系统调用 make 指令来完成自动化编译的呢？首先，在当前环境中查看是否定义了 MAKEFILES 环境变量，如果找到了这个环境变量，make 会在读取其他Makefile 之前，先读取 MAKEFILE 定义的列表中的名字，因此大家在编写 Makefile 文件时要注意避开 MAKEFILES 这个关键字。

其次，需要在当前目录下读取 Makefile 文件，指定 Makefile 文件名的方法是使用-f 或-file 选项。例如，-f testmake 说明名为 testmake 的文件作为 Makefile 文件。如果不使用-f 选项，make 命令会按次序查找 GNUMakefile、Makefile 和 Makefile，使用这三个中第一个能够找到且存在的文件。

接着，依次读取工作目录 Makefile 文件中使用指示符 include 包含的文件。Makefile 中存在一个 include 指令，它的作用如同 C 语言中的#include 预处理指令。在 Makefile 中，可以通过 include 指令将自动生成的依赖关系文件包含进来，从而使依赖关系文件中的内容成为 Makefile 的一部分。比如在 u-boot 的主 Makefile 文件中可以找到下面的 include，它就是将顶层目录下的 config. mk 文件包含到 Makefile 文件中。

接下来就是需要初始化文件中所涉及的变量，然后根据推导规则分析显示规则和隐晦规则。下一步需要根据终极目标为所有的目标文件创建依赖关系网。根据依赖关系网，决定哪些目标需要重新生成，最后就可以执行生成的命令了。

以上就是 make 命令的执行流程，这里还需要注意大小写问题。关于 makefile、Makefile 以及 make、Make、MAKE 的大小写问题，需要明确一点、Linux 和 UNIX 的 shell 命令是区分大小写的，所以在执行 make 指令时必须小写。对于编辑的编译文件是命名为 Makefile 还是 makefile，GNU 的 make 都能够识别并执行。

6.2 Makefile 语法基础

为了能够达到自己编写基本 Makefile 文件这一要求，需要先了解 Makefile 文件的语法。这里首先强调一下 Makefile 编辑格式的问题，对于 Makefile 文件，如果内容不是顶格开始编辑，需要使用 TAB 键对文本内容进行缩进。对于顶格编辑的文本则不能使用 TAB 键对文本缩进，如果文本编辑异常，使用 vim 编辑器能够看到颜色的变化。图 6-2 展示了错误的 Makefile 编写格式。

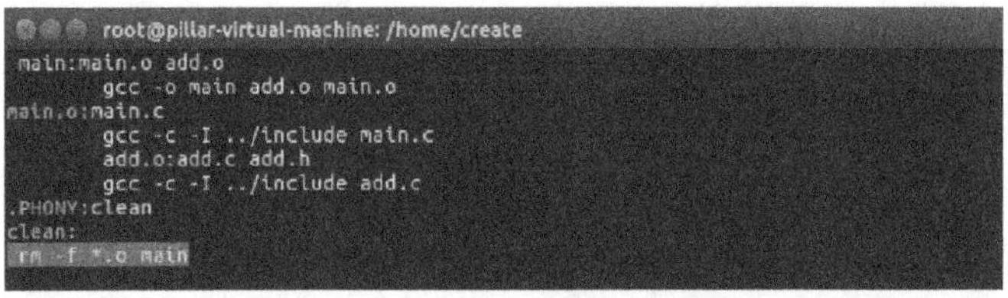

图 6-2　错误的 Makefile 编写格式

图 6-3 展示了正确的 Makefile 编写格式。

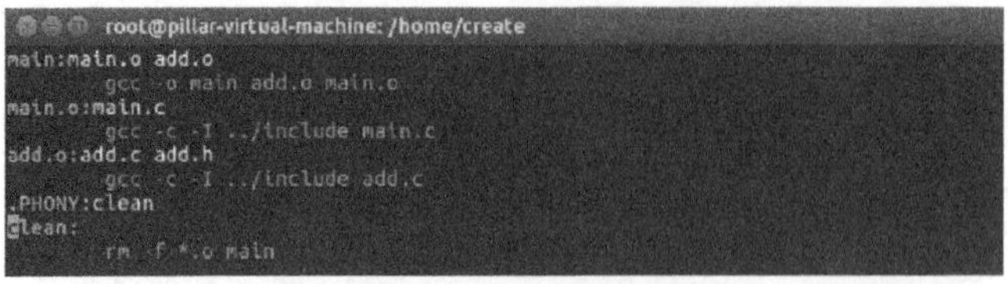

图 6-3　正确的 Makefile 编写格式

Makefile 文件编写的语法基础，主要是围绕 Makefile 文件的一般规则格式、变量、模式规则、自动变量、伪目标以及条件判读和函数使用 7 个方面。我们要认真学习这些内容，从而达到看懂 Makefile 文件且能够完成基础的 Makefile 文件编写的目的。

6.3　Makefile 一般书写格式

Makefile 文件编写遵循着一定的格式规则，其一般格式如下。

```
目标文件:依赖文件集合
    执行命令(比如编译命令)
clean:rm  要删除的文件格式
```

下面将通过一个具体实例，来介绍 Makefile 书写格式的应用。首先在 Linux 系统下编写一个 sixone. c 文件，文件内容就是在终端打印出一串字符 this is my first Makefile。然后在相同的目录下编写 Makefile 文件，首先是编写 sixone. c 文件，如图 6-4 所示。

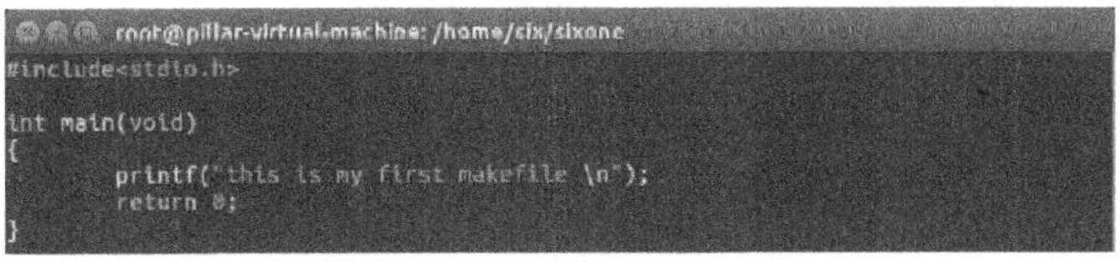

图 6-4　sixone. c 文件

然后在相同的目录下编写 Makefile 文件内容，如图 6-5 所示。

图 6-5　Makefile 文件

图 6-5 中的 Makefile 文件编写格式是根据一般格式编写，接下来具体分析 Makefile 文件中一般格式所代表的功能。首先是第一行 sixone 为 make 最后生成的可执行文件，后面跟着的 sixone. c 就属于它的依赖文件。第二行是具体的执行命令，这里就是使用 gcc 编译器将 sixone. c 编译为可执行文件 sixone。

执行 make 命令时，会寻找到第一个目标文件 sixone，然后执行 gcc-o sixone sixone. c 语句。当执行 make clean 时，强制执行后面的 rm-rf sixone 语句。执行 make 命令如图 6-6 所示。

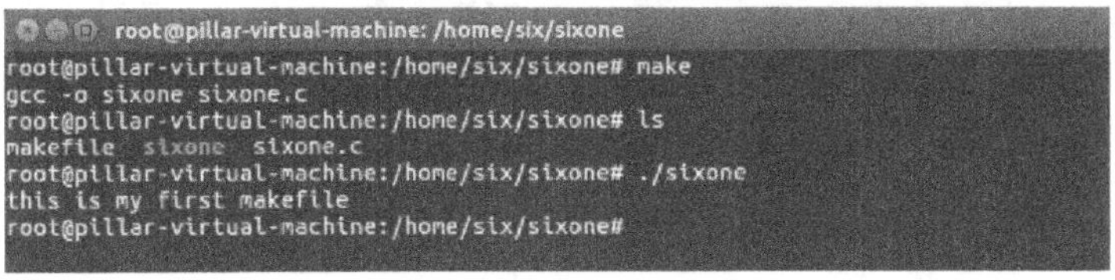

图 6-6　执行 make 命令

其次是执行 make clean 命令，如图 6-7 所示。

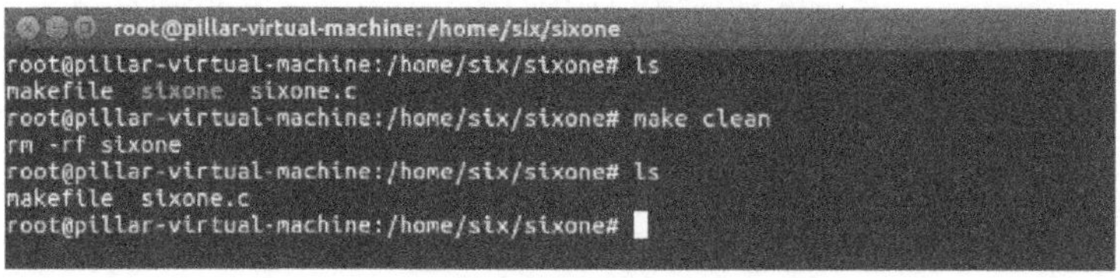

图 6-7　执行 make clean 命令

6.4　Makefile 变量的引用与赋值

Makefile 文件中有几种赋值规则对应着几种不同的赋值符号，分别是 =、：=、? = 以及 + =。我们学习编程语言时都有一个共识，那就是赋值操作一般是对变量而言的，因此要先了解一下 Makefile 文件中的变量。接着以 sixone. c 为例，并且增加 add. c 和 add. h 文件。add. c 文件内实现一个整型数相加的函数，该函数在 add. h 中声明为全局函数，由 sixone. c 文件调用。在 Makefile 中变量采用引用的方式被使用的，引用符号为 $，如图 6-8 所示。

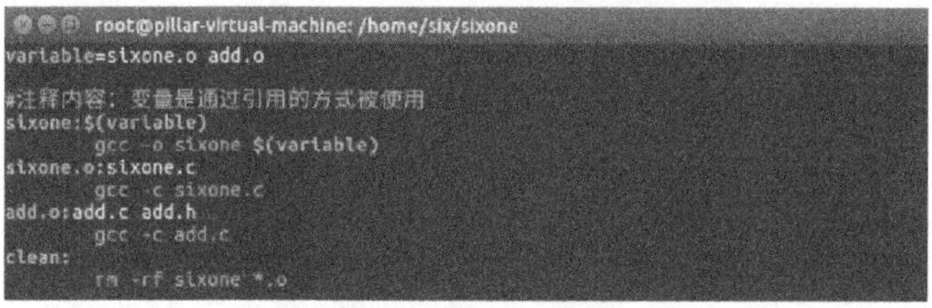

图 6-8　变量的引用方式

Makefile 中的变量可以任意命名，命名原则上尽量是见名知意，有利于 Makefile 文件的可读性。这里需要提醒的是，关于 Makefile 文件注释内容，需要使用#开头。

对于 Makefile 文件中常使用的赋值规则，第一种是在 C 语言赋值过程中最为常见的"="操作，在 Makefile 文件中称作递归式变量赋值操作。这种赋值操作的特点在于左侧为变量名、右侧为变量的值，优点是右侧变量的值可以定义在文件的任何一处，也就是说，右侧的变量不一定非要是已定义好的值，因为只要在 Makefile 中定义了，就可以在文件的任何位置，如图 6-9 所示。

图 6-9　递归式变量赋值操作

递归式变量赋值操作的执行结果，如图 6-10 所示。

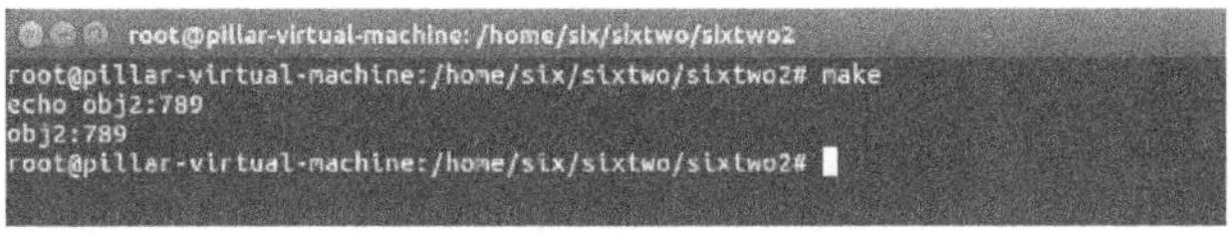

图 6-10　递归式 make 结果

第二种称为直接展开式变量赋值操作，其符号标识为"：="。这个操作的特点在于，定义变量时，变量右侧的值会立即替换到变量值中。所以变量被定义后就是一个实际需要的文本值，其中不再包含任何变量的引用。这种方法前面的变量不能使用后面的变量，只能使用前面已定义好的变量，换句话说，即使后面再赋值，也不能覆盖前面定义的变量值，如图6-11 所示。

图 6-11　直接展开式变量赋值操作

直接展开式变量赋值操作的执行结果，如图 6-12 所示。

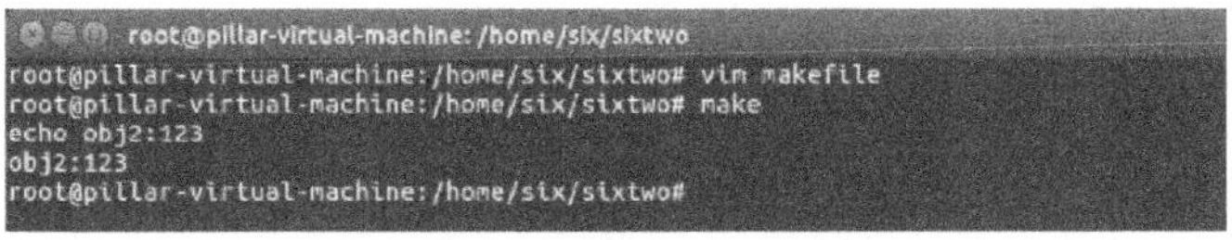

图 6-12　直接展开式 make 结果

第三种就是条件赋值操作，其符号是"？="。这个赋值条件和条件判断语句差不多，其意义是用于判断左侧变量值是否被赋值操作过，如果是，就不会执行右侧值替换左侧变量值的操作；如果不是，则执行右侧值替换左侧变量值的操作，如图 6-13 所示。

图 6-13　条件赋值操作

我们可以通过注释图 6-13 第三行代码，来展示条件赋值操作的差异。变量条件赋值操作的执行结果，如图 6-14 所示。

图 6-14　条件赋值 make 结果

最后一种是变量的追加赋值操作，其符号为"＋＝"，这种操作一般用于新增目标文件编译操作，下面是一个典型应用案例。

```
#新增目标文件前
objs＝main.o add.o
main＝$(objs)
#这里需要新增一个 sub.o 的目标文件,可以这样写。新增目标文件后
objs＝main.o add.o
objs＋＝sub.o
main＝$(objs)
```

6.5 Makefile 模式规则与自动变量

本节将对 Makefile 模式规则及自动变量的相关内容进行介绍，具体如下。

1. 模式规则

关于 Makefile 模式规则，至少在规则的目标定义中要包含%，否则就是一般的规则。在 Makefile 文件中看到%字符时，表示此处使用了模式规则，图 6-15 为对比两个 Makefile 的示例。

图 6-15　模式规则

在图 6-15 中，能够看出 main.o 依赖 main.c，但是采用了模式规则以后，会大大提高编写 Makefile 文件的效率。如果项目代码文件很多，假设 1000 个，那么 .c 文件需要编译为目标文件，如果不使用模式规则，则需要手动输入 1000 条编译条件。但是使用一条模式规则，就可以完美高效地解决这个问题。

其实这里的模式规则和我们平时在计算机中进行模糊查询是相同的原理，根据事先定义好的模式规则，对号入座进行匹配。这里需要定义一个概念，我们把%所匹配的内容称为"茎"。例如%.c 所匹配的文件 mian.c 中 mian 就是"茎"。因为在目标和依赖目标中同时有%时，依赖目标的"茎"会传给目标，当作目标中的"茎"。

2. 自动变量

模式规则中的自动变量，是对文件依赖形成后执行命令的补充。我们由前面的模式规则能够对所有的文件建立高效的依赖关系，但是对于文件处理有不同的阶段，例如有的需要预处理，有的需要编译，有的需要链接等。如何使用一种高效的编写方式来处理不同的执行命令呢？这里就需要使用自动变量，下面将对常用的自动变量进行介绍，如表 6-1 所示。

表 6-1　常用自动变量类型

自动化变量	解 释 说 明
$@	表示规则的目标文件名。如果目标是一个文档文件（Linux 中，一般称 .a 文件为文档文件，也称为静态库文件），代表这个文档的文件名。在多目标模式规则中，代表的是哪个触发规则被执行的目标文件名
$%	当规则的目标文件是一个静态库文件时，代表静态库的一个成员名。例如，规则的目标是 foo.a（bar.o），那么 $% 的值就为 bar.o，$@ 的值为 foo.a。如果目标不是静态库文件，其值为空
$<	规则的第一个依赖文件名。如果是一个目标文件使用隐含规则来重建，则代表由隐含规则加入的第一个依赖文件
$?	所有比目标文件更新的依赖文件列表，空格分割。如果目标是静态文件名，代表的是库成员（.o 文件）
$^	规则的所有依赖文件列表，使用空格分隔。如果目标是静态库文件，代表的只能是所有库成员（.o 文件）名。一个文件可重复地出现在目标的依赖中，变量 $^ 只记录它的一次引用情况，就是说变量 $^ 会去掉重复的依赖文件
$+	和 $^ 类似，但是它保留了依赖文件中重复出现的文件，主要用在程序链接时库的交叉引用场合
$*	在模式规则和静态模式规则中，代表"茎"。"茎"是目标模式中 % 所代表的部分注意，当文件名中存在目录时，"茎"也包含目录（斜杠之前）部分。例如：文件 dir/a.foo.b，当目标的模式为 a.%.b 时，$* 的值为 dir/a.foo。"茎"对于构造相关文件名非常有用

关于表 6-1 的自动变量符号，限于篇幅不能一一对其使用方式举例验证，这里挑选最常用的自动变量进行展示，如图 6-16 所示。

图 6-16　自动变量

使用自动变量后，make 执行的过程和结果如图 6-17 所示。

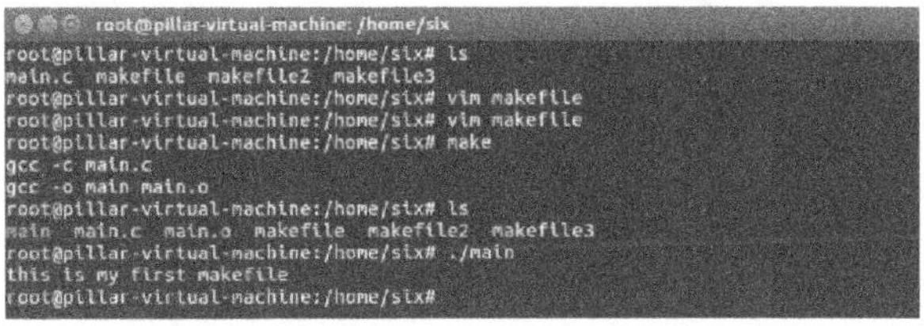

图 6-17　make 执行过程和结果

不难发现，使用了模式规则和自动变量以后，编写 Makefile 文件的效率有很大的提高，但是可读性不如一般规则模式那么清晰。这里选取了常用的自动变量和模式规则给进行展示，希望大家多实践新的使用方法。

6.6　Makefile 伪目标

在上一章讲解交叉编译的时候知道，编译过程中是会产生目标文件，也就是说我们在执行 make 命令时需要有对应的依赖文件存在才能正常执行。但是 Makefile 中存在一种伪目标，一般不需要依赖任何文件。使用伪目标主要是为了避免 Makefile 中文件命名的冲突。有时候需要编写一个规则用来执行一些命令，但是这个规则不是用来创建文件的，比如图 6-7 的 Makefile 文件使用清理文件的功能，命令如下。

```
clean:
    rm rf sixone
```

从上述示例代码中能够看出并没有创建 clean 文件，因此目录下不会存在 clean 这个名字的文件。输入 make clean，此时假设该目录下面不存在名为 clean 的文件，由于没有文件存在，make 将要调用相应的规则 "生成" 该文件（伪目标）。这里只是一个形象的比喻，实际上只是执行目标 clean 的相应规则而已，规则中一般不会执行生成 clean 文件的命令，所以使用该伪目标时，可以强制规则的执行。如果此时有好奇的程序员非要尝试在当前目录下创建一个 clean 文件，那么系统就会发出异常提示 make：'clean' is up to data，如图 6-18 所示。

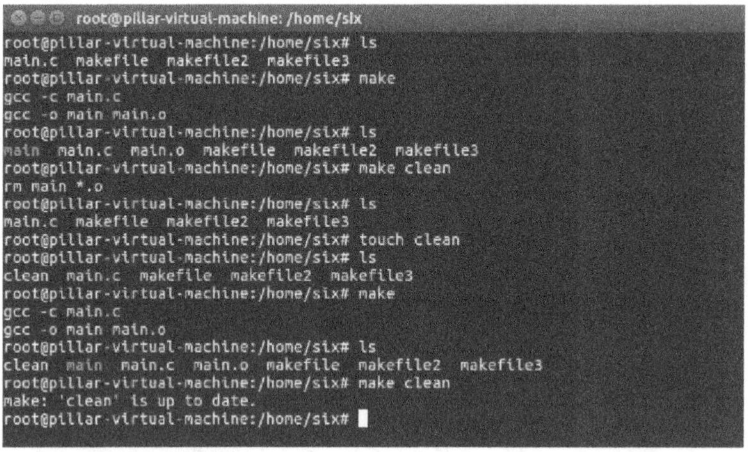

图 6-18　make 异常告警

要想解决这个棘手的问题，可以通过使用伪目标关键字 .PHONY 来声明。使用伪目标关键字声明以后，即使在当前目录下创建了和伪目标文件名相同的文件，依旧能够正常执行 make 命令，如图 6-19 所示。

图 6-19　使用伪目标关键字

使用伪目标关键字 .PHONY 声明 clean 以后，就算当前目录下有重名的文件 clean，也能够正常使用 make clean 命令，如图 6-20 所示。

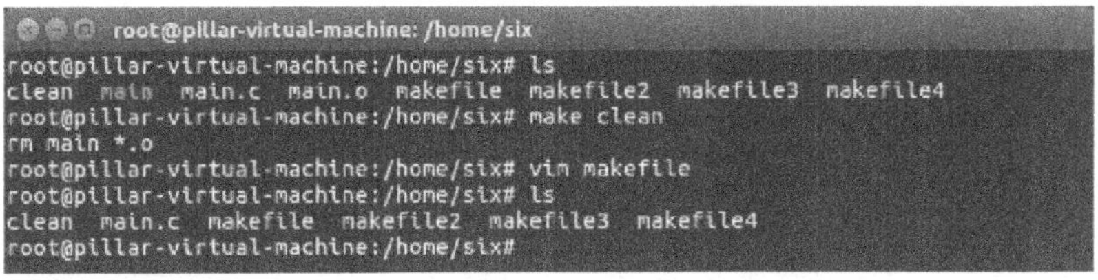

图 6-20　使用伪目标的 make 结果

6.7　Makefile 条件判断

既然把 Makefile 定义为一种编程语言，那么它肯定有选择语句，也称为条件判断。前面讲 C 语言的基础知识时，了解了 C 语言有 if…else…条件判断结构，也有 switch…case…多分支条件判断结构。对于 Makefile 来说，也有两组条件判断结构。第一组是 ifeq 和 ifneq，其功能是用来判断是否相等，它们使用的一般格式如下。

```
ifeq(<参数 1>,  <参数 2>)
ifneq(<参数 1>,  <参数 2>)
```

上述用法都是用来比较"参数 1"和"参数 2"是否相同，ifeq 关键字的含义是：如果相同则为真。"参数 1"和"参数 2"可以为函数返回值。ifneq 的用法类似，只不过 ifneq 是用来比较"参数 1"和"参数 2"是否不相等，如果不相等的话就为真

第二组是 ifdef 和 ifndef，这两个条件判断主要用来判断变量名的值是否非空，它们使用的一般格式如下

```
ifdef <变量名 >
ifndef <变量名 >
```

ifdef 和 ifndef 的用法为：ifdef < 变量名 >。如果"变量名"的值非空，那么表示表达式为真，否则表达式为假。"变量名"同样可以是一个函数的返回值。ifndef 用法类似，但是含义用户 ifdef 相反。

6.8　【案例实战】编写自己的 Makefile 文件

下面演示如何编写自己的 Makefile 文件，具体的项目源代码可以通过扫描封底二维码获取。

本案例需要编写一个类似工程代码的项目，然后自己编写 Makefile 文件。工程代码文件所实现的功能，就是让用户输入两个成倍数的整数，然后分别调用 add( )、sub( )、multi( ) 以及 div( ) 函数实现对这两个整数的加减乘除运算。下面是具体的实施步骤。

Step 1 首先新建一个目录，使用 touch 命令新建对应的 .c 文件和 .h 文件，如图 6-21

117

所示。

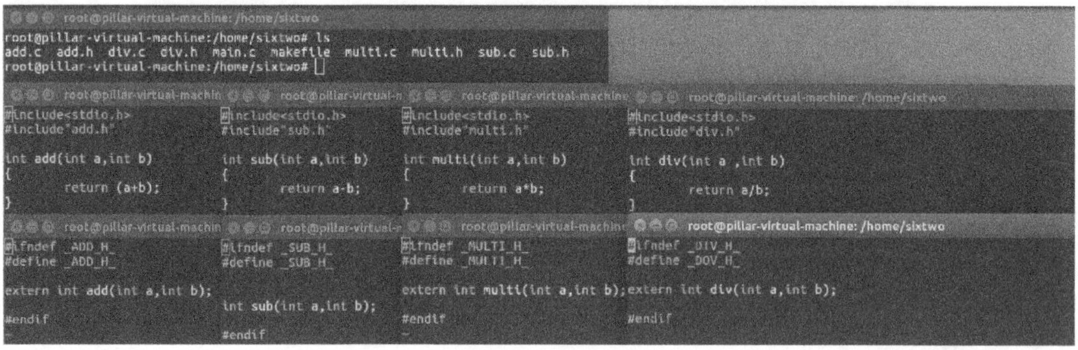

图 6-21　新建 .c 文件和 .h 文件

Step 2 除了新建对应函数的 .c 和 .h 文件以外，还需要新建工程代码的入口文件 main.c 和 Makefile 文件，如图 6-22 所示。

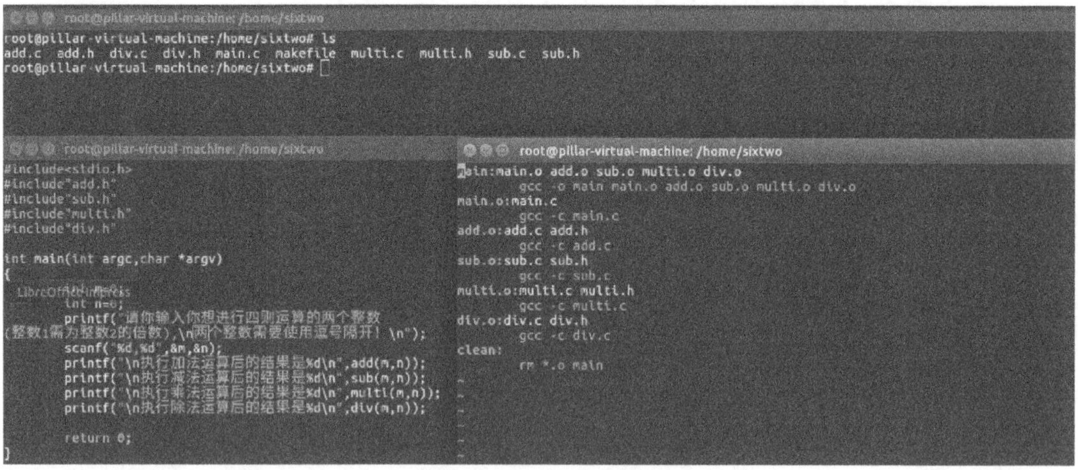

图 6-22　新建 main.c 文件和 Makefile 文件

Step 3 完成新建文件后，使用 make 命令，如图 6-23 所示。

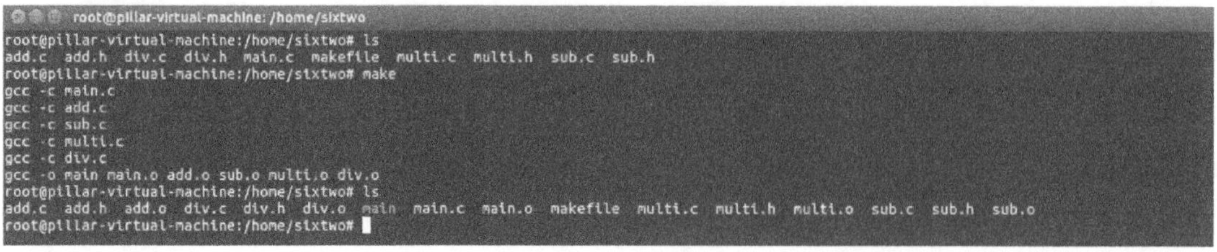

图 6-23　make 执行过程

Step 4 make 命令执行成功以后，运行可执行文件 ./main，如图 6-24 所示。

Step 5 下面验证 Makefile 文件中的 clean 操作，使用命令 make clean，如图 6-25 所示。

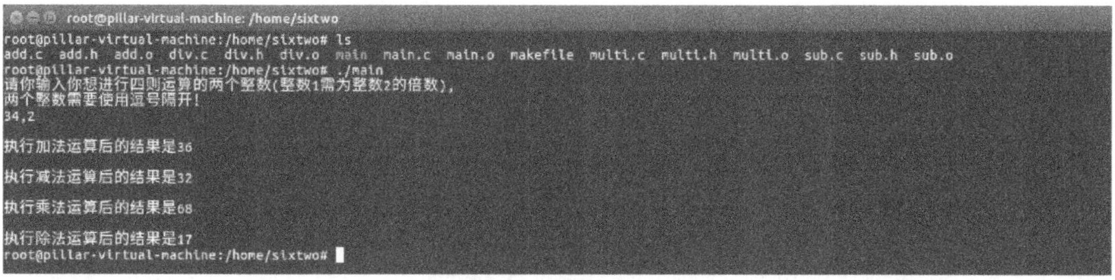

图 6-24　运行可执行文件

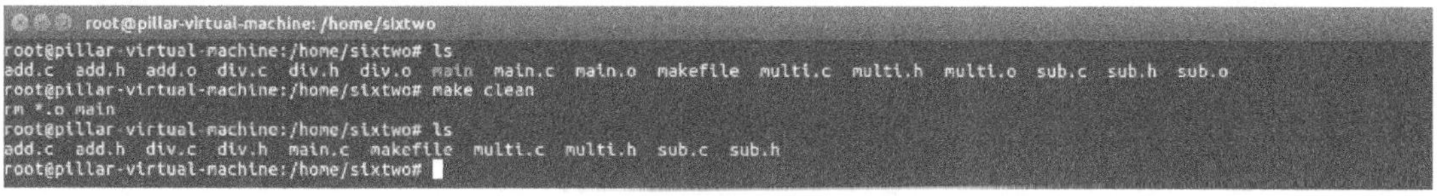

图 6-25　执行 make clean 操作

Step 6 以上是使用 Makefile 一般规则编辑的编译规则，下面使用模式规则和自动变量再来编写编译规则，如图 6-26 所示。

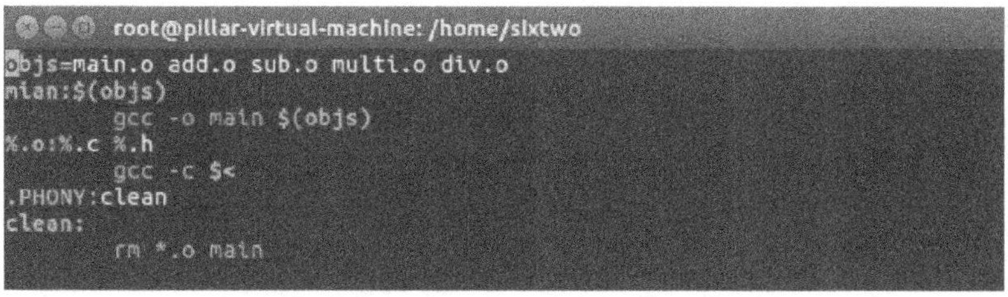

图 6-26　采用模式规则编写 Makefile 文件

Step 7 使用模式规则和自动变量以后，Makefile 文件显得简洁了很多，最后使用 make 命令执行并查看结果，如图 6-27 所示。

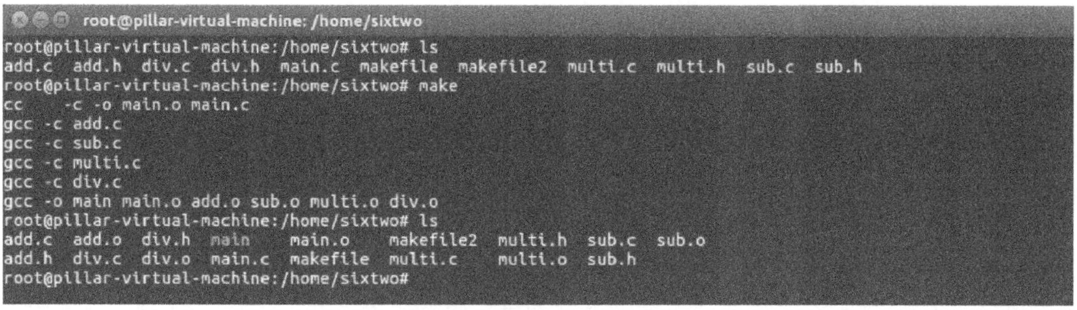

图 6-27　make 执行过程

Step 8 在使用模式规则编写的 Makefile 文件中也使用了伪目标，伪目标定义的是 clean 操作，执行 make clean 操作，如图 6-28 所示。

```
root@pillar-virtual-machine:/home/sixtwo# make clean
rm *.o main
root@pillar-virtual-machine:/home/sixtwo# ls
add.c  add.h  div.c  div.h  main.c  makefile  makefile2  multi.c  multi.h  sub.c  sub.h
root@pillar-virtual-machine:/home/sixtwo#
```

图 6-28 make clean 执行过程

这个案例实战介绍了如何编写一个简单的 Makefile 文件，并且对比了一般编写规则、使用模式规则以及自动变量的编写方式，从中发现使用模式规则的编写代码更加简洁，但是使用一般规则的编写方式可读性更加清晰。

6.9 要点巩固

本章首先介绍了 make 执行的过程，make 会在当前目录下寻找名字为 Makefile 或 Makefile 的文件。如果找到，则寻找文件中的第一个目标文件，在上面的例子中，它会找到 main 文件，并把这个文件作为最终的目标文件。如果 main 文件不存在，或是 mian 依赖后面的 .o 文件，且 .o 文件修改时间比 mian 文件新，就会执行后面所定义的命令来生成 mian 文件。如果 mian 所依赖的 .o 文件也存在，那么 make 会在当前文件中寻找目标为 .o 文件的依赖性，如果找到则再根据对应的规则生成 .o 文件。由于 .c 文件和 .h 文件是存在的，所以 make 会生成对应的 .o 文件，再用链接命令链接生成最后的可执行文件 mian。这就是 make 的执行过程。

接着介绍了 Makefile 的语法知识，本章选取了最基础的 Makefile 语法，其中包括编写的一般格式、变量以及赋值类型、模式规则、自动变量、伪目标、条件判断以及常用函数。对于赋值常用的几种类型要能够掌握。对于模式规则，重点内容是目标文件和源文件的依赖关系。而自动变量则是对应具体操作的命令。伪目标需要记住关键 .PHONY，这个关键字声明的文件类型就属于伪目标。条件判断需要记住 ifeq、ifneq 和 ifdef、fndef 两组条件判断以及区别。

实战案例中我们一步一步演示 Makefile 文件的一般编写格式，以及使用模式规则和自动变量的编写格式。对比发现，采用自动变量的 Makefile 编写格式更简洁，但是可读性没有采用一般格式编写的 Makefile 文件高。

6.10 技术大牛访谈——Makefile 函数的使用

Makefile 文件中也能编写函数，只不过 Makefile 文件中的函数调用有自己独特的方式。其一般编写格式为：$（函数名参数集）。这里 () 也可以使用 {}。Makefile 文件中支持的函数并不多，从功能划分也就 8 种函数类型。

1. 字符串处理函数

Makefile 文件的字符串处理函数主要针对函数中出现的字符串和单词，而非 C 语言中的字符串操作单个字符。表 6-2 为常用字符串处理器函数。

表 6-2　常用字符串处理器函数

函数名称	函数格式	功　　能
subst	$（subst < from >，< to >，< text >）	把字串 < text > 中的 < from > 字符串替换成 < to >
patsubst	$（patsubst < pattern >，< replacement >，< text >）	模式字符串替换函数
strip	$（strip a b c）	去掉 < string > 字串中开头和结尾的空字符
findstring	$（findstring < find >，< in >）	在字串 < in > 中查找 < find > 字串
filter	$（filter < pattern... >，< text >）	以 < pattern > 模式过滤 < text > 字符串中的单词，保留符合模式 < pattern > 的单词。可以有多个模式
filter-out	$（filter-out < pattern... >，< text >）	以 < pattern > 模式过滤 < text > 字符串中的单词，去除符合模式 < pattern > 的单词。可以有多个模式
sort	$（sort < list >）	给字符串 < list > 中的单词排序（升序）
word	$（word < n >，< text >）	取字符串 < text > 中第 < n > 个单词（从 1 开始）
wordlist	$（wordlist < s >，< e >，< text >）	从字符串 < text > 中取从 < s > 开始到 < e > 的单词串。< s > 和 < e > 是一个数字
words	$（words < text >）	统计 < text > 字符串中的单词个数
firstword	$（firstword < text >）	取字符串 < text > 中的第一个单词

2. 文件名操作函数

Makefile 文件也有文件操作函数，但是这里操作的主要是文件的名称，对于 C 语言来说文件名称就是文件的地址，也就是在编写编译规则时能够方便工程师查找文件的地址。表 6-3 为常用文件名操作函数。

表 6-3　常用文件名操作函数

函数名称	函数格式	功　　能
dir	$（dir < names... >）	从文件名序列 < names > 中取出目录部分
notdir	$（notdir < names... >）	从文件名序列 < names > 中取出非目录部分
suffix	$（suffix < names... >）	从文件名序列 < names > 中取出各个文件名的后缀部分
basename	$（basename < names... >）	从文件名序列 < names > 中取出各个文件名的前缀部分
addsuffix	$（addsuffix < suffix >，< names... >）	把后缀 < suffix > 加到 < names > 中的每个单词后面
addprefix	$（addprefix < prefix >，< names... >）	把前缀 < prefix > 加到 < names > 中的每个单词后面
join	$（join < list1 >，< list2 >）	把 < list2 > 中的单词对应地加到 < list1 > 的单词后面

3. foreach（）函数

foreach（）函数用来完成循环，用法如下：$（foreach < var >，< list >，< text >）。此函数的意思就是把参数 < list > 中的单词逐一取出来放到参数 < var > 中，然后再执行 < text > 所包含的表达式。每次 < text > 都会返回一个字符串，循环的过程中，< text > 中所包含的每个字

符串会以空格隔开。当整个循环结束时，＜text＞所返回的每个字符串所组成的整个字符串将会是函数 foreach( ) 的返回值。

4. if( ) 函数

if( ) 函数用来完成条件判断，用法和 ifeq 条件判断类似，例如：＄（if＜条件＞，＜条件成立＞，＜条件不成立＞）。对于 if( ) 函数的返回值，如果＜条件＞为真即非空字符串，那个＜条件成立＞会是整个函数的返回值；如果＜条件＞为假即空字符串，那么＜条件不成立＞会是整个函数的返回值，此时如果＜条件不成立＞没有被定义，整个函数返回空字串。

5. call( ) 函数

call( ) 函数是唯一一个可以用来创建新的参数化的函数。call( ) 函数的用法如下：＄（call＜expression＞，＜parm1＞，＜parm2＞，＜parm3＞...）。

6. origin( ) 函数

origin( ) 函数不像其他的函数，它并不操作变量的值，只是告诉用户这个变量是哪里来的。具体用法如下：＄（origin＜variable＞）。origin( ) 函数的返回值是 Makefile 文件中提前定义好了的，如果返回 undefined，就说明＜variable＞变量没有被定义；如果返回 file，则说明＜variable＞这个变量被定义在 Makefile 中。

7. shell( ) 函数

在前面讲过 shell 命令的应用，这里的 shell( ) 函数的意思就是它的参数应该就是操作系统 shell 的命令。需要注意的是，这个函数会新生成一个 Shell 程序来执行命令，所以要注意其运行性能。如果 Makefile 中有一些比较复杂的规则，并大量使用了这个函数，对于系统性能是有害的。

8. 控制 make 函数

make 提供了一些函数来控制 make 的运行。通常，用户需要检测一些运行 Makefile 时的信息，并且根据这些信息来决定，是让 make 继续执行，还是停止。常用的控制函数有 error( ) 和 warning( )。对应的用法为：＄（error＜text...＞）、＄（warning＜text...＞）。

Makefile 文件实际上是为源工程文件创建一个编译规则，平时编写单个源代码文件，可能不太会遇到这个问题，但是一旦工程项目比较大的时候，就需要关联各种文件或者调用各种静态库、动态库。这个时候如果我们还是使用传统一条一条编译规则的执行，会带来两个比较麻烦的问题：第一，编辑规则比较多，而且在终端直接输入编译规则，只能执行一次，一旦文件做了更新，就需要重复编译规则，效率非常低；第二，我们在终端动态修改编译规则，比较容易出错，而且对编译顺序需要记忆，不利于工程代码的移植。在学习完本章内容以后，读者对 Makefile 文件基础知识有了基本了解，但是这些基础知识只能够满足大家看懂一般的 Makefile 和编写简单的 Makefile。对于 uboot 的 Makefile 文件以及 Linux 内核的 Makefile 文件，还需要借助一些其他资料来填充完整。对于 Makefile 文件的相关知识，本章就讲解到这里，望起到抛砖引玉的作用。

第7章
Linux 嵌入系统之 U-boot

本章开始进入嵌入式 Linux 系统学习的核心章节。对于 Linux 系统核心部分，从 U-boot 移植、Linux 系统内核、文件系统以及驱动开发等 4 个方面来详细阐述。第一个核心知识点就是 U-boot 移植，移植 U-boot 前要先明白什么是 U-boot。U-boot 全称是 Universal Boot Loader，直译为通用引导加载程序，类似 PC 中的 BIOS 系统。

本章的重点是讲解移植 U-boot 的过程，即如何在宿主计算机上编译 U-boot，然后下载到目标开发板上。这一章节理论知识相对较少，更多的是以实例的形式，穿插一些基础理论知识，给大家讲解如何一步一步实现 U-boot 移植。这么设计的原因首先在于本书是以项目驱动的，最终要达到学以致用的目的。

7.1 小白也要懂——Bootloader 与 U-boot 的区别

Bootloader 中文直译为引导加载程序，如果从单片机转行从事 Linux 嵌入式开发，一定不会对 Bootloader 这个概念感到陌生，因为在单片机领域经常会用到 Bootloader。这也算是单片机工程师转行从事 Linux 系统开发的优势之一，因为很容易理解 Linux 系统的底层术语和概念。对于单片机来说，Bootloader 一般用于对目标主机的远程升级服务。那么 Bootloader 到底有什么功能？它和 U-boot 又是什么关系呢？

下面以一个典型的单片机系统分析 Bootloader 的功能。在单片机中 Bootloader 主要是引导升级应用程序，它的应用场景在于产品软件需求变更需要升级程序，如果没有使用 Bootloader，则需要技术人员到现场手动下载程序，使用 Bootloader 则只需搭建好远程升级环境，自动完成程序的升级，这是，简单的 Bootloader 使用场景。

一般 ARM 内核芯片的内存编址都是采用统一编址的方式，芯片将内存和外设的编址放到一起来规划。让系统启动时一般都会从 0x8000000 开始执行，将 Bootloader 程序设置在起始地址，系统上电后首先就是运行 Bootloader 程序，Bootloader 主要功能是检查程序是否发生变化，然后设置嵌套向量表偏移地址和应用程序的入口地址，完成后即跳转到应用程序并执行应用程序。这里设置 APP1 和 APP2 主要是防止远程升级程序失败影响程序的正常执行，如图 7-1 所示。

从图 7-1 的内存编址能够看出，Bootloader 是芯片上电后第一个执行的代码。它是用来引导芯片运行哪一个应用程序的关键所在，这和 PC 上的 BIOS 系统功能差不多，如果 PC 上有双系统，进入 BIOS 就能选择需要运行的系统。

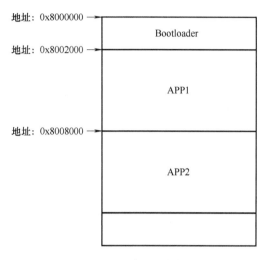

图 7-1　内存编址结构

那么 U-boot 又是什么呢？其实 U-boot 就是一个通用的 Bootloader，这里的通用指的是它可以适用多种 CPU 架构，比如 ARM、PowerPC、MIPS 等。它能够引导加载多种操作系统，比如 Linux、Unix、Vworks 等。

7.2　U-boot 概述

U-boot 是 Das U-boot 的简称，含义是通用的引导加载程序，U-boot 遵循 GPL 开源条款的项目，最早是从一个叫 PPCBoot 的工程项目发展而来。这个项目由德国 DENX 软件工程中心负责，而后该团队将 PPCBoot 移植到 ARM 平台上，创建了 ARMBoot 项目，最终形成了现在的 U-boot。

对于 Linux 系统开发来说，移植 U-boot 是 Linux 系统移植的第一步，因为 U-boot 是用来引导 Linux 系统内核的，如图 7-2 所示。

U-boot 是通用的 Bootloader，不是特别针对某一款芯片或者电路板设计的，也不是专为 Linux 系统所设计的，因此它的目录结构和程序代码内聚性非常高，这样带来的一个问题就是短时间内很少有人能够全部读懂其实现的细节。所以对于普通的 Linux 系统开发工程师来说，绝大多数都是移植官方的 U-boot，很少有人自己写 U-boot。这也验证了软件领域的一句话"不要重复造轮子"。因为自己写 Bootloader，首先需要对芯片的寄存器非常熟悉，其次需要了解芯片的启动顺序和芯片的外设结构，最后还要具有编写汇编代码的能力。如果这还不能让好奇者望而却步的话，想想为什么有那么多开源社区来维护 U-boot。既然 U-boot 一直存在，就说明它是被需要的。

图 7-2　Linux 系统的软件结构

7.2.1　选择正确的 U-boot 版本

在对 U-boot 移植的难度系数做评估时，可以从宏观和微观两个角度来分析。宏观角度上，U-boot 的移植很简单，只需要下载对应的 U-boot 源代码，根据自己的开发板进行缝缝补补，再烧录到 EMMC 上，然后上电运行就可以了。但是从微观角度来看，好像没有那么简单，因为 U-boot 的启动和运行涉及芯片架构和开发板的外设接口。首先我们不知道该选择哪一个版本的 U-boot；即使选择了一个版本的 U-boot，有可能不支持选型的芯片；最后即使选中了支持芯片的 U-boot，但是对于一向做驱动开发的工程师来说，也会遇到不支持自己使用的评估板的情况。

那么如何解决上述问题呢，建议使用芯片厂商提供的评估板的 U-boot。笔者是从单片机转行做嵌入式 Linux 系统开发的，对 ARM 架构下 Cortex-M 系列单片机比较熟悉，但是远远不及芯片厂商的技术工程师了解他们的芯片。Cortex-A 系列的芯片当然是他们的技术工程师最熟悉，因此会在芯片上市前做评估板，一是讲解芯片的优势和使用场景，二是给大众开发者提供基本的技术服务。芯片厂商提供评估板的 U-boot，是做嵌入式 Linux 系统移植 U-boot 的首选，因为所要移植的目标板卡绝大部分的接口外设都参考了官方的评估板。

首先可以从 U-boot 的官方网站下载所选择的 U-boot 版本，官方提供的 FTP 下载链接为：ftp://ftp.denx.de/pub/U-boot/。从 U-boot 的官方下载链接可以看出，从 2002 年 12 月 17 日上传了第一个版本号为 U-boot0.2.0 的 U-boot，到现在稳定版本的 U-boot-2002-07 U-boot 版本号的历史，如图 7-3 所示。

```
02/12/2020 12:00上午    15,023,323  u-boot-2020.04-rc2.tar.bz2
02/12/2020 12:00上午           586  u-boot-2020.04-rc2.tar.bz2.sig
02/26/2020 12:00上午    15,021,678  u-boot-2020.04-rc3.tar.bz2
02/26/2020 12:00上午           586  u-boot-2020.04-rc3.tar.bz2.sig
03/31/2020 01:30上午    15,037,972  u-boot-2020.04-rc4.tar.bz2
03/31/2020 01:30上午           586  u-boot-2020.04-rc4.tar.bz2.sig
04/06/2020 11:45下午    15,047,230  u-boot-2020.04-rc5.tar.bz2
04/06/2020 11:45下午           586  u-boot-2020.04-rc5.tar.bz2.sig
04/13/2020 05:03下午    15,065,656  u-boot-2020.04.tar.bz2
04/13/2020 05:03下午           586  u-boot-2020.04.tar.bz2.sig
04/28/2020 10:02下午    15,162,870  u-boot-2020.07-rc1.tar.bz2
04/28/2020 10:02下午           586  u-boot-2020.07-rc1.tar.bz2.sig
05/12/2020 12:30上午    15,247,434  u-boot-2020.07-rc2.tar.bz2
05/12/2020 12:30上午           586  u-boot-2020.07-rc2.tar.bz2.sig
06/02/2020 05:21下午    15,313,336  u-boot-2020.07-rc3.tar.bz2
06/02/2020 05:21下午           586  u-boot-2020.07-rc3.tar.bz2.sig
06/09/2020 02:35上午    15,333,666  u-boot-2020.07-rc4.tar.bz2
06/09/2020 02:35上午           586  u-boot-2020.07-rc4.tar.bz2.sig
06/23/2020 02:51上午    15,335,025  u-boot-2020.07-rc5.tar.bz2
06/23/2020 02:51上午           586  u-boot-2020.07-rc5.tar.bz2.sig
07/06/2020 09:23下午    15,338,841  u-boot-2020.07.tar.bz2
07/06/2020 09:23下午           586  u-boot-2020.07.tar.bz2.sig
07/28/2020 04:46上午    15,410,581  u-boot-2020.10-rc1.tar.bz2
07/28/2020 04:46上午           586  u-boot-2020.10-rc1.tar.bz2.sig
08/10/2020 09:44下午    15,610,194  u-boot-2020.10-rc2.tar.bz2
08/10/2020 09:44下午           458  u-boot-2020.10-rc2.tar.bz2.sig
08/26/2020 11:33下午    15,778,609  u-boot-2020.10-rc3.tar.bz2
08/26/2020 11:33下午           458  u-boot-2020.10-rc3.tar.bz2.sig
09/07/2020 08:18下午    15,784,932  u-boot-2020.10-rc4.tar.bz2
09/07/2020 08:18下午           458  u-boot-2020.10-rc4.tar.bz2.sig
09/21/2020 07:51下午    15,781,802  u-boot-2020.10-rc5.tar.bz2
09/21/2020 07:51下午           458  u-boot-2020.10-rc5.tar.bz2.sig
```

图 7-3　U-boot 的官方发行版本

官方发行的是没有经过芯片厂商修改过的纯净版的 U-boot，这个 U-boot 对一般的嵌入式 Linux 系统开发工程师来说只能作为参考，也可以作为学习 U-boot 源代码的一种方式，但是如果要移植到自己的评估板卡上，最好还是使用芯片厂商提供的 U-boot。

我们是做嵌入式 Linux 系统开发，因此移植的目标板肯定是自己公司开发的，比如使用的微处理器是 IMX6ULL，在做评估板的时候肯定会参考恩智浦官方开发套件 MCIMX6ULL-EVK。恩智浦官方的评估板使用的 U-boot 为 2016.03 版本原版 U-boot，在此基础上根据自己评估板的外设接口，定制了一款支持 MCIMX6ULL-EVK 评估板的 U-boot 版本 U-boot-imx-rel_imx_4.1.15_2.1.0_ga.tar.bz2，如图 7-4 所示。

Overview

The i.MX 6ULL EVK is a market-focused development tool based on the i.MX 6ULL applications processor. The i.MX6 ULL processor is part of an efficient and cost-optimized product family that features an advanced implementation of a single Arm® Cortex®-A7 core operating at speeds of up to 900 MHz. This EVK enables an LCD display and audio playback as well as many connectivity options. It is designed to showcase the commonly used features of the processor in a small, low-cost package and to facilitate software development with the ultimate goal of faster time to market through the support of the Linux® operating system.

The i.MX 6ULL EVK is also used to support i.MX 6ULZ application development.

图 7-4 MCIMX6ULL-EVK 开发套件

7.2.2 查看 U-boot 目录结构

获取到正确的 U-boot 版本后，首先要了解一下 U-boot 的目标结构，对 U-boot 的源代码结构有个大概的印象，为后续的内容讲解做铺垫。NXP 官方提供的 U-boot 的源代码结构如图 7-5 所示。

名称	修改日期	类型	大小
api	2020/9/24 11:02	文件夹	
arch	2020/9/24 11:02	文件夹	
board	2020/9/24 11:03	文件夹	
cmd	2020/9/24 11:03	文件夹	
common	2020/9/24 11:03	文件夹	
configs	2020/9/24 11:03	文件夹	
disk	2020/9/24 11:03	文件夹	
doc	2020/9/24 11:03	文件夹	
drivers	2020/9/24 11:03	文件夹	
dts	2020/9/24 11:03	文件夹	
examples	2020/9/24 11:03	文件夹	
fs	2020/9/24 11:03	文件夹	
include	2020/9/24 11:03	文件夹	
lib	2020/9/24 11:03	文件夹	
Licenses	2020/9/24 11:02	文件夹	
net	2020/9/24 11:03	文件夹	
post	2020/9/24 11:03	文件夹	
scripts	2020/9/24 11:03	文件夹	
test	2020/9/24 11:03	文件夹	
tools	2020/9/24 11:03	文件夹	
.checkpatch.conf	2017/5/2 10:45	CONF 文件	1 KB
.gitignore	2017/5/2 10:45	GITIGNORE 文件	1 KB
.mailmap	2017/5/2 10:45	MAILMAP 文件	2 KB
.travis.yml	2017/5/2 10:45	YML 文件	6 KB
config.mk	2017/5/2 10:45	Makefile	3 KB
Kbuild	2017/5/2 10:45	文件	2 KB
Kconfig	2017/5/2 10:45	文件	8 KB
MAINTAINERS	2017/5/2 10:45	文件	11 KB
MAKEALL	2017/5/2 10:45	文件	23 KB
Makefile	2017/5/2 10:45	文件	52 KB
README	2017/5/2 10:45	文件	231 KB
snapshot.commit	2017/5/2 10:45	COMMIT 文件	1 KB

图 7-5 NXP 官方 U-boot 的目录结构

大家不要对眼前这个 U-boot 源代码结构有所恐惧，虽然 U-boot 源代码复杂，但是查看源代码是有策略和方法的。首先，对于 U-boot 的源代码目录内容，用户不需要全部掌握，只需要掌握关键的几个文件目录就可以。其次，对于 U-boot 源代码可以采用分层的思想来将源代码划分层次，如图 7-6 所示。

这里将 U-boot 的源代码分为三个层次，最底层为 CPU 架构、板卡外设、配置文件以及相关的库文件。第二层为支持对应 CPU 架构和板卡的必要驱动，比如 FLASH 的驱动、网络驱动以及文件系统等。最上面一层为通用的接口层，主要是提供用户的命令交互接口和启动 Linux 内核的服务。

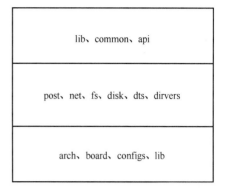

图 7-6　U-boot 源代码分层

下面将根据 NXP 官方提供的 U-boot，简要概述其目录结构以及该目录的主要功能。对于嵌入式系统移植需要用到的部分会特别标注。

1. arch 目录

arch 目录是移植过程中需要关注的目录之一，arch 目录存放着 U-boot 支持的 CPU 的内核架构，常用的四种内核架构分别是 ARM、PowerPC、MIPS 和 x86。这些内核架构 U-boot 都是支持的，因为一种内核架构对应着很多种芯片类型，因此在 arch 目录下我们也要选择所使用的 CPU 的型号。

2. board 目录

board 目录也是移植过程中需要关注的目录，7.2.1 小节介绍了选择适合自己开发板的 U-boot 时，最好能使用官方提供的专用评估板的 U-boot。这里使用的是 IMX6Ull 系列的芯片，因此在选择 board 目录文件时就要选择对应的评估板。图 7-4 为 NXP 的评估板套件，名称为 MCIMX6ULL-EVK。这里我们需要使用的是 mx6ullevk 文件目录，如图 7-7 所示。

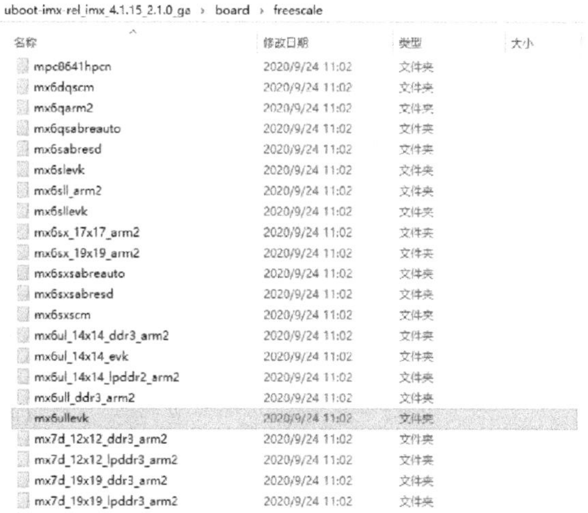

3. api 目录

api 目录是与硬件无关的功能函数的 api。U-boot 移植时基本不用管，这些函数是 U-boot 本身使用的。

图 7-7　MCIMX6ULL-EVK 开发套件支持目录

4. common 目录

common 目录为通用架构使用的代码，主要处理命令行，检测内存大小和故障。

5. configs 目录

configs 目录下为 U-boot 的配置文件，主要用来配置评估板和目标板差异性参数的文件，移植过程中需要用到此目录。

127

6. filesystem 目录

filesystem 文件系统也是从 Linux 源代码中移植过来的，用来管理 Flash 等资源。

7. lib 目录

lib 目录为架构相关的库文件，如 lib_arm 里面是 arm 架构使用的一些库文件，lib_generic 里是所有架构通用的库文件。这类文件夹中的内容移植时基本不用管。

8. net 目录

net 目录为网络相关的代码，U-boot 中的 tftp、nfs、ping 命令都是在这里实现的。

7.3 关于 U-boot 的源代码编译与 GUI 界面

这里先采用倒叙的讲述方式，让大家了解 U-boot 的编译过程，在探索如何编译的过程中发现如何搭建编译环境、需要注意哪些"坑"，编译完成后如何生成最终的目标文件，以及目标文件如何运行在目标主机上。当完成 U-boot 的源代码编译后，可以尝试新版本 U-boot 的新特性——GUI 交互界面。

7.3.1 编译 U-boot

编译 U-boot 的重点是 U-boot 的编译过程，如何在宿主计算机上编译 U-boot 源代码和如何将编译好的文件运行在目标主机上，是这一小节要解决的问题。为了能够在宿主计算机上编译 U-boot，需要在宿主计算机的系统下安装 ncurses 支持库，如图 7-8 所示。

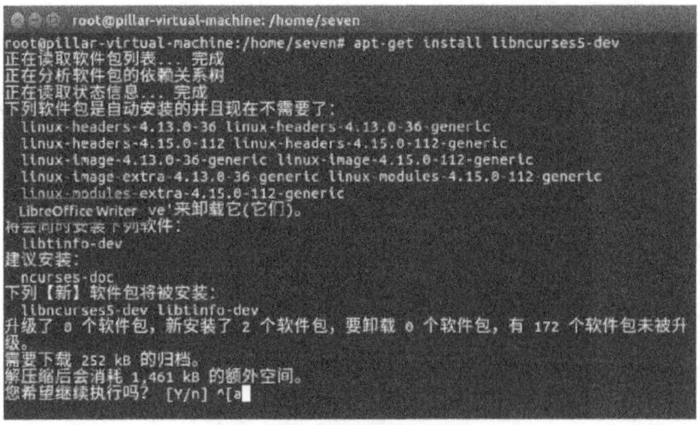

图 7-8　安装 ncurses 支持库

首先在宿主计算机系统中创建一个名为 atom_uboot 的文件目录，用来存放和解压 U-boot。笔者使用的是正点原子的评估板，因此这里使用 U-boot 也是正点原子提供的，如图 7-9 所示。

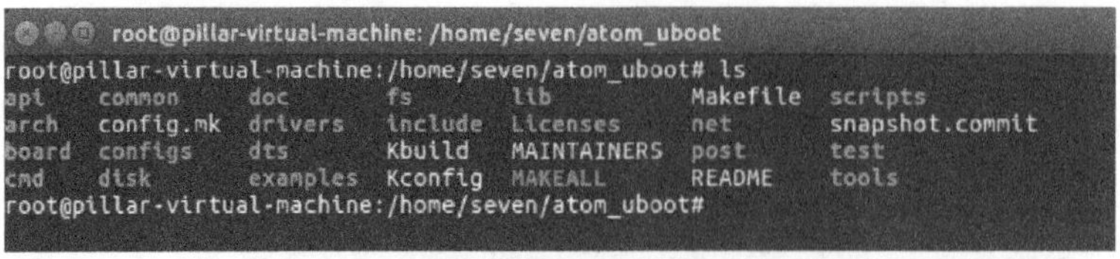

图 7-9　正点原子的 U-boot 的源代码结构

128

同样的方式，在宿主计算机上新建一个名为 nxp_U-boot 的文件目录，用来存放 NXP 官方提供的 U-boot 的源代码，如图 7-10 所示。

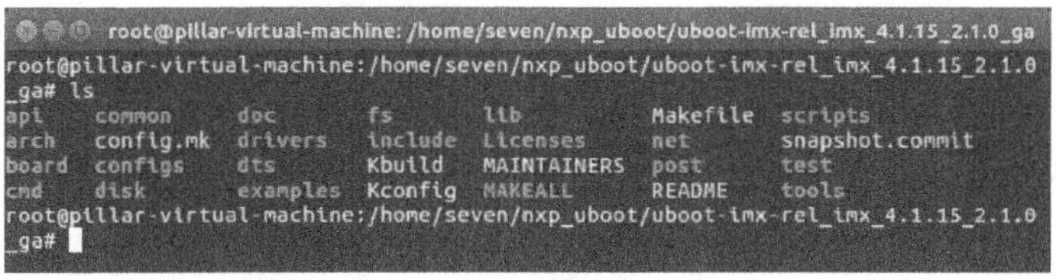

图 7-10　NXP 的 U-boot 的源代码结构

通过对比正点原子 U-boot 源代码结构和 NXP 的 U-boot 源代码结构，发现目录结构是完全一样的，这是因为正点原子的评估板参考了 NXP 官方评估套件 MCIMX6ULL-EVK，其 U-boot 就是在 NXP 提供的 U-boot 的基础上移植过来的。

这里使用的正点原子目标板的配置为 512MB（DDR3）＋8GB（EMMC）核心板加 Mini 底板，那么接下来就开始真正的编译步骤了。

Step 1 首先使用 make ARCH = arm CROSS_COMPILE = arm-linux-gnueabihf-mx6ull_14x14_ ddr512_emmc_defconfig 命令，执行图 7-9 的 Makefile 文件，传入内核架构的参数为 ARM 架构、交叉编译工具链为 arm-linux-gnueabihf-gcc，将 U-boot 的配置文件配置为 mx6ull_14x14_ ddr512_emmc_defconfig，如图 7-11 所示。

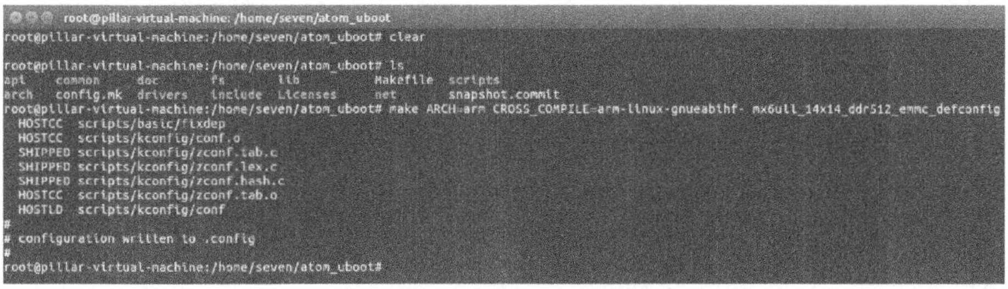

图 7-11　修改 U-boot 配置文件

Step 2 配置文件修改后，开始执行编译命令，在编译命令中可以指定宿主计算机参与编译的 CPU 核心数量，由于笔者宿主计算机 CPU 有两个 CPU 核心，因此具体命令为：make ARCH = arm CROSS _ COMPILE = arm-linux-gnueabihf- -2。编译完成后会生成 U-boot. bin 文件，如图 7-12 所示。

Step 3 如果想清除编译生成的中间文件或者目标文件，可以使用 make ARCH = arm CROSS _ COMPILE = arm-linux-gnueabihf- distclean 命令。这个命令的功能类似前面使用的 make clean，具体操作如图 7-13 所示。

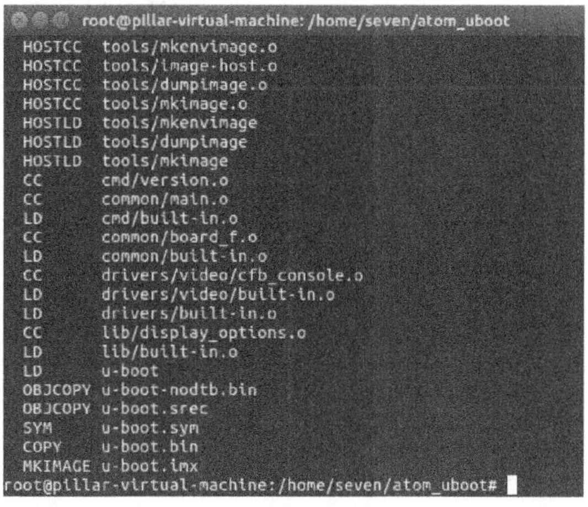

图 7-12　U-boot 的编译过程

129

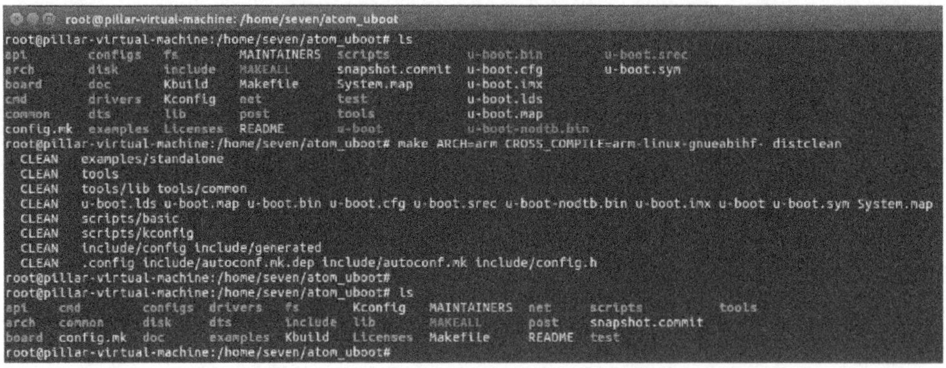

图 7-13　U-boot 清除工程操作

Step 4 要将 U-boot. bin 文件烧录到目标开发板中，这里使用 SD 的方式，先将 U-boot 烧录到 SD 中（强调的是烧录，不是拷贝）。将烧录好的 SD 卡插入目标开发板，然后上电运行，如图 7-14 所示。

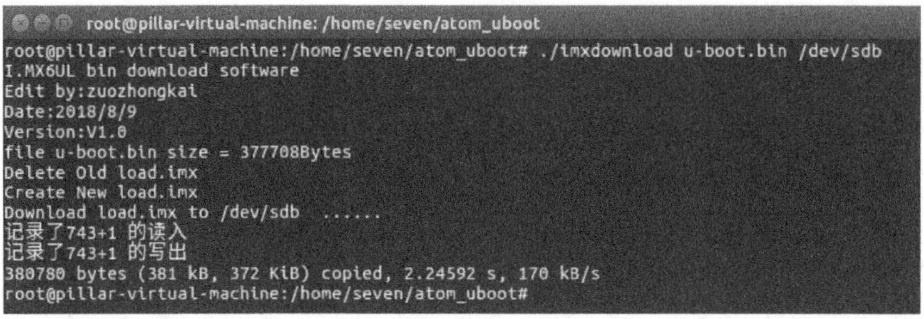

图 7-14　U-boot. bin 烧写到 SD

至此，U-boot 工程就完成了编译和烧录，在实战案例中会讲述详细的运行过程。

7.3.2　U-boot 的 GUI 界面

如果读者有安装 Windows 操作系统的经验，对 BIOS 里的图形化交互界面不会陌生。U-boot 也支持图形化配置。U-boot 图形化实现主要依靠 Makefile、. config、Kconfig 和 Makefile 管理整个工程的文件，. config 负责配置哪些功能模块编译进目标文件，Kconfig 负责图形化配置菜单。在图形化界面选中某个功能后，源代码顶层目录的 . config 会增加此配置选项，使用 Makefile 编译 U-boot 镜像时会将此功能添加到 U-boot。

U-boot 图形化配置是在宿主计算机中完成的，因此需要在宿主计算机上安装依赖库，即在 Ubuntu 系统下安装 build-essential 支持库和 libncurses5-dev 支持库。libncurses5-dev 库在前面编译 U-boot 时已经安装，现在只需要安装 build-essential 支持库，如图 7-15 所示。

安装好相关的支持库以后，仍然需要 U-boot 的工程文件，对于 U-boot 图形化配置只需要了解，感兴趣的读者可以深入研究。为了能够快速体验到 U-boot 的图形交互，需要再次编译 U-boot 的工程文件，但是这次使用的命令和之前是不同的，具体命令操作如图 7-16 所示。

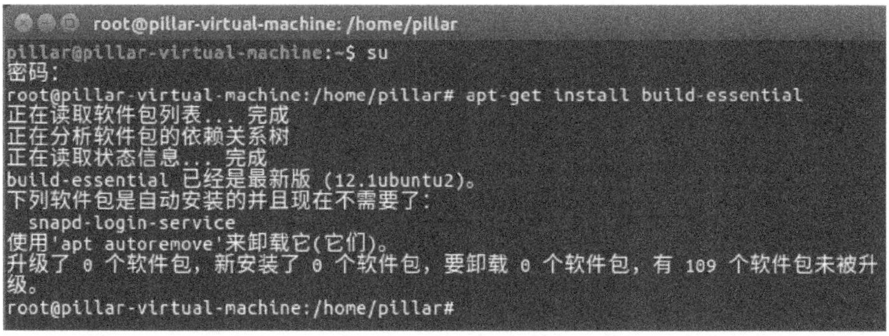

图 7-15　安装 build-essential 支持库

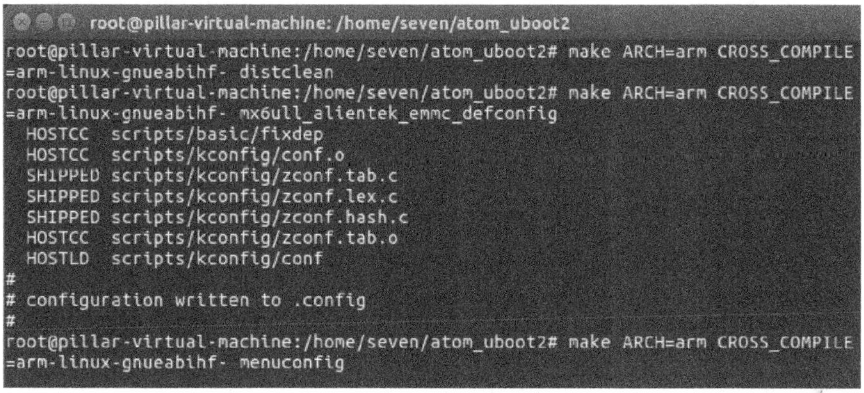

图 7-16　U-boot 图形化配置操作指令

完成图 7-16 的 U-boot 图形化配置操作指令以后，就能看到 U-boot 图形化界面的效果了，如图 7-17 所示。

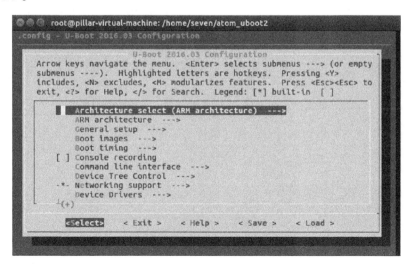

图 7-17　U-boot 图形化配置界面

对于图 7-17 的 U-boot 的 GUI 界面，需要了解其基本选项的具体功能，如表 7-1 所示。

131

表 7-1　U-boot 图形化界面选项表

选 项 类 型	功 能 描 述
Architecture select（ARM architecture）	选择处理器架构，包含各种处理器架构子选项
ARM architecture	ARM 架构子选项（依赖于上面的 Architecture select）
General setup	通用的配置，包含版本号和 malloc 池等子选项
Boot images	boot 镜像
Command line interface	命令行接口，可以添加 U-boot 命令和一些功能
Device Tree Control	设备树控制
Networking support	网络配置
Device Drivers	设备驱动
File systems	文件系统
Library routines	库程序

和 BIOS 里的退出与保存逻辑一样，执行 < Exit > 操作可以退出图形化配置界面，执行 < Save > 操作可以进行保存，然后将配置信息写入到了源代码根目录的 . config。

7.4　U-boot 的 Makefile 代码分析

在 7.2 小节中，查看了 U-boot 的目录结构，并了解了 U-boot 文件结构的组织形式，这对我们来阅读 U-boot 源代码是有帮助的。但这还远远不够，如果要读 U-boot 源代码，还需要分析 U-boot 的 Makefile 文件。下面筛选了 U-boot 的顶层 Makefile 中的部分代码。

```
VERSION = 2016              #版本号
PATCHLEVEL = 03             #补丁版本号
SUBLEVEL =                  #次版本号
EXTRAVERSION =              #附加版本信息
NAME =                      #名字


MAKEFLAGS + =-rR--include-dir = $ (CURDIR)
#" + ="来给变量 MAKEFLAGS 追加了一些值
#"-rR"表示禁止使用内置的隐含规则和变量定义
#"--include-dir"指明搜索路径,"$ (CURDIR)"表示当前目录
#"SHELL"和"MAKEFLAGS",这两个变量除非使用"unexport"声明,否则在整个 make 的执行过
程中,
#它们的值始终自动传递给子 make
# Avoid funny character set dependencies
# export:表示将当前 make 中声明的变量和值传给 sub make
#unexport:表示不要将当前 make 中声明的变量传给 sub make
unexport LC_ALL            #不导出变量给子 make
LC_COLLATE = C
LC_NUMERIC = C
```

```
export LC_COLLATE LC_NUMERIC        #导出变量给子 make

# Avoid interference with shellenv settings
unexport GREP_OPTIONS

ifeq (" $ (origin V)", " command line")    #判断是否相等 o (origin) 就是变量来源
  KBUILD_VERBOSE = $ (V)
endif
ifndef KBUILD_VERBOSE
  KBUILD_VERBOSE = 0
endif
#用变量 quiet 和 Q 来控制编译的时候是否在终端输出完整的命令
ifeq ($ (KBUILD_VERBOSE), 1)
  quiet =
  Q =
else
  quiet = quiet_                        #显示短命令
  Q = @
endif

# If the user is running make -s (silent mode), suppress echoing of
# commands

ifneq ($ (filter 4.%, $ (MAKE_VERSION)),)
#make-4   filter 是过滤的, 在变量中仅保留符合 4.% 的词
# 上述语句中的% 为通配符, 从 MAKE_VERSION 这个名称可以看出对比的是 make 的版本,即判断
当前 make 是否为 4.x 版本
  ifneq ($ (filter %s, $ (firstword x $ (MAKEFLAGS))),)
#firstword 取出变量中首单词
    quiet = silent_                     #不显示命令
  endif
else# make-3.8x
  ifneq ($ (filter s% -s%, $ (MAKEFLAGS)),)
    quiet = silent_
  endif
endif

export quiet Q KBUILD_VERBOSE

mytest:
@ echo 'firstword = ' $ (firstword x $ (MAKEFLAGS))    #有@ 就不会在终端输出命令
exportsrctree objtree VPATH          #导出变量
```

```
# Make sure CDPATH settings don't interfere
unexport CDPATH
HOSTARCH: = $ (shelluname-m | \
sed-e s/i.86/x86/ \
    -e s/sun4u/sparc64/ \
    -e s/arm. * /arm/ \
    -e s/sa110/arm/ \
    -e s/ppc64/powerpc/ \
    -e s/ppc/powerpc/ \
    -e s/macppc/powerpc/ \
    -e s/sh. * /sh/)
# shell 中的 |表示通道,意思是将左边的输出作为右边的输入
#sed-e 是替换命令,uname-m 获取架构,uname-s 获取 OS
HOSTOS: = $ (shelluname-s | tr '[:upper:]' '[:lower:]' | \ sed -e 's/\(cygwin\). * /
cygwin/')
#tr '[:upper:]' '[:lower:]'把大写字母替换为小写字母
exportHOSTARCH HOSTOS
```

U-boot 中的顶层 Makefile 中的部分代码,在关键代码处做了注解,这里不再赘述。

7.5 U-boot 启动流程

U-boot 的启动流程主要分成两个阶段,阶段 1 我们称之为汇编阶段(主要是使用汇编代码实现),这个阶段主要是设置 CPU 的工作模式、设置中断向量表、关闭 MMU、关闭看门狗、清除 bss 段以及跳转到 C 程序的函数 board_init_f( )。阶段 2 我们称之为 C 语言阶段(主要是使用是 C 语言实现),该阶段的主要任务是初始化相关的结构体、初始化 board 相关的外设、进入自动倒计时。在倒计时期间,如果没有按键按下,U-boot 会根据 bootcmd 环境变量启动内核;如果有按键按下,则进入到 U-boot 的命令行模式。

7.5.1 U-boot 启动阶段 1

U-boot 在阶段 1 主要是使用汇编程序编写的代码文件,因此也称为汇编阶段。对于这个复杂的项目该如何分析它的启动流程?首先分析程序源代码流程,本着自上而下、从左到右的规则。其次是要讲究策略,找到 U-boot 的程序"入口",获取程序"入口"要找链接文件,因为目标文件最后是经过链接规则生成的。在图 7-13 中,对 U-boot 编译完成后会生成 U-boot. lds 文件,这个文件就是链接脚本,也是 U-boot 分析的"入口",如图 7-18 所示。

为了更好地理解这个链接脚本,下面将对 U-boot. lds 文件做详细的代码阐述,具体代码如下。

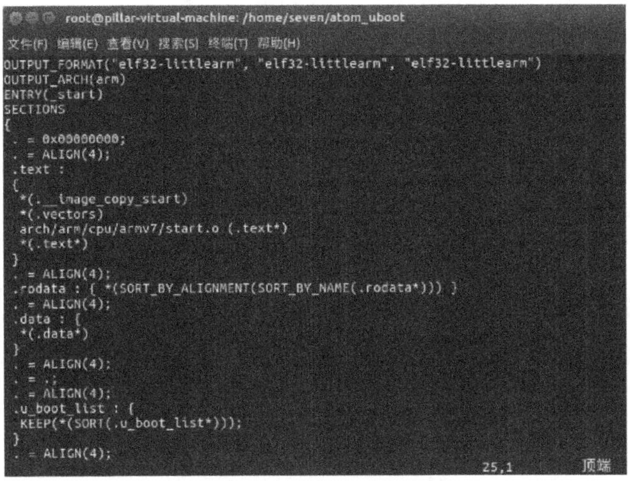

图 7-18　U-boot. lds 文件

```
/*指定输出可执行文件是elf格式,32位ARM指令,小端*/
OUTPUT_FORMAT (" elf32-littlearm", " elf32-littlearm", " elf32-littlearm")
/*指定输出可执行文件的平台为ARM*/
OUTPUT_ARCH (arm)
/*指定输出可执行文件的起始代码段为_start*/
ENTRY (_start)
/*指定可执行文件的全局入口点, 通常这个地址都放在 ROM (flash) 0x0 位置。
必须使编译器知道这个地址, 通常都是修改此处来完成*/
SECTIONS
{
. = 0x00000000;          /*从0x0位置开始*/
. = ALIGN (4);           /*代码以4字节对齐*/
.text :
{
  * (._image_copy_start)/* copy到RAM, 此为需要copy的程序的入口地址*/
  * (.vectors)             /*初始化异常向量表, 存放在开始位置 */
  arch/arm/cpu/armv7/start.o (.text*)    /*存放 start.o*/
  * (.text*)               /*其他的代码段放在这里, 即 start.S/vector.S之后*/
}
. =ALIGN (4);       /*代码段结束后, 有可能4bytes不对齐了, 此时做好4bytes对齐*/
/*只读数据段, 使用 SORT_BY_ALIGNMENT 将 rodata 里的对象文件相应段对齐排列*/
.rodata: { * (SORT_BY_ALIGNMENT (SORT_BY_NAME (.rodata*)))}
. =ALIGN (4);        /*和前面一样, 4bytes对齐, 以开始接下来的.data段*/
.data: {
  * (.data*)       /*可读写数据段*/
}
```

```
. = ALIGN(4);        /*和前面一样,4bytes 对齐*/
. =.;
. = ALIGN(4);        /*和前面一样,4bytes 对齐*/
.u_boot_list: {
/*.data 段结束后，紧接着存放 U-boot 自有的一些 function，例如 U-boot 命令等*/
KEEP (* (SORT (.u_boot_list*)));
}
. = ALIGN (4); /*和前面一样, 4bytes 对齐*/
.image_copy_end:
{
/*U-boot 需要自拷贝的内容结束，包括代码段，数据段，以及 u_boot_list*/
 * (.__image_copy_end)
}
/*.__rel_dyn_start .__rel_dyn_end 也是为了传递地址，不占用空间*/
.rel_dyn_start:
{
 * (.__rel_dyn_start)        /*动态链接符段开始*/
}
.rel.dyn: {
 * (.rel*)
}
.rel_dyn_end:
{
 * (.__rel_dyn_end)        /*动态链接符段结束*/
}
.end:
{
 * (._end)
}
_image_binary_end =.;        /*bin 文件结束*/
. = ALIGN (4096);            /*4K 字节对齐*/
.mmutable: {
 * (.mmutable)               /*存放内存管理页*/
}
/*OVERLAY 的含义应该是.__rel_dyn_start 段和.bss 段使用同一块内存空间,
也就是这两个段在物理地址上是重叠的。可以在 U-boot.map 文件中求证,
这两个段的起始地址确实是一样的。*/
.bss_start_rel_dyn_start (OVERLAY): {
 KEEP (* (.__bss_start));
 __bss_base =.;
}
```

```
.bss_bss_base (OVERLAY): {
  *  (.bss *)
  . =ALIGN (4);          /*和前面一样，4bytes 对齐*/
  _bss_limit =.;
}
.bss_end_bss_limit (OVERLAY): {
  KEEP (* (._bss_end));
}
    /*bss 段的描述结束*/
.dynsym_image_binary_end: { * (.dynsym) }
.dynbss : { * (.dynbss) }
.dynstr : { * (.dynstr *) }
.dynamic : { * (.dynamic *) }
.plt : { * (.plt *) }
.interp : { * (.interp *) }
.gnu.hash : { * (.gnu.hash) }
.gnu : { * (.gnu *) }
.ARM.exidx : { * (.ARM.exidx *) }
.gnu.linkonce.armexidx : { * (.gnu.linkonce.armexidx. *) }
}
```

小白成长之路：U-boot 的动态链接技术

　　在旧版本的 U-boot 中，如果想要 U-boot 启动后将其复制到内存中的某个地方，只要把要复制的地址写给 TEXT_BASE 即可，U-boot 启动后会把自己复制到 EXT_BASE 内的地址处运行。在复制之前的代码都是相对的，不能出现绝对的跳转，否则会跑飞。在新版本的 U-boot 里（2013.07），TEXT_BASE 的含义改变了，它表示用户要把这段代码加载到哪里，通常是通过串口等工具。然后搬移的时候由 U-boot 自己计算一个地址来进行搬移。新版本的 U-boot 采用了动态链接技术，在 lds 文件中有_rel_dyn_start 和_rel_dyn_end，这两个符号之间的区域存放着动态链接符号，只要给这里面的符号加上一定的偏移，复制到内存中代码的后面相应的位置处，就可以在绝对跳转中找到正确的函数。

　　._rel_dyn_start 段主要是 U-boot 复制自己的时候使用，参考 U-boot 源代码可以发现，U-boot复制自己之前，基本上都是汇编语句，即使是调用了 C 函数也没有使用.bss 段内的全局变量，唯一的全局结构体 gd（也可能不是唯一的）的地址也是存放在 r9 寄存器中，所以复制之前是用不到.bss 段的，但是要用._rel_dyn_start 段；而复制之后用不到._rel_dyn_start 段，但是要用.bss 段。所以为了节省内存，这两个段是可以重合的。另外，复制的目的地址处，我们已经为.bss 段留出了空间，.bss 段是和整个 U-boot 镜像一起的，gd 结构体的 mon_len 成员（= _bss_end -_start）记录的就是整个 U-boot 需要占用的内存空间，其中包括了.bss 段。

通过分析 U-boot. lds 文件，不难发现程序首先是从_start 开始的，而_start 是定义在 arch/arm/lib/vectors. S 文件里的全局变量，如图 7-19 所示。

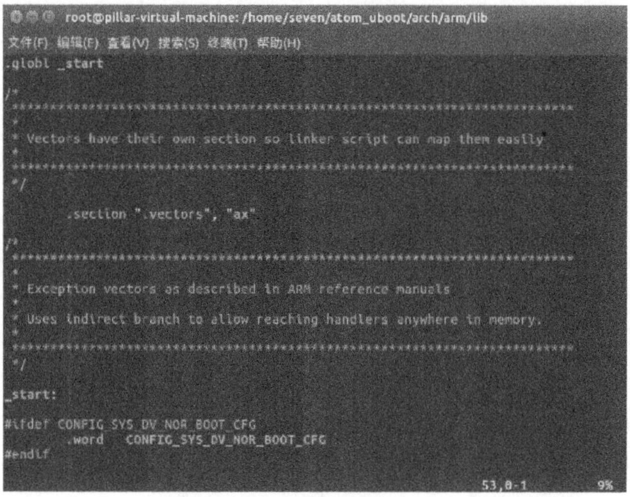

图 7-19　_start 变量的声明

在 arch/arm/lib/vectors. S 文件中第 54 行跳转到 reset 函数，而定义 reset 函数的文件路径为 arch/arm/cpu/armv7/start. S，如图 7-20 所示。

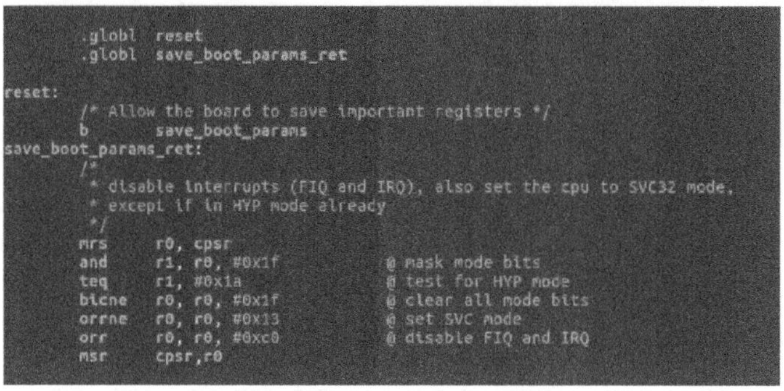

图 7-20　定义 reset 函数的文件路径

在 arch/arm/cpu/armv7/start. S 文件中第 100 行跳转到 save_boot_params_ret 函数，这里不是直接跳转，而是间接跳转过去，是通过 reset 函数先跳转到 save_boot_params，而 save_boot_params 紧跟着执行跳转到 save_boot_params_ret 函数。save_boot_params_ret 函数处主要是处理 CPU 在 SVC 模式，并禁止 FIQ 和 IRQ 中断。

arch/arm/cpu/armv7/start. S 文件中第 68 行，如果没有定义 CONFIG_SKIP_LOWLEVEL_INIT，那么程序就会执行 cpu_init_cp15、cpu_init_crit 以及_main，如图 7-21 所示。

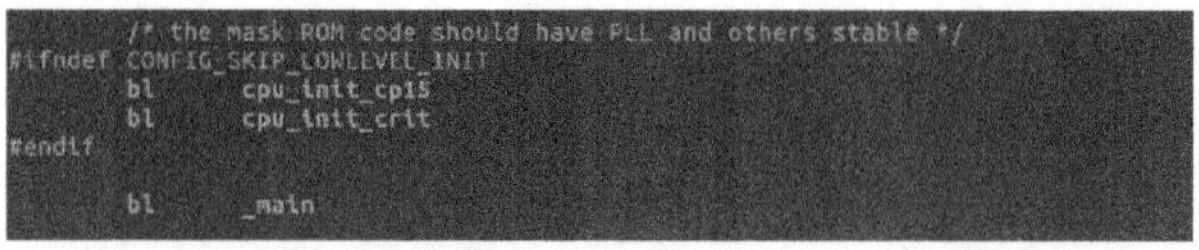

图 7-21　cpu_init_cp15、cpu_init_crit 以及_main 跳转条件

　　其中 cpu_init_cp15 函数主要处理用于系统存储管理的协处理器 CP15，关闭 cache、MMU 和 TLB 等，这些都是虚拟内存转化相关功能，U-boot 阶段使用的是物理内存。为什么要关闭 MMU 和 cache 呢？因为 MMU 是把虚拟地址转化为物理地址使用，而现在是要设置控制寄存器，控制寄存器本来就是物理地址，因此不需要 MMU 的参与。其次，cache 和 MMU 是通过 CP15 管理的，刚上电的时候，CPU 还不能管理它们，所以上电的时候 MMU 必须关闭，指令 cache 可关闭可不关闭。但数据 cache 一定要关闭，否则可能导致刚开始的代码里面，去取数据的时候，从 cache 里面取，而这时候 RAM 中数据还没有从 cache 过来，导致数据预取异常。

　　关闭虚拟内存映射后跳转到 cpu_init_crit 函数，这个函数再跳转到 lowlevel_init 函数位置，在 lowlevel_init. S 中设置栈顶指针，CONFIG_SYS_INIT_SP_ADDR 加载 U-boot 第二阶段代码到 RAM，文件头部写着图 7-22 的信息，这说明设置堆栈是为了调用 C 程序做准备。

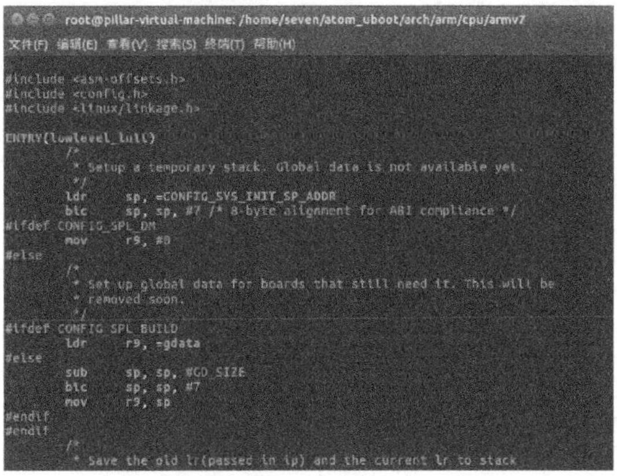

图 7-22　lowlevel_init 函数的操作内容

　　cpu_init_cp15 和 cpu_init_crit 函数执行完后，开始执行_main 函数，通过 U-boot. map 查找_main 函数在 arch/arm/lib/crt0. S。crt0 是 C-runtime Startup Code 的简称，意思就是运行 C 代码之前的准备工作。函数_main 的主要工作就是清除 bss 段，然后跳转到 board_init_f 函数处，如图 7-23 所示。

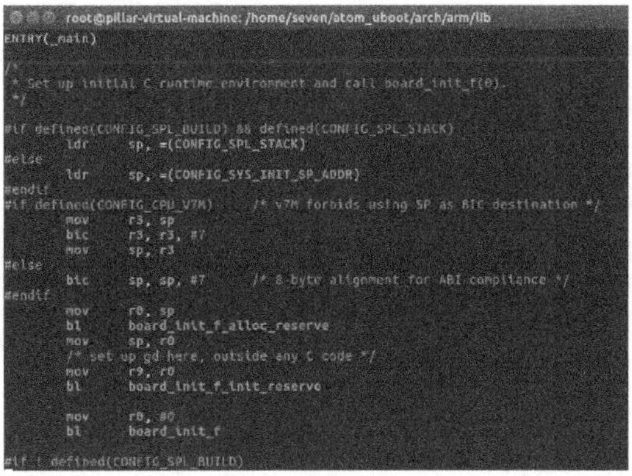

图 7-23　crt0. S 文件下的_main 入口

到这里 U-boot 的汇编阶段启动流程结束。汇编阶段的启动流程主要在 arch/arm/cpu/armv7/start.S 文件中，主要完成定义入口地址、设置异常向量、切换到 SVC 模式、初始化内存控制器、加载 U-boot 第二阶段代码到 RAM、初始化堆栈、跳转到 RAM 运行第二阶段程序。

7.5.2　U-boot 启动阶段 2

U-boot 启动阶段 2 开始是由汇编阶段跳转到 board_init_f 函数处，在 common/board_f.c 中，board_init_f 函数的主要任务是初始化一系列外设，比如串口、定时器，或者打印一些消息等，更为重要的工作是初始化 gd 的各个成员变量，如图 7-24 所示。

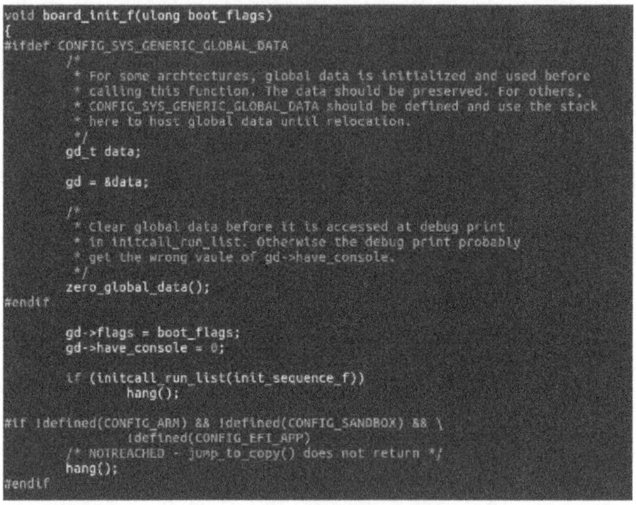

图 7-24　board_init_f 函数

board_init_f 函数并不是初始化所有的外设，因此剩下的部分外设驱动放在了 board_init_r 函数中，初始化的部分硬件有：串口、网口、内存、flash、cache 以及使能中断等，如图 7-25 所示。

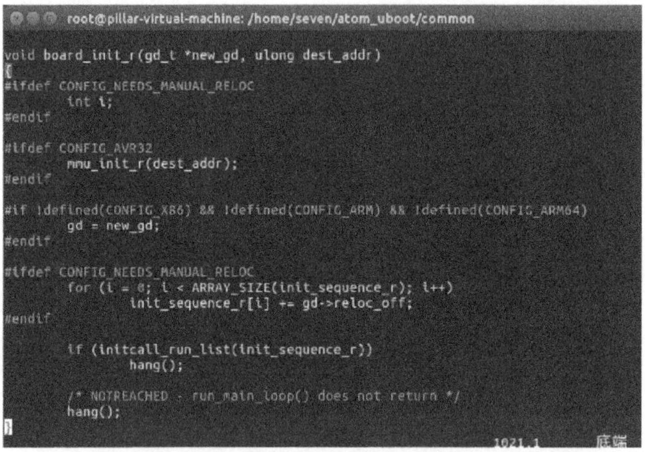

图 7-25　board_init_r 函数

最后执行定义在 common/board_r.c 的 run_main_loop。在 run_main_loop 中会循环执行 main_loop，其中 main_loop 主要是做与平台无关的工作，如设置软件版本号、打印启动信息、解析命令等，定义在 common/main.c 中，如图 7-26 所示。

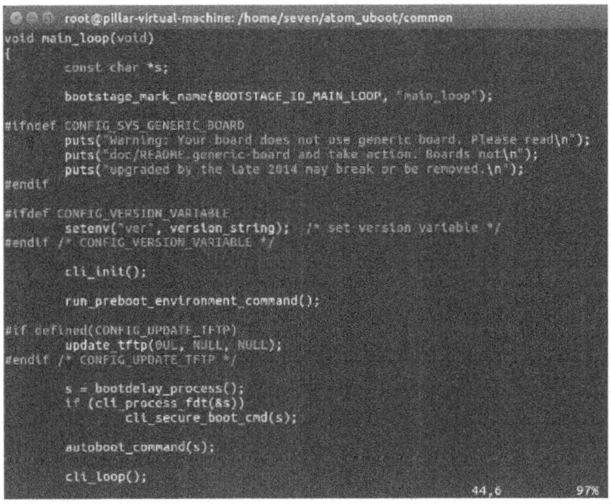

图 7-26　main_loop 函数

对于图 7-26 来说，第 72 行中的 autoboot_command( ) 用来倒计时，如果倒计时正常结束（没有按键按下），就会执行 run_command_list( ) 函数，该函数定义在 common/autoboot.c 中；如果倒计时未结束时有按键按下，就会跳过 run_command_list( ) 函数，转而执行 cli_loop( ) 函数，该函数用于命令行处理，负责接收处理输入命令，cli_loop 函数定义在 common/cli.c 文件中。

在 common/cli_hush.c 中定义了 parse_file_outer 函数，进行一些初始化后调用 shell 命令解释器，也就是 parse_stream_outer 函数。

在 common/cli_hush.c 中定义了 parse_stream_outer 函数，在 do ‖ while 循环中会获取命令、解析并执行。

在 common/cli_hush.c 中定义了 run_list 函数，其中 run_list 会调用 run_list_real，而 run_list_real 再调用 run_pipe_real 函数，接着由 run_pipe_real 函数调用 cmd_process 函数。其中 cmd_process 函数定义在 common/command.c 中，如图 7-27 所示。

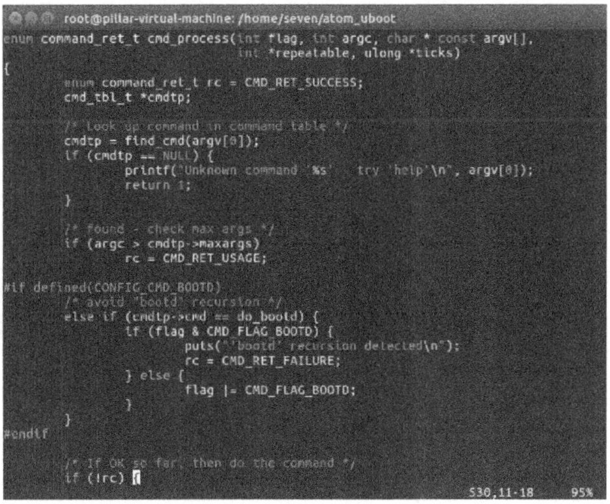

通过判断 507 行的 find_cmd（argv[0]）这个命令是否存在，来决定是否继续向下执行，其中 533 行的 cmd_call 函数为执行命令，至此 U-boot 启动成功。

U-boot 的第 2 阶段启动流程到此

图 7-27　cmd_process 函数

141

结束，对于第 2 阶段启动流程，其主要工作完成系统内核、gd 结构体、中断、时钟、接口、设备（包括 Flash、Display）以及网络等的初始化，计时期间没有按键按下会根据 bootcmd 环境变量启动内核；有按键按下会进入命令循环，接收用户命令后完成相应的工作。

7.6 【案例实战】IMX6ULL 开发板移植 U-boot

为了能够达到学以致用的目的，我们将 NXP 官方提供的 U-boot 移植到第三方的 IMX6ULL 开发板上，U-boot 移植过程的操作步骤如下。

Step 1 新建一个 nxp_uboot 目录，将 NXP 官方提供的 U-boot 通过 FTP 下载到该目录下并解压，如图 7-28 所示。

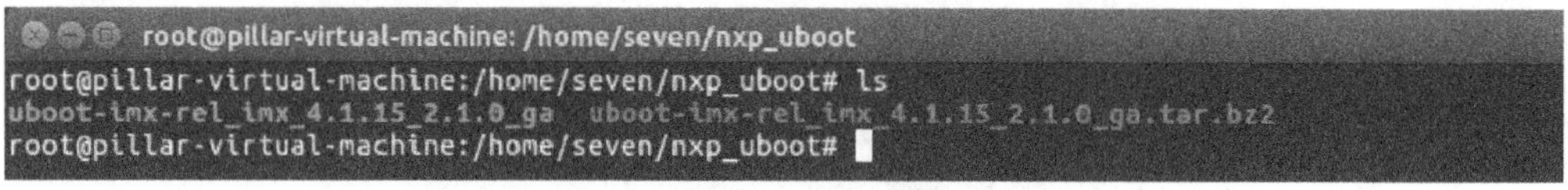

图 7-28　解压 U-boot 工程文件

Step 2 打开 U-boot-imx-rel_imx_4. 1. 15_2. 1. 0_ga 目录，首先清除 U-boot 的工程文件，如图 7-29 所示。

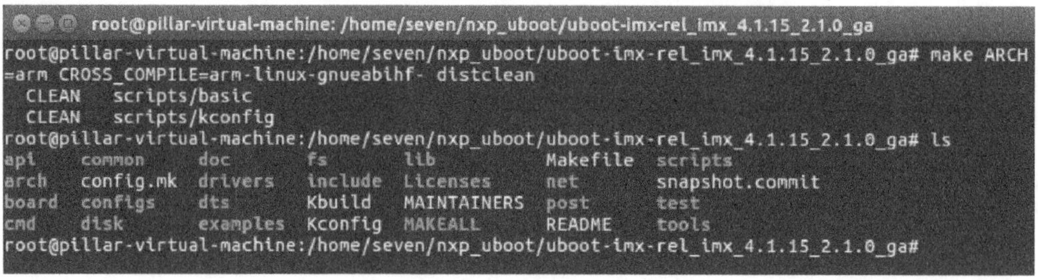

图 7-29　清除 U-boot 工程文件

Step 3 选择对应的配置文件，这里选用的是 NXP 官方开发套件的配置文件，如图 7-30 所示。

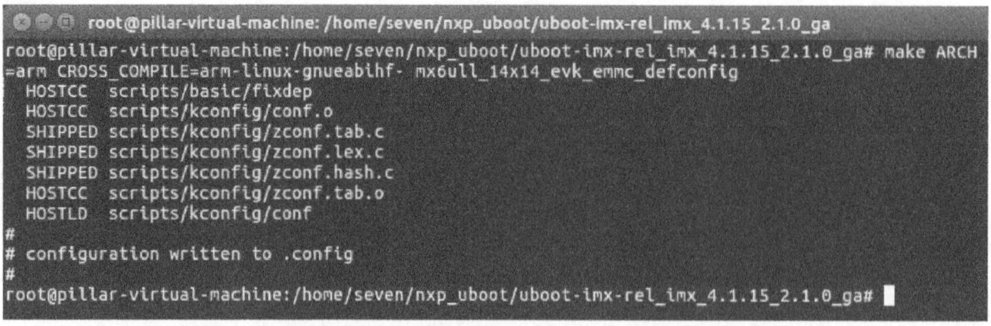

图 7-30　选择对应的 U-boot 配置文件

Step 4 编译 U-boot 工程源代码，如图 7-31 所示。

图 7-31　编译 U-boot 源代码

Step 5 编译完成后，其所在目录下会生成 U-boot. bin 文件，如图 7-32 所示。

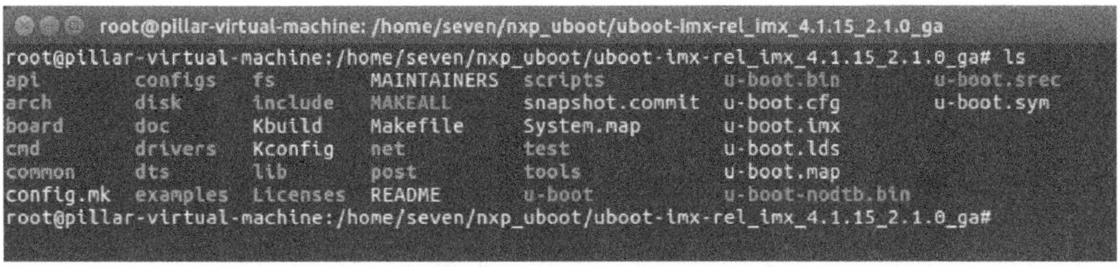

图 7-32　U-boot. bin 文件

Step 6 使用 imxdownload 将 U-boot. bin 文件烧写到 SD 卡中，如图 7-33 所示。

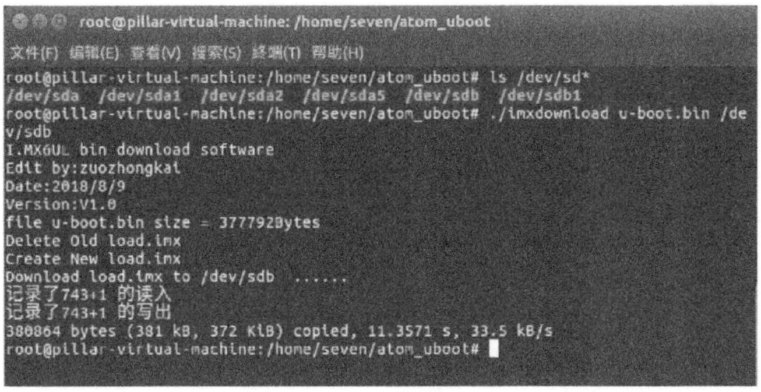

图 7-33　将 U-boot. bin 烧写到 SD 卡中

143

Step 7 开发套件将启动设置为 SD 启动方式，使用串口将 U-boot 启动过程打印到计算机上，如图 7-34 所示。至此，完成将 NXP 提供的 U-boot 移植到第三方开发套件的操作步骤。

```
U-Boot 2016.03 (Sep 29 2020 - 15:02:54 +0800)

CPU:    Freescale i.MX6ULL rev1.1 69 MHz (running at 396 MHz)
CPU:    Industrial temperature grade (-40C to 105C) at 38C
Reset cause: POR
Board: MX6ULL 14x14 EVK
I2C:    ready
DRAM:   512 MiB
MMC:    FSL_SDHC: 0, FSL_SDHC: 1
*** Warning - bad CRC, using default environment

Display: TFT43AB (480x272)
video: 480x272x24
In:     serial
Out:    serial
Err:    serial
switch to partitions #0, OK
mmc0 is current device
Net:    Board Net Initialization Failed
No ethernet found.
Normal Boot
Hit any key to stop autoboot:  0
=>
```

图 7-34　NXP 的 U-boot 启动日志

7.7　要点巩固

本章主要讲解了 U-boot 的版本选择、源代码获取和编译，最后通过分析其顶层的 Makefile 文件来分析 U-boot 的启动流程。U-boot 的启动流程主要分为两个阶段，对于这两个阶段的特点要重点掌握。U-boot 的移植过程以实例的形式进行了了解。最后介绍了 U-boot 在实际项目中的应用。下面是选取的重点内容。

1）Bootloader 和 U-boot 的没有本质区别，U-boot 是一种通用的 Bootloader，U-boot 属于 Bootloader 的子集。U-boot 的通用性一方面在于它可以支持引导加载多种操作系统，另一方面在于它能够支持多种处理器内核。

2）关于 U-boot 的概述，重点要掌握如何获取正确版本的 U-boot，因为这是关系到用户能否高效移植 U-boot 的关键所在；其次需要了解基本的 U-boot 目录结构及其功能。

3）关于 U-boot 的源代码编译，根据上文的讲解多实践，就能够自己编译 U-boot 源代码。对于 U-boot 常见命令需要多了解补充，这样会在调试阶段方便我们使用。

4）U-boot 的 Makefile 分析是在阅读 U-boot 之前必须要做的一件事，首先是分析顶层 Makefile 文件，看版本号、MAKEFLAGS 变量、命令输出、静默输出、代码检查、模块编译、获取主机架构和系统、设置目标架构、交叉编译器以及配置文件等。根据顶层 Makefile 分析再跳转到子 Makefile 分析，通过层层分析 Makefile 即可了解整个工程的组织结构。顶层 Makefile 也就是 U-boot 根目录下的 Makefile 文件。

5）U-boot 的一般启动流程主要分成两个阶段，由于阶段 1 主要是使用汇编实现，因此也称为汇编阶段。汇编阶段的代码主要在 arch/arm/cpu/armv7/start. S 文件中完成工作。阶段 1 主要完成定义入口地址、设置异常向量、切换到 SVC 模式、初始化内存控制器、加载 U-boot 第 2 阶段代码到 RAM、初始化堆栈、跳转到 RAM 运行第 2 阶段程序。

阶段 2 主要是由 C 语言完成的，因此也称为 C 程序阶段，第 2 阶段启动流程主要工作是完成系统内核、gd 结构体、中断、时钟、接口、设备，包括 Flash、Display、网络等的初始化。

6）U-boot 的移植通过案例实战的方式，讲解如何一步一步将 U-boot 烧写进开发板中。这里选取了 NXP 官方 U-boot 移植到第三方开发板的过程。这里移植的重点是 U-boot 烧写进开发版的过程，对于移植后如何启动内核以及如何增加外设驱动在综合项目案例中会有介绍（如第 10 章 "10.4【案例实战】字符设备驱动的移植测试" 中就涉及了 U-boot 名动内核的过程）。

7）U-boot 的图形化配置以图形交互的方式来配置 U-boot 文件，首先是操作上不用输入没有规律的命令行了，其次这种图形交互的方式更加人性化。U-boot 的图形化配置不是支持全版本的 U-boot，只有新版本的 U-boot 才有，以前老版本的 U-boot 是不支持的。目前我们移植使用的 U-boot 版本支持该功能。

7.8　技术大牛访谈——U-boot 在实际项目中的作用

U-boot 在实际项目中的作用总结起来主要有三大功能，第一就是能够验证硬件板卡外设是否正常工作，因为在设计板卡时主要参考的是官方的评估版，要测试自己设计的 PCB 板卡工作是否正常，可以直接将烧录好的 U-boot 下载到目标板卡中，让它系统测试目标硬件电路是否正常工作。第二，U-boot 能够帮助我们提供软件调试接口和方法，因为 U-boot 是现实了大部分的外设驱动了的，因此在测试软件的逻辑功能时，只需要复用它的驱动代码就可以了，不需要重复编写驱动程序。第三，U-boot 在完成阶段 1 和阶段 2 的启动后会帮我们加载操作系统内核，这也是 U-boot 的终极目标。

1. 验证硬件板卡是否正常工作

对于嵌入式硬件工程师来说，使用 U-boot 可以检验自己设计硬件电路是否工作正常，对于一般的项目应用来说，只需要剪裁官方提供的硬件原理图即可，不需要再单独开发 U-boot，因为剪裁过的硬件原理图属于官方原理图的子集，因此官方的 U-boot 能很快移植到我们的开发板上。

所以在完成硬件原理图设计以后，可以快速进行 PCB 制版、采购元器件、焊接、上电、复位下载 U-boot，然后通过串口查看 U-boot 的启动日志，如果启动日志正常，就说明硬件设计正常。

2. 提供驱动程序、调试方法以及常用命令

U-boot 提供的固件开发和调试方法，可以帮助用户更自如地执行开发工作。在开发阶段，经常需要更改代码和编译，然后下载到目标板子上运行，查看结果。比如，通过网络把程序下载到目标板或 SD 中等。

U-boot 还提供命令行的方式帮助用户调试和查看系统信息，表 7-2 描述了 U-boot 中的常用命令。

表 7-2　常用的 U-boot 命令

命令类型	命令代表	命令功能
信息查询命令	version	查看 U-boot 版本号
环境变量操作命令	setenv	用于设置或者修改环境变量的值
信息查询命令	md	用于显示内存值

（续）

命令类型	命令代表	命令功能
内存操作命令	cp	数据从一段内存复制到另一段内存中
网络操作命令	dhcp	用于从路由器获取 IP 地址
EMMC 和 SD 卡操作命令	mmc <参数>	MMC 和 SD 卡相关信息
FAT 格式文件系统操作命令	fatinfo	用于查询指定 MMC 设置指定分区的文件系统信息
EXT 格式文件系统操作命令	Ext4ls	查询 EMMC 的分区
BOOT 操作命令	bootz	用于自动 zImage 镜像文件
其他常用命令	reset 命令	用于 U-boot 的重启

3. 引导操作系统

引导 OS 也许就是 U-boot 的最终使命吧。一旦把硬件所有的控制权都交给 OS，U-boot的生命就结束了。U-boot 可以引导很多 OS，例如 Linux、NetBSD、VxWorks、QNX、RTEMS、ARTOS、LynxOS 和 android 等。

第 8 章
Linux 嵌入式系统之内核

Linux 内核是本书也是整个 Linux 学习中最具有挑战性的内容了。在上一章节分析 U-boot 时，感觉 U-boot 的工程源代码已经很复杂了，但是在 Linux 内核源代码面前，U-boot 源代码还算是简单的。因为 U-boot 只是用来引导 Linux 内核启动的，并且 U-boot 中的源代码结构很多都参考了 Linux 内核源代码。

本章会对 Linux 内核做简要的概述，最重要的目标是让大家能够移植开源 Linux 内核到第三方的开发板上，对于 Linux 内核的细节部分限于篇幅，尽量清晰展示。Linux 内核源代码结构复杂，函数以及结构体设计精巧，算法使用得也是出神入化，因此这里不对内核源代码做详细阐述。

8.1　小白也要懂——关于 Linux 体系结构和内核结构

Linux 体系结构和 Linux 内核结构是有区别的，Linux 内核结构是 Linux 体系结构的一个子集。在 Linux 体系结构中分为两个部分，一个用户空间，另一个是内核空间。其中用户空间主要是为北向开发工程师提供的接口程序，以及运行各种 C 的支持库。内核空间主要包含系统调用、内核以及与平台架构相关的代码，为南向工程师提供内核驱动接口。Linux 体系结构如图 8-1 所示。

Linux 系统之所以要分用户空间和内核空间是因为要防止应用程序的崩溃导致系统宕机。现在的 CPU 工作模式都有很多种，这种多工作模式就是 Linux 从 CPU 的角度出发，为了保护内核的安全，把系统分成了两部分。用户空间和内核空间是程序执行的两种不同状态，可以通过"系统调用"和"硬件中断"完成用户空间到内核空间的转移。

图 8-1 中的内核空间单独分析内核（kernel），我们知道内核有单内核和微内核之分，单内核就是将内核和其他子系统封

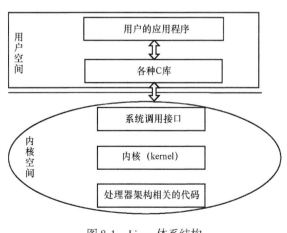

图 8-1　Linux 体系结构

147

装成一个大的内核，因此单内核也被称为宏内核。单内核的特点就是内核和各个子系统可以直接调用不需要借助 IPC 机制，而微内核就是将内核和各个子系统分离开。内核相当于一个数据交互的代理服务器，子系统之间以及子系统和内核之间需要借助 IPC 机制才能通信。单内核和微内核各有自己的优势，不能片面评价哪种方式的好坏，更多时候还需要结合应用场景来看，如图 8-2 所示。

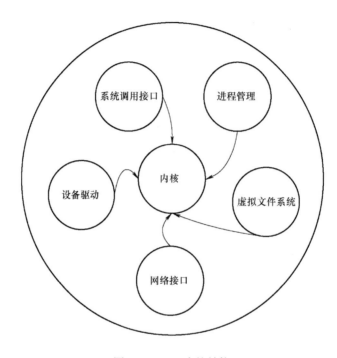

图 8-2　Linux 内核结构

Linux 属于单内核结构，同时还积极吸取了微内核的优点：模块化设计、抢占式内核、支持内核线程、动态装载内核模块的能力。Linux 还避免了微内核的性能损失缺陷，让所有事情都运行于内核态，直接调用函数，无须消息传递。

8.2　Linux 内核的子系统

Linux 内核的主要功能就是负责处理应用程序对硬件驱动的各种请求，内核对于应用程序和硬件来说处于中间层，应用程序无法直接控制硬件，必须通过内核的调度来使用硬件。之所以这样设计是采用计算机分层的设计思想，即使应用程序出现了严重的错误也不会导致整个系统崩溃。

Linux 内核之所以能够稳定调度和配置，得益于内核子系统的相互配合，Linux 内核中包含的五个子系统分别是进程管理子系统、内存管理子系统、虚拟文件系统、设备驱动子系统以及进程通信子系统。这些子系统相互配合共同完成 Linux 系统的稳定运行，如图 8-3 所示。

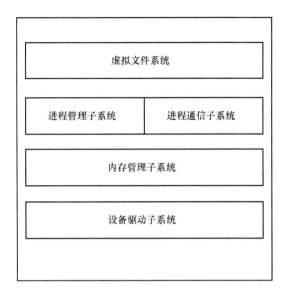

图 8-3　Linux 内核的子系统

8.2.1　虚拟文件系统

我们知道文件系统是一种存储和组织计算机数据的方法，它使得对其访问和查找变得容易。虚拟文件系统（VFS）是 Linux 内核和具体 I/O 设备之间封装的一层共通访问接口，通过这层接口，Linux 内核可以使用同一种方式访问各种 I/O 设备。VFS 实际上是纯软件实现的，不需要任何硬件的支持。它的主要功能一是简化了应用程序的开发，应用通过统一的系统调用访问各种存储介质；其次是简化了新文件系统加入内核的过程，新文件系统只要实现 VFS 的各个接口即可，不需要修改内核部分。

VFS 采用的是面向对象的设计思路，但在 C 语言中，只能使用结构体方式实现，既包含数据的同时又包含操作这些数据的函数指针。在 VFS 中有四个主要的对象类型，它们都定义在 < Linux/fs. h > 文件中。

1. 超级块的概念

超级块（super_block）主要存储文件系统相关的信息，是个针对文件系统级别的概念。它一般存储在磁盘的特定扇区中，但是对于那些基于内存的文件系统（比如 proc、sysfs），是在使用时创建在内存中的。

2. 索引节点

索引节点是 VFS 中的核心概念，它包含内核在操作文件或目录时需要的全部信息。一个索引节点代表文件系统中的一个文件（这里的文件不仅是指我们平时所认为的普通文件，还包括目录、特殊设备文件等）。索引节点和超级块一样是实际存储在磁盘上的，当被应用程序访问到时才会在内存中创建。

3. 目录项

目录项与超级块和索引节点不同，目录项并不是实际存在于磁盘上的。使用时在内存中创建目录项对象，其实通过索引节点已经可以定位到指定的文件，但是索引节点对象的属性非常多，在查找、比较文件时，直接用索引节点效率不高，所以引入了目录项的概念。

4. 文件对象

文件对象表示进程已打开的文件，从用户角度来看，我们在代码中操作的就是一个文件对象。文件对象反过来指向一个目录项对象（目录项反过来指向一个索引节点）。其实只有目录项对象才表示一个已打开的实际文件，虽然一个文件对应的文件对象不是唯一的，但其对应的索引节点和目录项对象却是唯一的。

8.2.2　进程管理子系统

进程是有别于程序的，进程不仅仅是一段可执行程序代码，进程主要由进程控制块、程序段、数据段三部分组成。因此进程是具有独立内存运行单元的，这一点有别于线程。在进程管理子系统中，主要管理进程的调度。进程的调度使得处理器可以被分时复用，即给用户宏观上感觉处理器可以同时运行多个进程，但是对于处理器来说，其实是串行运行的。进程调度对于 Linux 内核来说是至关重要的，内核中的其他子系统都依赖它。

1. 进程状态的转换

进程主要有三种状态，它们分别是运行态、就绪态以及阻塞态，其中就绪态说明进程已经具备运行条件，但是 CPU 还没有分配过来；运行态表示进程正在使用 CPU；阻塞态则表示进程正在等待其他任务不能获取 CPU 的使用权。这几种状态的转换关系如图 8-4 所示。

2. 进程调度策略

在进程管理子系统中比较复杂的是进程调度的策略。进程调度策略有三种基本类型，分别是默认的分时调度策略、先到先得的实时调度策略以及基于时间

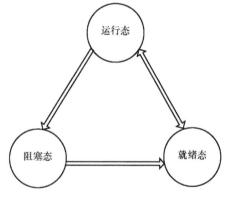

图 8-4　进程的状态切换

片轮转的实时调度策略。实时进程将得到优先调用，实时进程根据实时优先级决定调度权值，分时进程则通过 nice 和 counter 值决定权值。nice 越小，counter 越大，被调度的概率越大，也就是曾经使用了 CPU 最少的进程将会得到优先调度。

（1）SCHED_OTHER 分时调度策略

分时调度策略是指进程通过 nice 和 counter 值决定权值，nice 越小，counter 越大，被调度的概率越大，也就是曾经使用了 CPU 最少的进程将会得到优先调度。当所有任务都采用分时调度策略时，分时调度流程如图 8-5 所示。

（2）SCHED_FIFO 先到先服务调度策略

先到先服务调度策略，直到先被执行的进程变为非可执行状态，后来的进程才被调度执行。在这种策略下，先来的进程可以执行 sched_yield 系统调用，自愿放弃 CPU，以让权给后来的进程；当所有任务都采用 FIFO 调度策略时，先到先服务调度流程如图 8-6 所示。

（3）SCHED_RR 时间片轮转调度策略

时间片轮转调度策略，内核为实时进程分配时间片，在时间片用完时，让下一个进程使用 CPU；当采用 SHCED_RR 策略进程的时间片用完，系统将重新分配时间片，并置于队尾就绪。放在队尾保证了所有具有相同优先级的 RR 任务的调度公平。当所有任务都采用时间

片轮转调度策略时，时间片轮转调度流程如图 8-7 所示。

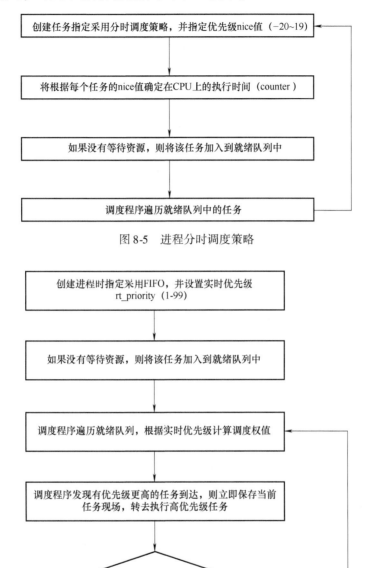

图 8-5　进程分时调度策略

图 8-6　进程先到先服务调度策略

当系统中既有分时调度，又有时间片轮转调度和先进先出调度时，RR 调度和 FIFO 调度的进程属于实时进程，以分时调度的 SCHED_OTHER 进程是非实时进程。当实时进程准备就绪后，如果当前 CPU 正在运行非实时进程，则实时进程立即抢占非实时进程。RR 进程和 FIFO 进程都采用实时优先级作为调度的权值标准，RR 是 FIFO 的一个延伸。当进程是 FIFO 时，如果两个进程的优先级一样，则这两个优先级一样的进程具体执行哪一个是由其在队列中的位置决定的，这样会导致一些不公正性（优先级是一样的，为什么要让你一直运行?)。如果将两个优先级一样的任务的调度策略都设为 RR，则保证了这两个任务可以循环执行，也就保证了公平性。

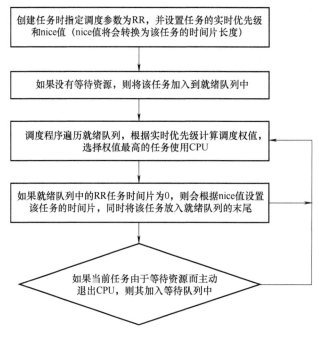

图 8-7　进程时间片轮转调度策略

8.2.3　进程通信子系统

现在 Linux 应用进程间通信方式主要有以下几种。

1. 信号（signal）

信号是在软件层次上对中断机制的一种模拟，是比较复杂的通信方式，用于通知进程某事件发生。一个进程收到一个信号与处理器收到一个中断请求处理的过程类似。信号是 Linux 进程间异步通信的唯一机制，用于通知进程一个特定的事件并强迫进程执行对应的处理程序。如用户在键盘上按 ESC 键，内核会给当前控制台上正在运行的进程发送一个 SIGINT 的信号，进程收到该信号执行默认处理程序，即终止进程。

在代码中信号是一组预定义的无符号整数，用两个字节来保存，所以最多是 64 个，执行 kill -l 命令会列出 Linux 支持的所有信号，如图 8-8 所示。

图 8-8　Linux 支持的信号数量

其中前 31 个是继承自 UNIX 的标准信号，其余的都是 POSIX 标准引入的扩展信号，称为实时信号。

2. 信号量（semaphore）

信号量主要作为进程之间以及统一进程的不同线程之间的同步和互斥手段。信号量本质上是一个计数器（不设置全局变量是因为进程间是相互独立的，而这不一定能看到，看到也不能保证引用计数为原子操作），用于多进程对共享数据对象的读取。它和管道有所不同，不以传送数据为主要目的，主要是用来保护共享资源（信号量也属于临界资源），使得资源在一个时刻只有一个进程独享。

3. 共享内存（shared memory）

共享内存可以说是最有效的进程间通信方式。它使得多个进程可以访问同一块内存空间，不同进程可以及时查看对方进程中对共享数据的更新。这种通信方式需要依靠某种同步机制，如互斥锁和信号量等。

4. 管道（pipe）

管道分为无名管道（pipe）及有名管道（fifo），是 Linux 中很重要的一种通信方式，它可以把一个程序的输出直接连接到另一个程序的输入。常说的管道多是指无名管道，无名管道只能用于具有亲缘关系的进程之间，这是它与有名管道的最大区别。有名管道叫 named pipe 或者 FIFO（先进先出），可以用函数 mkfifo( ) 创建。

5. 消息队列（message queue）

IPC（Inter-Process Communication）是指多个进程之间相互通信，交换信息的方法。System V 是 UNIX 操作系统最早的商业发行版，由 AT&T（American Telephone & Telegraph）开发。POSIX 消息队列是 POSIX 标准在 2001 年定义的一种 IPC 机制。

消息队列是消息的链接表，包括 POSIX 消息队列和 System V 消息队列。它克服了前两种通信方式中信息量有限的缺点。具有写权限的进程可以按照一定的规则向消息队列中添加新消息；对消息队列有读权限的进程则可以从消息队列中读取消息。

 小白成长之路：POSIX 与 System V 中的消息队列相比有如下差异

1）更简单的基于文件的应用接口。Linux 通过 mqueue 的特殊文件系统来实现消息队列，队列名跟文件名类似，必须以/开头，每个消息队列在文件系统内都有一个对应的索引节点，返回的队列描述符实际是一个文件描述符。

2）完全支持消息优先级。消息在队列中是按照优先级倒序排列的（即 0 表示优先级最低）。当一条消息被添加到队列中时，它会被放置在队列中具有相同优先级的所有消息之后。如果一个应用程序无须使用消息优先级，那么只需要将 msg_prio 指定为 0 即可。

3）完全支持消息到达的异步通知。当新消息到达且当前队列为空时会通知之前注册过表示接收通知的进程。在任何一个时刻都只有一个进程能够向一个特定的消息队列注册接收通知。如果一个消息队列上已经存在注册进程了，那么后续在该队列上的注册请求将会失败。可以给进程发送信号或者另起一个线程调用通知函数完成通知。当通知完成时，注册即被撤销，进程需要继续接收通知则必须重新注册。

4）用于阻塞发送与接收操作的超时机制，可以指定阻塞的最长时间，超时自动返回。

6. 套接字（Socket）

套接字是一种使用更广泛的进程间的通信机制，它可用于网络中不同主机之间的进程通信。套接字（Socket）是由 Berkeley 在 BSD 系统中引入的一种基于网络连接的 IPC，是对网络接口（硬件）和网络协议（软件）的抽象。它既解决了无名管道只能在相关进程间单向通信的问题，又解决了网络上不同主机之间无法通信的问题。

套接字有三个属性：域（domain）、类型（type）和协议（protocol）。对应于不同的域，套接字还有一个地址（address）来作为它的名字。域（domain）指定了套接字通信所用到的协议族，最常用的域是 AF_INET，代表网络套接字，底层协议是 IP。对于网络套接字，由于服务器端有可能会提供多种服务，客户端需要使用 IP 端口号来指定特定的服务。AF_UNIX 代表本地套接字，使用 UNIX/Linux 文件系统实现。

8.2.4 内存管理子系统

Linux 操作系统采用虚拟内存管理技术，使得每个进程都有各自互不干涉的进程地址空间。该空间是块大小为 4G 的线性虚拟空间，用户所看到和接触到的都是该虚拟地址，无法看到实际的物理内存地址。利用这种虚拟地址不但能起到保护操作系统的效果（用户不能直接访问物理内存），而且更重要的是，用户程序可使用比实际物理内存更大的地址空间。

1. 进程内存空间

4G 的进程地址空间被人为分为两个部分——用户空间与内核空间。用户空间从 0 到 3G（0xC0000000），内核空间占据 3G 到 4G。用户进程通常情况下只能访问用户空间的虚拟地址，不能访问内核空间虚拟地址。只有用户进程进行系统调用（代表用户进程在内核态执行）等时刻可以访问到内核空间。

用户空间对应进程，所以每当进程切换，用户空间就会跟着变化；而内核空间是由内核负责映射，它并不会跟着进程改变，是固定的。内核空间地址有自己对应的页表（init_mm. pgd），用户进程各自有不同的页表。

2. 进程内存管理

进程内存管理的对象是进程线性地址空间上的内存镜像，这些内存镜像其实就是进程使用的虚拟内存区域（memory region）。进程虚拟空间是个 32 或 64 位的"平坦"（独立的连续区间）地址空间（空间的具体大小取决于体系结构）。要统一管理这么大的平坦空间绝非易事，为了方便管理，虚拟空间被划分为许多大小可变的（但必须是 4096 的倍数）内存区域，这些区域在进程线性地址中像停车位一样有序排列。这些区域的划分原则是"将访问属性一致的地址空间存放在一起"，所谓访问属性在这里指的是可读、可写、可执行等。

3. 进程内存的分配与回收

创建进程 fork( )、程序载入 execve( )、映射文件 mmap( )、动态内存分配 malloc( )/brk( )等进程相关操作都需要分配内存给进程。不过这时进程申请和获得的还不是实际内存，而是虚拟内存，准确地说是"内存区域"。进程对内存区域的分配最终都会归结到 do_mmap( )函数上来，brk 调用被单独以系统调用实现，不用 do_mmap( )。

内核使用 do_mmap( )函数创建一个新的线性地址区间。但是说该函数创建了一个新 VMA 并不完全准确，因为如果创建的地址区间和一个已经存在的地址区间相邻，并且它们具有相同的访问权限的话，那么两个区间将合并为一个。如果不能合并，那么就确实需要创建一个新的 VMA 了。但无论哪种情况，do_mmap()函数都会将一个地址区间加入到进程的地址空间中，无论是扩展已存在的内存区域还是创建一个新的区域。同样，释放一个内存区域应使用函数 do_ummap()，它会销毁对应的内存区域。

8.2.5　设备驱动子系统

设备驱动包含三种，分别是字符设备（以字节为单位读写的设备）、块设备（以块为单位（效率最高）读写的设备）以及网络设备（用于网络通信的设备）。

1. 字符设备

字符（char）设备是个能够像字节流（类似文件）一样被访问的设备，由字符设备驱动程序来实现这种特性。字符设备驱动程序通常至少要实现 open、close、read 和 write 的系统调用。字符终端（/dev/console）和串口（/dev/ttyS0 以及类似设备）就是两个字符设备，它们能很好地说明"流"这种抽象概念。字符设备可以通过 FS 节点来访问，比如/dev/tty1 和/dev/lp0 等。这些设备文件和普通文件之间的唯一差别在于对普通文件的访问可以前后移动访问位置，而大多数字符设备是一个只能顺序访问的数据通道。然而，也存在具有数据区特性的字符设备，访问它们时可前后移动访问位置。例如 framebuffer 就是这样的一个设备，app 可以用 mmap 或 lseek 访问抓取的整个图像。

2. 块设备

和字符设备类似，块设备也通过/dev 目录下的文件系统节点访问。块设备（例如磁盘）上能够容纳 filesystem。在大多数的 UNIX 系统中，进行 I/O 操作时块设备每次只能传输一个或多个完整的块，而每块包含 512 字节（或 2 的更高次幂字节的数据）。Linux 可以让 app 像字符设备一样地读写块设备，允许一次传递任意多字节的数据。因此，块设备和字符设备的区别仅仅在于内核内部管理数据的方式，也就是内核及驱动程序之间的软件接口，而这些不同对用户来讲是透明的。在内核中，和字符驱动程序相比，块驱动程序具有完全不同的接口。

3. 网络设备

Linux 内核设备驱动子系统中最为重要的是网络接口驱动，因为网络接口提供了对各种网络标准的实现和各种网络硬件的支持。网络接口一般分为网络协议和网络驱动程序。网络协议部分负责实现每一种可能的网络传输协议。网络设备驱动程序则主要负责与硬件设备进行通信，每一种可能的网络硬件设备都有相应的设备驱动程序。

对于 Linux 内核的子系统首先要有一个总体理解，对于每一个子系统在入门阶段不需要对其深入了解，先有一个整体的概念。因为这里每一个子系统深入讲解起来至少需要几本书的相互配合能够讲解透彻，但是对于刚入门的 Linux 嵌入式系统开发者来说，关注更多的是实际运用，对其理论先了解，在使用的过程中慢慢地积累最后掌握其工作原理。没有谁能一蹴而就，学习是循序渐进的，急功近利往往容易适得其反。

8.3　Linux 内核的配置和编译

Linux 内核知识体系非常庞大，本书是以项目为驱动，因此这里对理论不做过多的讲解。这一小节直接讲解 Linux 内核配置和编译的实际操作，为后面的内核移植做前期铺垫。

8.3.1 选择正确的 Linux 内核

Linux 是一个开源的操作系统,对于移植 Linux 内核,首先要获取内核的源代码。但是源代码版本那么多,该如何选择呢?是选择最新版本的 Linux 内核,还是选择最小版本的内核?读者带着这些疑问来继续下面的学习。

Linux 内核的版本号由 3 个部分组成,这 3 个部分都是用数字表示,例如 Linux a. b. c。其中 a 表示主版本号;b 表示次版本号,并且为偶数时说明当前 Linux 内核为稳定版,为奇数时说明当前 Linux 内核为开发版;c 表示修订的版本号。我们可以登录 Linux 内核的维护官网查看 Linux 内核的版本,网址为 https://www.kernel.org/,如图 8-9 所示。

项目选用恩智浦(NXP)的 IMX6ULL 芯片方案,因此在入门移植 Linux 内核时需要从恩智浦(NXP)官方网站下载对应的 Linux 内核文件,NXP 的 BSP 以及中间件的下载网址为 https://www.nxp.com.cn/design/soft-

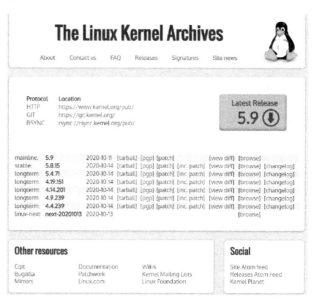

图 8-9 Linux 内核版本

ware/embedded-software/i-mxsoftware/embedded-Linux-for-i-mx-applications-processors:IMXLINUX?tab = Design_Tools_Tab。选用的芯片型号为 MCIMX6Y2CVM05AB(该芯片型号属于 iMX6ULL 系列),该芯片官方宣称 800MHz 的主频,如图 8-10 所示。

图 8-10 下载 iMX6ULL@ 800MHz 的 BSP 包

下载完成后，解压文件就能够得到 NXP 官方提供的 Linux 内核镜像，该内核镜像支持 MCIMX6ULL-EVK 开发套件，同样也支持当前的开发板，因为该开发板参考了 MCIMX6ULL-EVK 开发套件。

NXP 会从 https：//www. kernel. org/内核官网下载一个稳定的内核版本，然后添加自己的芯片驱动程序，测试成功以后就会将其开放给 NXP 的 CPU 开发者。我们从开源社区获取到了 NXP 提供的 Linux 内核源代码，源代码通过 FTP 复制到虚拟机的 Ubuntu 系统下，如图 8-11 所示。

图 8-11　NXP 的官方 Linux 内核

8.3.2　编译 Linux 内核

拿到 Linux 内核源代码以后先来体验一下如何编译 Linux 内核，内核的编译工作要先修改顶层 Makefile 的交叉编译工具链的配置。交叉编译工具链的修改命令如下。

```
ARCH? = arm
CROSS_COMPILE? =arm-linux-gnueabihf-
```

完成交叉编译工具链修改以后，需要配置 Linux 内核，配置 Linux 内核的命令如下。

```
makeimx_v7_mfg_defconfig
```

使用虚拟机下的 Ubuntu 系统作为编译内核的宿主计算机，因此使用编译命令时要先确定自己 Ubuntu 系统所拥有的 CPU 内核数。通常情况下，系统所拥有的 CPU 内核数越多，编译内核所用的时间越少，如图 8-12 所示。

图 8-12　宿主计算机系统拥有 4 个 CPU 内核

157

内核配置完成后就可以使用 make -j4 命令进行编译，但是在对 Linux 内核编译前，需要在宿主计算机中安装 lzop 依赖库，安装命令为：sudo apt-get install lzop。安装完成后就可以编译 NXP 提供的 Linux 内核，编译内核结果如图 8-13 所示。

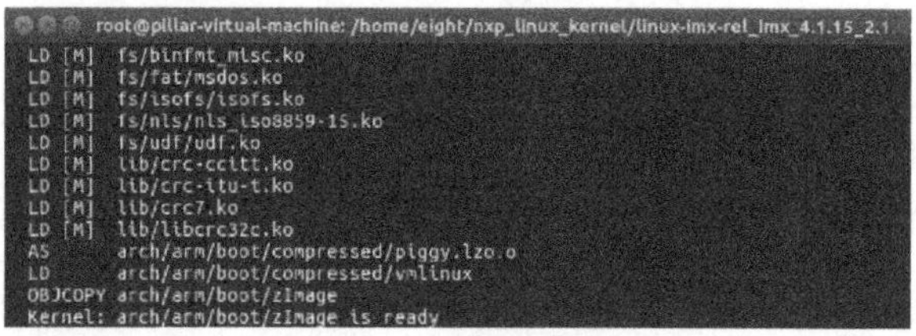

图 8-13　内核编译结果

内核编译成功后会在 arch/arm/boot 目录生成一个 zImage 文件，这个就是内核的镜像文件。

8.3.3　查看 Linux 内核的目录结构

内核编译完成以后，使用 ls 命令查看编译后的文件目录结构，如图 8-14 所示。

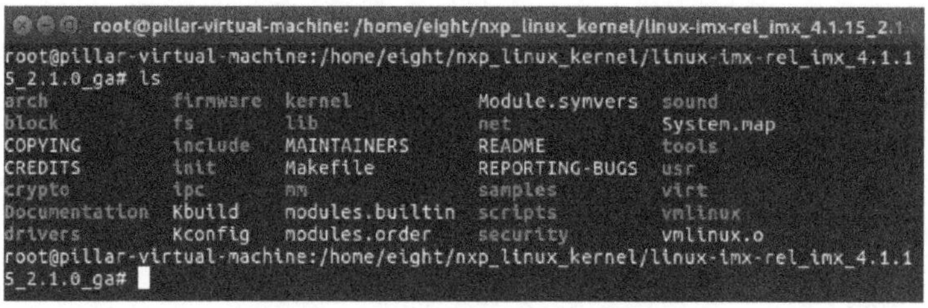

图 8-14　内核编译后的目录结构

Linux 内核目录结构和 U-boot 的目录结构很相似，Linux 内核的目录结构分为目录部分和文件部分。Linux 内核源代码中目录功能描述，如表 8-1 所示。

表 8-1　Linux 内核的目录功能描述

目　录　名	功　能　描　述	备注（重要等级）
arch	架构相关目录	★★★★★
block	块设备相关目录	★★★★
crypto	加密相关目录	★
Documentation	文档相关目录	★
drivers	驱动相关目录	★★★★
firmware	固件相关目录	★★
fs	文件系统相关目录	★★★★★
include	头文件相关目录	★★★
init	初始化相关目录	★★★
ipc	进程间通信相关目录	★★★
kernel	内核相关目录	★★★★★

（续）

目 录 名	功 能 描 述	备注（重要等级）
lib	库相关目录	★★
mm	内存管理相关目录	★★★
net	网络相关目录	★★★★
samples	例程相关目录	★
scripts	脚本相关目录	★
security	安全相关目录	★
sound	音频处理相关目录	★★
tools	工具相关目录	★★
usr	与 initramfs 相关的目录，用于生成 initramfs	★★
virt	提供虚拟机技术（KVM）	★★★

Linux 内核源代码目录除了目录部分，另一部分为文件类型，如表 8-2 所示。

表 8-2　Linux 内核的文件功能描述

文 件 名	功 能 描 述	备注（重要等级）
COPYING	版权声明	★★
CREDITS	Linux 贡献者	★★
Kbuild	Makefile 会读取此文件	★★
Kconfig	图形化配置界面的配置文件	★★
MAINTAINERS	维护者名单	★★
Makefile	Linux 内核顶层 Makefile	★★★★★
modules. builtin	构建 kernel 的 module，由 modprobe 访问	★★
modules. order	记录了 kernel build ko 的顺序	★★
Module. symvers	模块相关的文件	★★
README	帮助文档	★★
REPORTING_BUGS	BUG 的报告相关文件	★★
System. map	文件符合表	★★
vmLinux	编译出来的最原始的内核文件，未压缩。	★★
vmLinux. o	vmLinux. o 是生成 vmLinux 的依赖之一	★★

8.3.4　Linux 内核的 GUI 界面

Linux 可以使用 make menuconfig 命令配置 Linux 的 GUI 界面，Linux 的 GUI 界面配置和
U-boot 是一样的，这里不需要做任何的配置，直接按两下 ESC 键就能退出。对 Linux 图形界
面感兴趣的读者可以拓展一下，这里不深入讲解。Linux 的图形界面如图 8-15 所示。

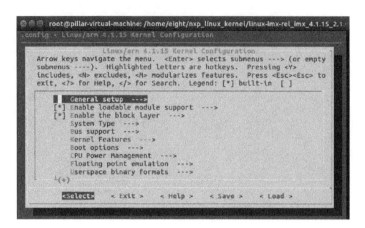

图 8-15　Linux 的图形化界面

8.3.5　Linux 内核的镜像与 Makefile

Linux 内核的顶层 Makefile 要比 U-boot 的 Makefile 更为复杂，但是前 600 行的代码结构差不多，这里简要分析一下 Linux 内核的 Makefile 生成镜像文件的基本流程，先了解一下 Linux 内核的镜像文件。

1. Linux 的内核镜像文件

Linux 内核的镜像文件存在多种格式，常见的有 vmLinux、vmLinux.bin、vmlinuz、Image、zImage、bzImage 以及 uImage。

- vmLinux 是编译 Linux 内核直接生成的原始镜像文件，该镜像文件是未经过任何压缩处理的，是由静态链接之后生成的可执行文件，但是一般不作为最终的镜像使用，不能直接使用 U-boot 启动。该镜像用于生成 vmlinuz，可以 debug 的时候使用。

- vmLinux.bin：与 vmLinux 相同，但采用可启动的原始二进制文件格式。丢弃所有符号和重定位信息，通过 objcopy -O binary vmLinux vmLinux.bin 从 vmLinux 生成。

- vmlinuz：由 vmLinux 经过 gzip（也可以是 bzip）压缩而来，同时在 vmLinux 的基础上进一步添加了启动和解压缩代码，是可以引导 boot 启动内核的最终镜像。vmlinuz 通常被放置在/boot 目录，/boot 目录下存放的是系统引导需要的文件，同时 vmlinuz 文件解压出的 vmLinux 是不带符号表的目标文件，所以一般/boot 目录下会带一个符号表 System.map 文件。

- Image 是 Linux 内核镜像文件，但是 Image 仅包含可执行的二进制数据。Image 就是使用 objcopy 取消掉 vmLinux 中的一些其他信息，比如符号表。但是 Image 是没有压缩过的，它保存在 arch/arm/boot 目录下，其大小大概在 12MB 左右。

- zImage：这是小内核的旧格式，由指令 make zImage 生成，仅适用于小内存的 Linux kernel 文件。zImage 是经过 gzip 压缩后的 Image，经过压缩以后其大小大概在 6MB 左右。

- uImage 是老版本 U-boot 专用的镜像文件，uImage 是在 zImage 前面加了一个长度为 64 字节的"头"，这个头信息描述了该镜像文件的类型、加载位置、生成时间、大小等信息。

- bzImage：big zImage，需要注意的是这个 bz 与 bzip 没有任何关系，适用于更大的 Linux kernel 文件。现代处理器的 Linux 镜像都是生成 bzImage 文件。同时，vmlinuz 和 bzImage 是同一类型的文件，一般情况下它和 vmlinuz 是同一个东西。

2. Linux 内核 Makefile 的组成部分

关于 Linux 内核的 Makefile 的组成部分，这里讲述的是经典 Linux 内核 2.6 及以后的版本，与在此版本之前 Makefile 组成部分有些区别。Linux 内核的 Makefile 文件通常由 5 个部分组成，分别是顶层 Makefile、内核配置文件、具体架构的 Makefile、通用的规则，以及面向所有的 Kbuild Makefiles、内核构建文件的 Makefile。

对于内核配置文件，顶层 Makefile 阅读的是 .config 文件，而该文件是由内核配置程序生成的。顶层 Makefile 负责制作 vmLinux（内核文件）与模块（任何模块文件）。制作的过程主要是通过递归向下访问子目录的形式完成，并根据内核配置文件确定访问哪些子目录。顶层 Makefile 要原封不动地包含具体架构的 Makefile，其名字类似于 arch/ $ （ARCH）/ Makefile。Makefile 向顶层 Makefile 提供其架构的特别信息。每一个子目录都有一个 Kbuild Makefile 文件，用来执行从其上层目录传递下来的命令。Kbuild Makefile 从 .config 文件中提取信息，生成 Kbuild 完成内核编译所需的文件列表。通用规则包含了所有的定义、规则等信息，这些文件被用来编译基于 Kbuild Makefile 的内核。

8.4 Linux 内核的启动过程

Linux 内核的启动流程要比 U-boot 复杂得多，涉及的内容也更多。Linux 内核的启动也分为两个阶段，阶段一主要是完成和平台架构相关的一些寄存器的配置，这一阶段主要是采用汇编代码进行编写，因此阶段一也称为汇编阶段。阶段二主要是负责内核的初始化相关工作，这个阶段主要调用的是 start_kernel 函数、rest_init 函数以及创建 init 进程。阶段二里的函数主要采用 C 语言编写，因此阶段二也被称为 C 语言阶段。

1. Linux 内核自解压过程

在 U-boot 完成系统引导将 Linux 内核加载到内存之后，调用 do_bootm_Linux()，这个函数将跳转到 kernel 的起始位置。如果 kernel 没有被压缩，就可以启动了；如果 kernel 被压缩过，则要进行解压，在压缩过的 kernel 头部有解压程序。压缩过的 kernel 入口第一个文件源代码位置在 arch/arm/boot/compressed/head. S，它将调用函数 decompress_kernel()。这个函数在文件 arch/arm/boot/compressed/misc. c 中，decompress_kernel() 又调用 arch_decomp _setup() 进行设置，然后调用 gunzip() 将内核放于指定的位置。

2. Linux 内核启动阶段一

当 Linux 内核自解压完成后，开始执行内核代码。内核的入口函数由链接脚本 vm-Linux. lds 决定，需要编译内核源代码，才会生成脚本文件。首先分析 Linux 内核的链接脚本文件，文件路径为 arch/arm/kernel/vmLinux. lds，通过链接脚本可以找到 Linux 内核的第一行程序是从哪里开始执行的。vmLinux. lds 文件部分代码如图 8-16 所示。

从图 8-16vmLinux. lds 的 492 行代码中能看出，ENTRY 指明了 Linux 内核入口，入口为 stExtstExt，定义在文件 arch/arm/kernel/head. S 中。因此要分析 Linux 内核的启动流程，就得先从文件 arch/arm/kernel/head. S 的 stExt 处开始分析。

再次进入 arch/arm/kernel 目录下，找到 head. S 文件，打开文件。head. S 文件主要内容就是关闭 MMU、关闭 D-cache、忽略 I-cache 以及设置 r0 = 0、r1 = machine nr（机器 ID 号）、r2 = atags 或者设备树（dts）首地址，如图 8-17 所示。

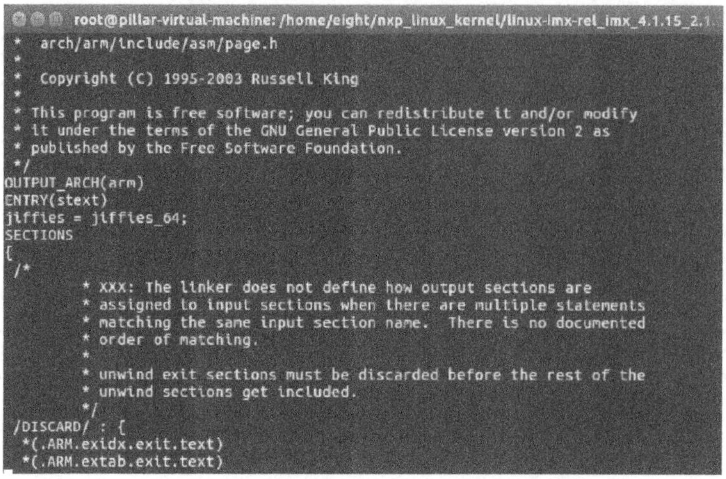

```
root@pillar-virtual-machine: /home/eight/nxp_linux_kernel/linux-imx-rel_imx_4.1.15_2.1
 *  arch/arm/include/asm/page.h
 *
 *  Copyright (C) 1995-2003 Russell King
 *
 * This program is free software; you can redistribute it and/or modify
 * it under the terms of the GNU General Public License version 2 as
 * published by the Free Software Foundation.
 */
OUTPUT_ARCH(arm)
ENTRY(stext)
jiffies = jiffies_64;
SECTIONS
{
 /*
        * XXX: The linker does not define how output sections are
        * assigned to input sections when there are multiple statements
        * matching the same input section name.  There is no documented
        * order of matching.
        *
        * unwind exit sections must be discarded before the rest of the
        * unwind sections get included.
        */
 /DISCARD/ : {
  *(.ARM.exidx.exit.text)
  *(.ARM.extab.exit.text)
```

图 8-16　vmLinux. lds 文件部分代码

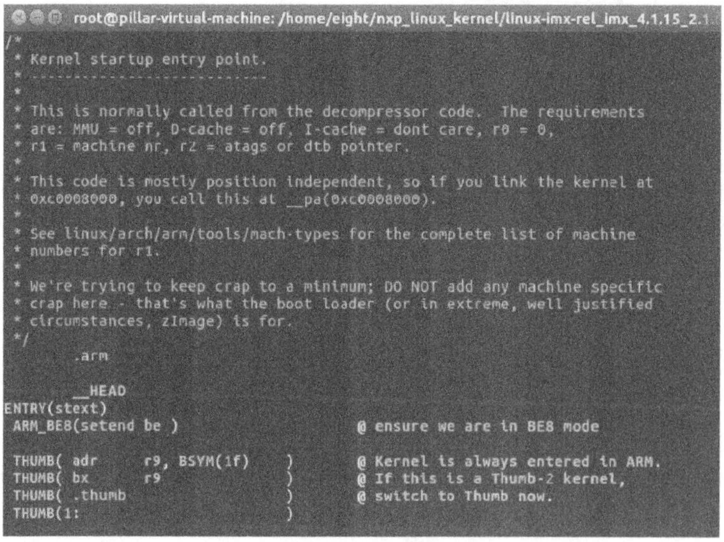

```
root@pillar-virtual-machine: /home/eight/nxp_linux_kernel/linux-imx-rel_imx_4.1.15_2.1
/*
 * Kernel startup entry point.
 * ---------------------------
 *
 * This is normally called from the decompressor code.  The requirements
 * are: MMU = off, D-cache = off, I-cache = dont care, r0 = 0,
 * r1 = machine nr, r2 = atags or dtb pointer.
 *
 * This code is mostly position independent, so if you link the kernel at
 * 0xc0008000, you call this at __pa(0xc0008000).
 *
 * See linux/arch/arm/tools/mach-types for the complete list of machine
 * numbers for r1.
 *
 * We're trying to keep crap to a minimum; DO NOT add any machine specific
 * crap here - that's what the boot loader (or in extreme, well justified
 * circumstances, zImage) is for.
 */
        .arm

        __HEAD
ENTRY(stext)
 ARM_BE8(setend be )                    @ ensure we are in BE8 mode

 THUMB( adr     r9, BSYM(1f)    )       @ Kernel is always entered in ARM.
 THUMB( bx      r9              )       @ If this is a Thumb-2 kernel,
 THUMB( .thumb                  )       @ switch to Thumb now.
 THUMB(1:                       )
```

图 8-17　head. S 的注解代码

Linux 内核的入口点 stExt 其实相当于内核的入口函数，图 8-18 代码中第 92 行，调用函数 safe_svcmode_maskall 确保 CPU 处于 SVC 模式，并且关闭了所有的中断。safe_svcmode_maskall 定义在文件 arch/arm/include/asm/assembler. h 中。第 94 行，读处理器 ID，ID 值保存在 r9 寄存器中。第 95 行，调用函数_lookup_processor_type 检查当前系统是否支持此 CPU，如果支持的就获取 procinfo 信息。

procinfo 信息是 proc_info_list 类型的结构体，该结构的定义在 procinfo. h 文件中，该文件的路径为 arch/arm/include/asm/procinfo. h。其中 proc_info_list 类型的结构体的定义如下。

```
#ifdef CONFIG_ARM_VIRT_EXT
        bl      __hyp_stub_install
#endif
        @ ensure svc mode and all interrupts masked
        safe_svcmode_maskall r9

        mrc     p15, 0, r9, c0, c0      @ get processor id
        bl      __lookup_processor_type @ r5=procinfo r9=cpuid
        movs    r10, r5                 @ invalid processor (r5=0)?
 THUMB( it      eq )            @ force fixup-able long branch encoding
        beq     __error_p               @ yes, error 'p'

#ifdef CONFIG_ARM_LPAE
        mrc     p15, 0, r3, c0, c1, 4   @ read ID_MMFR0
        and     r3, r3, #0xf            @ extract VMSA support
        cmp     r3, #5                  @ long-descriptor translation ta
ble format?
 THUMB( it      lo )                    @ force fixup-able long branch e
ncoding
        blo     __error_lpae            @ only classic page table format
#endif
```

图 8-18　head. S 的部分代码

```
structproc_info_list
{
    unsigned intcpu_val;
    unsigned intcpu_mask;
    unsigned long _cpu_mm_mmu_flags;      /* used by head. S */
    unsigned long _cpu_io_mmu_flags;      /* used by head. S */
    unsigned long _cpu_flush;             /* used by head. S */
    const char * arch_name;
    const char * elf_name;
    unsigned intelf_hwcap;
    const char * cpu_name;
    struct processor * proc;
    struct cpu_tlb_fns * tlb;
    struct cpu_user_fns * user;
    struct cpu_cache_fns * cache;
};
```

Linux 内核将每种处理器都抽象为一个 proc_info_list 结构体，每种处理器都对应一个 procinfo。因此可以通过处理器 ID 来找到对应的 procinfo 结构，_lookup_processor_type 函数找到对应处理器的 procinfo 以后会将其保存到 r5 寄存器中。

在文件 head. S 的第 121 行，调用函数_vet_atags 验证 atags 或设备树（dtb）的合法性。函数_vet_atags 定义在文件 arch/arm/kernel/head-common. S 中。第 128 行，调用函数_create_page_tables 创建页表。第 137 行，将函数_mmap_switched 的地址保存到 r13 寄存器中。_mmap_switched 定义在 arch/arm/kernel/head-common. S 文件中，该函数最终会调用阶段二的 start_kernel 函数。_mmap_switched 函数如图 8-19 所示。

3. Linux 内核启动阶段二

start_kernel 函数是阶段二的开始标志，它主要是通过调用众多的子函数来完成 Linux 启动之前的一些初始化工作，由于 start_kernel 函数里面调用的子函数太多，而这些子函数比较复杂，阅读起来很生涩，因此对 start_kernel 函数列了一个子函数功能表，对于会涉及的函数做一个注解，如表 8-3 所示。

```
root@pillar-virtual-machine: /home/eight/nxp_linux_kernel/linux-imx-rel_imx_4.1.15_2.1
__mmap_switched:
        adr     r3, __mmap_switched_data

        ldmia   r3!, {r4, r5, r6, r7}
        cmp     r4, r5                          @ Copy data segment if needed
1:      cmpne   r5, r6
        ldrne   fp, [r4], #4
        strne   fp, [r5], #4
        bne     1b

        mov     fp, #0                          @ Clear BSS (and zero fp)
1:      cmp     r6, r7
        strcc   fp, [r6],#4
        bcc     1b

 ARM(   ldmia   r3, {r4, r5, r6, r7, sp})
 THUMB( ldmia   r3, {r4, r5, r6, r7}    )
 THUMB( ldr     sp, [r3, #16]           )
        str     r9, [r4]                        @ Save processor ID
        str     r1, [r5]                        @ Save machine type
        str     r2, [r6]                        @ Save atags pointer
        cmp     r7, #0
        strne   r0, [r7]                        @ Save control register values
        b       start_kernel
ENDPROC(__mmap_switched)
```

图 8-19　_mmap_switched 函数

表 8-3　start_kernel 函数包含的子函数

函　数　名	函 数 功 能
lockdep_init( )	lockdep 是死锁检测模块，此函数会初始化
smp_setup_processor_id( )	跟 SMP 有关（多核处理器），设置处理器 ID
boot_init_stack_canary( )	栈溢出检测初始化
cgroup_init_early( )	cgroup 初始化，cgroup 用于控制 Linux 系统资源
local_irq_disable( )	关闭当前 CPU 中断
boot_cpu_init( )	跟 CPU 有关的初始化
page_address_init( )	页地址相关的初始化
pr_notice （"%s"，Linux_banner）	打印 Linux 版本号、编译时间等信息
setup_arch （&command_line）	架构相关的初始化
mm_init_cpumask （&init_mm）	内存相关的初始化
setup_command_line （command_line）	与命令行相关
setup_nr_cpu_ids( )	此函数用于获取 CPU 内核数量
setup_per_cpu_areas( )	在 SMP 系统中有用设置每个 CPU 的 per-cpu 数据
build_all_zonelists （NULL，NULL）	建立系统内存页区（zone）链表
page_alloc_init( )	处理用于热插拔 CPU 的页
parse_early_param( )	解析命令行中的 console 参数
setup_log_buf （0）	设置 log 使用的缓冲区
pidhash_init( )	构建 PID 哈希表

（续）

函　数　名	函　数　功　能
vfs_caches_init_early( )	预先初始化 vfs（虚拟文件系统）的目录
sort_main_Extable( )	定义内核异常列表
trap_init( )	完成对系统保留中断向量的初始化
mm_init( )	内存管理初始化
sched_init( )	初始化调度器
preempt_disable( )	关闭优先级抢占
idr_init_cache( )	IDR 初始化
rcu_init( )	初始化 RCU
trace_init( )	跟踪调试相关初始化
radix_tree_init( )	基数树相关数据结构初始化
early_irq_init( )	初始中断相关初始化
init_IRQ( )	中断初始化
tick_init( )	tick 初始化
init_timers( )	初始化定时器
hrtimers_init( )	初始化高精度定时器
softirq_init( )	软中断初始化
time_init( )	初始化系统时间
local_irq_enable( )	使能中断
kmem_cache_init_late( )	slab 初始化，slab 是 Linux 内存分配器
console_init( )	初始化控制台
locking_selftest( )	锁自测
kmemleak_init( )	kmemleak 初始化，kmemleak 用于检查内存泄漏
pidmap_init( )	PID 位图初始化
cred_init( )	为对象赋予资格（凭证）
fork_init( )	初始化一些结构体以使用 fork 函数
proc_caches_init( )	给各种资源管理结构分配缓存
buffer_init( )	初始化缓冲缓存
key_init( )	初始化密钥
security_init( )	安全相关初始化
vfs_caches_init（totalram_pages）	为 VFS 创建缓存
signals_init( )	初始化信号
page_writeback_init( )	页回写初始化
proc_root_init( )	注册并挂载 proc 文件系统
cpuset_init( )	初始化 cpuset
cgroup_init( )	初始化 cgroup
taskstats_init_early( )	进程状态初始化
check_bugs( )	检查写缓冲一致性
rest_init( )	启动内核

表 8-3 的子函数都是由 start_kernel 函数负责调用的。这里笔者不建议初学者对于每个子函数都深入了解，首先这会大大加重学习 Linux 的挫败感，其次如果想要完全看懂 Linux 内核源代码，除了不懈的努力和坚持以外还需要天赋，因为内核源代码真的很有难度和技巧。这里只是简单分析了 start_kernel 函数调用到的子函数，但是最后调用的子函数是 rest_init 函数。

rest_init 函数的功能主要有以下 5 个方面。第一，rest_init 中调用 kernel_thread 函数启动了两个内核进程，分别是：kernel_init 和 kthread。第二，调用 schedule 函数开启了内核的调度系统，从此 Linux 系统开始转起来了。第三，rest_init 最终调用 cpu_idle_loop 函数结束了整个内核的启动。也就是说 Linux 内核最终结束于一个函数 cpu_idle_loop，这个函数里面肯定是死循环。第四，简单来说，Linux 内核最终的状态是，有事干的时候去执行有意义的工作（执行各个进程任务），实在没活干的时候就去死循环（实际上死循环也可以看成是一个任务）。第五，之前已经启动了内核调度系统，调度系统会负责考评系统中所有的进程，这些进程里面只要有哪个需要被运行，调度系统就会终止 cpu_idle_loop 死循环进程（空闲进程）转而去执行有意义的干活的进程，这样操作系统就转起来了。rest_init 函数源代码如下。

```
static noinline void _init _refok rest_init (void)
{
    int pid;

    rcu_scheduler_starting();        //启动 RCU 锁调度器
    smpboot_thread_init();
    /*
    * We need to spawn init first so that it obtainspid 1, however
    * the init task will end up wanting to createkthreads, which,
    * if we schedule it before we createkthreadd, will OOPS.
    */
    //调用函数 kernel_thread 创建 kernel_init 线程
    kernel_thread (kernel_init, NULL, CLONE_FS);
    numa_default_policy();
    //调用函数 kernel_thread 创建 kthreadd 内核进程
    pid = kernel_thread (kthreadd, NULL, CLONE_FS | CLONE_FILES);
    rcu_read_lock();
    kthreadd_task = find_task_by_pid_ns (pid, &init_pid_ns);
    rcu_read_unlock();
    complete (&kthreadd_done);

    /*
    * The boot idle thread must execute schedule()
    * at least once to get things moving:
    */
```

```
init_idle_bootup_task (current);
schedule_preempt_disabled();
/* Call intocpu_idle with preempt disabled */
//最后调用函数 cpu_startup_entry 进入 idle 进程, cpu_startup_entry 会调用
//cpu_idle_loop, cpu_idle_loop 是个 while 循环, 也就是 idle 进程代码
cpu_startup_entry (CPUHP_ONLINE);
}
```

小白成长之路：idle 进程

idle 进程的 PID 为 0。idle 进程称为空闲进程，就和空闲任务一样，当 CPU 没有事情做的时候就在 idle 空闲进程里面 "瞎逛游"，反正就是给 CPU 找点事做。当其他进程要工作的时候就会抢占 idle 进程，从而夺取 CPU 使用权。其实大家应该可以看到 idle 进程并没有使用 kernel_thread 或者 fork 函数来创建，因为它是由主进程演变而来的。

rest_init 函数中调用函数 kernel_thread（kernel_init，NULL，CLONE_FS）产生 init 进程，关于 init 进程，在技术大牛访谈里再进行详细介绍，至此 Linux 内核的启动流程分析完毕。Linux 内核最终是需要和根文件系统打交道的，需要挂载根文件系统，并且执行根文件系统中的 init 程序，以此来进去用户态。关于文件系统在后续章节中再做介绍。

8.5 【案例实战】IMX6ULL 移植 Linux 内核

为了能够达到学以致用的目的，下面将 NXP 官方提供的 Linux 内核移植到第三方的 IMX6ULL 开发板上，读者可以通过下面的操作步骤来学习 Linux 内核的移植过程。

Step 1 新建一个 nxp_Linux_kernel 目录，将 NXP 官方提供的 Linux 内核通过 FTP 下载到该目录下并解压，如图 8-20 所示。

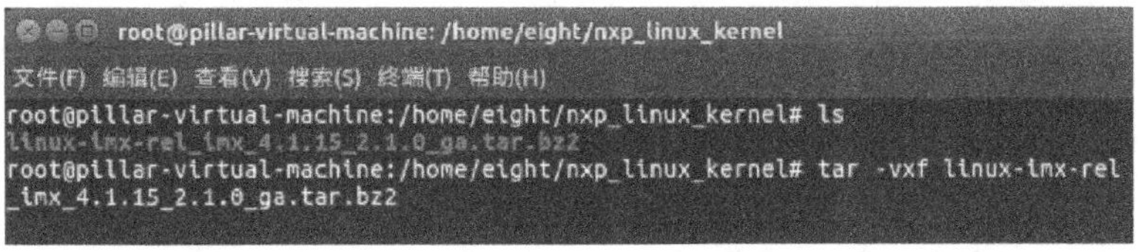

图 8-20　解压 Linux 内核文件

Step 2 打开 Linux-imx-rel_imx_4.1.15_2.1.0_ga 目录，浏览当前目录下的文件，并找到 Makefile 文件，如图 8-21 所示。

Step 3 打开上图的 Makefile 文件，修改交叉编译工具，如图 8-22 所示。

Step 4 初次编译 Linux 内核源代码，首先要清理一下工程文件，如图 8-23 所示。

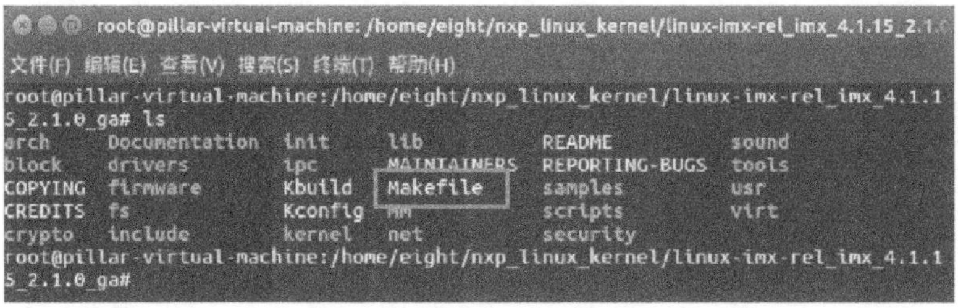

图 8-21　Linux 内核文件目录

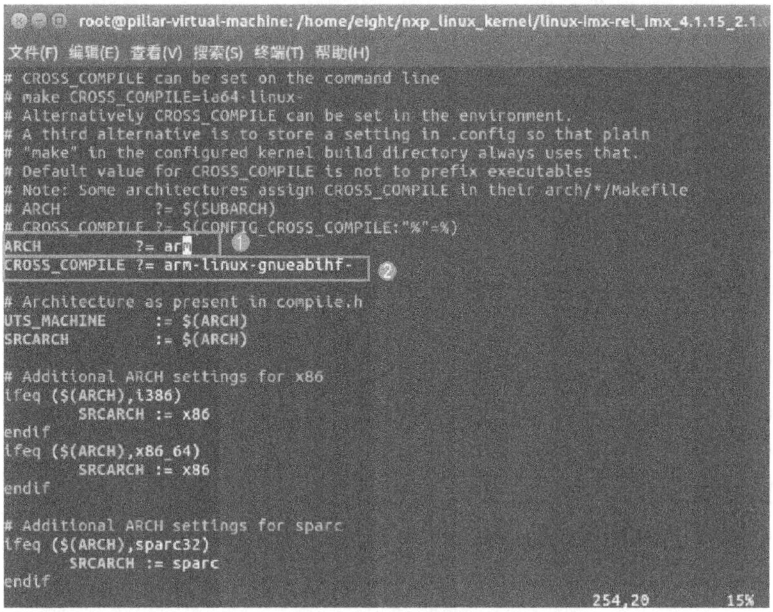

图 8-22　修改交叉编译工具

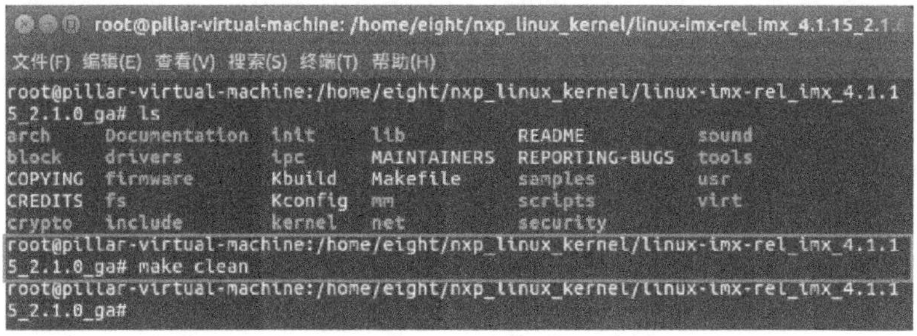

图 8-23　清理 Linux 内核源代码工程文件

Step 5 在编译 Linux 内核之前要先配置 Linux 内核。每个板子都有其对应的默认配置文件，这些默认配置文件保存在 arch/arm/configs 目录中，如图 8-24 所示。

Step 6 首次编译 Linux 内核前，需要给 Ubuntu 系统安装一个 lzop 库，如图 8-25 所示。

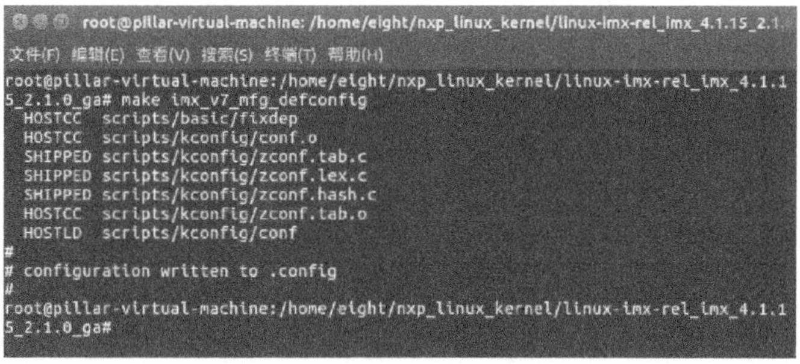

图 8-24　配置 Linux 内核

图 8-25　在线安装 lzop 库

Step 7 配置完成后，就可以编译了，但是编译时需要根据自己虚拟机分配的处理器内核数，这里分配给虚拟机两个处理核心。因此使用编译命令 make -j2 来编译 Linux 内核（内核编译时间会受分配的内核数、计算机配置等因素的影响），如图 8-26 所示。

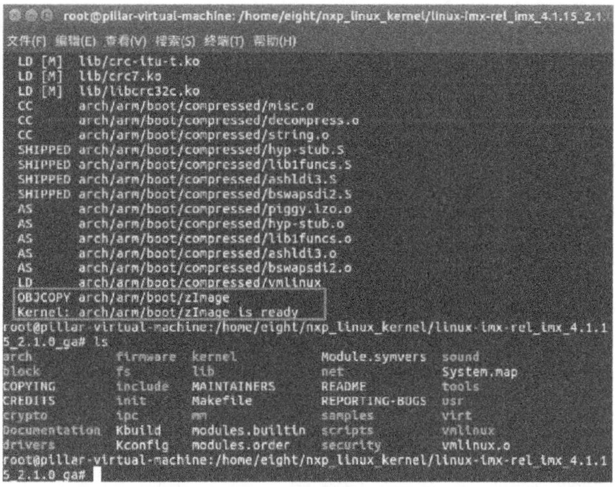

图 8-26　编译 Linux 内核

Step 8 使用正点原子提供的 Mfgtool，将 Linux 内核烧写到 EMMC 存储单元内，Mfgtool 的烧写过程如图 8-27 所示。

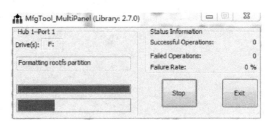

图 8-27　Mfgtool 烧写系统镜像过程

Step 9 烧写完成以后，使用串口打印日志，U-boot 正常引导内核启动，如图 8-28 所示。

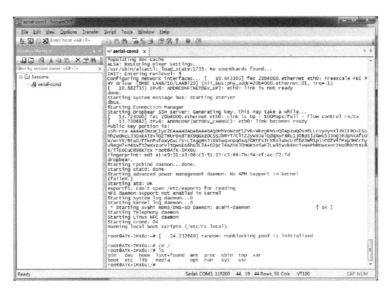

图 8-28　Linux 内核正常启动

8.6　要点巩固

本章作为 Linux 系统移植核心篇章节，重点是 Linux 的五大子系统和内核的配置编译以及 Linux 内核的启动流程。为了后续项目开发要求，本章也将 Linux 内核移植以实例的方式介绍给了读者。最后浅析了 Linux 内核的一号进程——init 进程。

1）内核结构。在 Linux 系统中，内核分为用户空间和内核空间，之所以这样设计是保证用户的应用程序不会因为失误导致内核的崩溃。其次就是对于 Linux 内核来说，它属于单内核结构。

2）Linux 内核子系统。Linux 内核中包含 5 个子系统，分别是进程管理子系统、内存管理子系统、虚拟文件系统、设备驱动子系统以及进程通信子系统。对每个子系统的功能和子系统之间如何配合，是大家在学习 Linux 内核时要掌握的理论知识。

3）内核的编译和配置。Linux 内核的编译要先配置内核的配置文件，其次是安装中间支持库，比如 lzop 库。为了更好地掌握 Linux 内核，对内核源代码的目录结构，以及内核的顶层 Makefile 文件也要熟悉。

4）Linux 内核的启动过程分为两个阶段。阶段一负责对平台架构相关的配置，主要为芯片的寄存器配置。阶段二重点是对内核的初始化，创建进程等工作。

5）Linux 内核的移植过程。在移植过程中要选择正确的内核版本，不然移植对入门读者来说非常艰巨，本章节的内核移植主要是使用 NXP 官方提供的 Linux 内核，移植到第三方的开发板上。

6）init 进程最关键的是要掌握 init 进程的由来，以及 init 进程的执行操作。

8.7　技术大牛访谈——浅析 init 进程

Linux 系统中大家熟知的有三个进程，分别是 idle 空闲进程（PID = 0）、init 1 号进程（PID = 1）、kthreadd（PID = 2）。空闲进程 idle 是由系统自动创建，空闲进程运行在内核态，idle 进程会调用 kernel_thread 创建 init 进程。idle 是唯一一个没有通过 fork 或者 kernel_thread 产生的进程。完成加载系统后，演变为进程调度、交换。

init 进程由 idle 通过 kernel_thread 创建，在内核空间完成初始化后，加载 init 程序，并最终工作在用户空间。它由 0 进程创建，完成系统的初始化，是系统中所有其他用户进程的祖先进程。Linux 中的所有进程都是由 init 进程创建并运行的。首先 Linux 内核启动，然后在用户空间中启动 init 进程，再启动其他系统进程。在系统启动完成后，init 将变为守护进程监视系统其他进程。

kthreadd 进程由 idle 通过 kernel_thread 创建，并始终运行在内核空间，负责所有内核线程的调度和管理。kernel_thread 会循环执行一个 kthread 的函数，该函数的作用就是运行 kthread_create_list 全局链表中维护的 kthread。当调用 kernel_thread，创建的内核线程会被加入到此链表中，因此所有的内核线程都是直接或者间接的以 kthreadd 为父进程。

可以使用 ps -ef 命令在终端中查看进程的信息，除了 0 号空闲进程看不到，其他所有进程的信息都能打印到终端上，如图 8-29 所示。

1 号 init 进程是由内核的空闲进程先调用 rest_init 函数，然后又由 rest_init 函数负责调用 kernel_init 函数，而 kernel_init 函数就是 init 进程具体做的工作，定义在文件 init/main. c 中。kernel_init 函数将完成设备驱动程序的初始化，并调用 init_post 函数启动用户空间的 init 进程。随后，1 号进程调用 do_execve 运行可执行程序 init，并演变成用户态 1 号进程，即 init 进程。

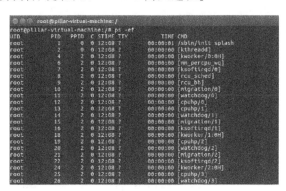

图 8-29　查看系统进程

第9章
构建嵌入式 Linux 根文件系统

Linux 系统移植的三巨头分别是 U-boot 的移植、内核的移植以及根文件系统的移植。U-boot 解决的是内核引导的问题，内核的工作是完成系统的内存管理、软件程序管理、硬件设备管理以及文件系统管理。根文件系统是内核启动后挂载的第一个文件系统，之所以在前面加一个"根"，说明它是加载其他文件系统的"根"，如果没有这个根，其他的文件系统也就没有办法进行加载。这一章节主要讲解如何制作根文件系统，以及如何将制作的根文件系统移植到自己的开发板上。

9.1 小白也要懂——Linux 系统中的文件系统

人们常说在 Linux 系统中一切皆文件，驱动是文件、通信是文件、目录是文件、链接也是文件。从操作系统的角度理解 Linux 文件需要划分系统层次、文件系统分类、文件系统的存储结构等。对于文件系统的概念，通常的释义为：文件系统是操作系统用于明确存储设备（常见的是磁盘，也有基于 NAND Flash 的固态硬盘）或分区上的文件的方法和数据结构，即在存储设备上组织文件的方法。操作系统中负责管理和存储文件信息的软件机构称为文件管理系统，简称文件系统。文件系统由 3 部分组成：文件系统的接口，对象操纵和管理的软件集合，对象及属性。从系统角度来看，文件系统是对文件存储设备的空间进行组织和分配，负责文件存储并对存入的文件进行保护和检索的系统。具体地说，它负责为用户建立文件，存入、读出、修改、转储文件，控制文件的存取，当用户不再使用时撤销文件等。

1. Linux 系统中的文件类型

Linux 系统中常用的文件系统类型主要有普通文件、目录文件、链接文件、设备文件以及管道文件。普通文件类型在 Linux 终端模式下一般为灰色或者白色字体，绿色字体为可执行文件，蓝色字为目录文件。但是除了使用颜色区分以外还可以使用特殊标记来区分。根据前面提到区分普通文件的方式，不难发现但凡是普通文件，权限属性第一个字符中都会标记-。

Linux 中的目录也是文件，目录文件中保存着该目录下其他文件的 inode 号和文件名等信息，目录文件中的每个数据项都是指向某个文件 inode 号的链接，删除文件名就等于删除与之对应的链接。目录文件的字体颜色是蓝色。

链接文件在前面章节有讲过，分为软链接文件（也称为符号链接文件）和硬链接文件。这两者的区别在于，硬链接文件相当于给原文件取了个别名，其实两者是同一个文件，删除二者中任何一个，另一个不会消失；对其中任何一个进行更改，另一个的内容也会随之改变，因为这两个本质上是同一个文件，只是名字不同。软链接相当于给原文件创建了一个快捷方式，如果删除原文件，则对应的软链接文件也会消失。

设备文件对于 Linux 系统来说往往是和驱动打交道的文件，比如键盘、鼠标、显示器等，这些直观的设备在 Linux 系统中也是以文件的方式存在着。设备文件一般分为三种：字符设备文件、块设备文件以及网络设备文件。

2. Linux 系统中常用的文件系统格式

在 Linux 系统中，每个分区都是一个文件系统，都有自己的目录结构。Linux 最重要的特征之一就是支持多种文件系统，这样使它更加灵活，并可以和许多其他种操作系统共存。Virtual File System（虚拟文件系统）使得 Linux 可以支持多个不同的文件系统。由于 VFS 系统已将 Linux 文件系统的所有细节进行了转换，虚拟文件系统是为 Linux 用户提供快速且高效的文件访问服务而设计的。

Linux 系统是不断完善的，从开始的 Ext1 扩展文件系统衍生到当前的 Ext4 格式的扩展文件系统足以证明这一点。作为早期的 Linux 文件系统，Ext1 于 1992 年 4 月发表，其特点在于它是 Linux 系统上第一个利用虚拟文件系统的。但是，由于其在稳定性、速度和兼容性上存在许多缺陷，现在已经很少使用了。Ext2 是为解决 Ext1 文件系统的缺陷而设计的可扩展的、高性能的文件系统，又被称为二级扩展文件系统。Ext3 是由开放资源社区开发的日志文件系统，被设计成 Ext2 的升级版本，尽可能方便用户从 Ext2 向 Ext3 迁移。Ext3 在 Ext2 的基础上加入了记录元数据的日志功能，努力保持向前和向后的兼容性，也就是在目前 Ext2 的格式之下再加上日志功能。除了与 Ext2 兼容之外，Ext3 还通过共享 Ext2 的元数据格式继承了 Ext2 的其他优点。Ext3 的缺点是，没有现代文件系统提高文件数据处理速度和解压的高性能。此外，使用 Ext3 文件系统要注意硬盘限额问题。Ext4 在功能上与 Ext3 在功能上非常相似，但支持大文件系统，提高了对碎片的抵抗力，有更高的性能以及更好的时间戳。Ext4 尽可能地向后兼容 Ext3。这不仅允许 Ext3 文件系统原地升级到 Ext4；也允许 Ext4 驱动程序以 Ext3 模式自动挂载 Ext3 文件系统，使它不用单独维护两个代码库。

VFS 是虚拟文件系统（Virtual File Systems）的英文的缩写，是一个内核软件层，在具体的文件系统之上抽象的一层，用来处理与 Posix 文件系统相关的所有调用，表现为能够给各种文件系统提供一个通用的接口，使上层的应用程序能够使用通用的接口访问不同文件系统，同时也为不同文件系统的通信提供了媒介。虚拟文件系统在系统中的调用关系如图 9-1 所示。

文件系统是操作系统中负责管理和存取文件信息的软件机构。它负责文件操作和管理程序模块所需的数据结构。文件系统的功能从用户角度来看主要是处理用户

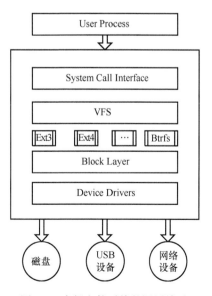

图 9-1　虚拟文件系统的调用关系

的创建、修改、删除、读写文件命令，但是对于操作系统来说，主要负责文件的存储，并对存入的文件进行保护、检索以及文件存储空间的组织和分配。

9.2　根文件系统概述

Linux 目录结构的最顶层是一个被称为/的根目录。系统加载 Linux 内核之后，就会挂载一个设备到根目录上。存在于这个设备中的文件系统被称为根文件系统。所有的系统命令、系统配置以及其他文件系统的挂载点都位于这个根文件系统中。根文件系统通常存放于内存和 Flash 中，或是基于网络的文件系统。根文件系统中存放了嵌入式系统使用的所有应用程序、库以及其他需要用到的服务。

1. 根文件系统的作用

根文件系统之所以在前面加一个"根"，说明它是加载其他文件系统的"根"，那么如果没有这个根，其他的文件系统也就没有办法进行加载的。展开来说就是，根文件系统的前提是一种文件系统，该文件系统不仅具有普通文件系统存储数据文件的功能，而且相对于普通的文件系统，它的特殊之处在于，它是内核启动时所挂载（mount）的第一个文件系统。内核代码的映像文件保存在根文件系统中，系统程序会在根文件系统挂载之后，把一些初始化脚本（如 rcS 文件）和服务加载到内存中去运行。我们要明白根文件系统和内核是完全独立的两个部分。在嵌入式系统中如果只把内核移植到开发板中，是没有办法真正启动 Linux 操作系统的，会出现无法加载文件系统的错误。

在上一章节移植 Linux 内核时，使用串口曾经打印出 Kernel panic - not syncing：VFS：Unable to mount root fs on unknown-block（0，0）。这个信息就是提示内核崩溃，因为 VFS（虚拟文件系统）不能挂载根文件系统，根文件系统目录不存在。即使根文件系统目录存在，如果根文件系统目录里面是空的依旧会提示内核崩溃。这个就是根文件系统缺失导致的内核崩溃，换句话说只有移植了根文件系统的 Linux 系统才可以正常运转。

2. 根文件系统的目录结构

根文件系统是内核启动后挂载的第一个文件系统，它包含各种库和应用程序，比如常用的 ls、mv、ifconfig 等命令，其实就是一个个小软件，只是这些软件没有图形界面，而且需要输入命令来运行。在构建根文件系统之前，先来看一下根文件系统里面大概都有些什么内容。以 Ubuntu 为例，根文件系统的目录名字为/，就是一个斜杠，所以输入如下命令就可以进入根目录中：cd/进入根目录，如图 9-2 所示。

图 9-2　Ubuntu 下的根文件目录

图 9-2 为 Ubuntu 发行版本下的根文件目录，其中有很多子目录和文件是嵌入式 Linux 用不到的，所以这里就讲解一些嵌入式系统常用的子目录。

dev 目录是 device 的缩写，此目录下的文件都是和设备有关的，都属于设备文件。因为在 Linux 系统中一切皆文件，硬件设备也是以文件形式存在的，比如/dev/ttymxc0 就表示开发板上的串口 0。如果想要通过串口 0 实现发送和接收数据，可以对/dev/ttymxc0 进行读写操作来完成。

usr 目录要注意，usr 不是 user 的缩写，而是 Unix Software Resource 的缩写，也就是 UNIX 操作系统软件资源目录。既然是软件资源目录，/usr 目录下也存放着很多软件，一般系统安装完成以后此目录占用的空间最多。

lib 目录是 library 的简称，也就是库的意思，此目录下存放着 Linux 所必需的库文件。这些库文件是共享库，命令和用户编写的应用程序会使用这些库文件。

mnt 目录为临时挂载目录，一般是空目录，可以在此目录下创建空的子目录，比如/mnt/sd、/mnt/usb，这样就可以将 SD 卡或者 U 盘挂载到/mnt/sd 或者/mnt/usb 目录中。

sys 目录为系统启动后 sysfs 文件系统的挂载点，sysfs 是一个类似于 proc 文件系统的特殊文件系统，也是基于 ram 的文件系统，也就是说它也没有实际的存储设备。此目录是系统设备管理的重要目录，此目录通过一定的组织结构向用户提供详细的内核数据和结构信息。

etc 目录下存放着各种配置文件，对于 Ubuntu 版本的 Linux 系统，/etc 目录下的文件和目录非常多。这些目录文件是可选的，它们依赖于系统中所拥有的应用程序，以及这些程序是否需要配置文件。

9.3　Busybox 安装与编译过程

对于如何构建嵌入式 Linux 系统的根文件系统，通常是借助于第三方的工具，这里使用的是 Busybox，Busybox 对于入门构建根文件系统来说是最好的一种选择，它属于一种轻量级的根文件系统构建工具。下面会介绍 Busybox 的基本内容以及安装和编译过程。

9.3.1　Busybox 简介

这里选用 Busybox 的原因是这个构建工具是轻量级的并且是开源的，它能够构建最简单、最原始的根文件系统，这有利于初学者入门学习，不需要掌握太多复杂的概念。Busybox 是一个集成了一百多个最常用 Linux 命令和工具的软件，甚至还集成了一个 http 服务器和一个 telnet 服务器，而所有这一切功能却只有区区 1M 左右的大小。用户平时用的那些 Linux 命令就好比是分立式的电子元件，而 Busybox 就好比是一个集成电路，把常用的工具和命令集成压缩在一个可执行文件里，功能基本不变，而大小却小很多倍。在嵌入式 Linux 应用中，Busybox 有非常广的应用。另外，大多数 Linux 发行版的安装程序中都有 Busybox 的身影，安装 Linux 的时候按 ctrl + alt + F2 组合键就能得到一个控制台，而这个控制台中的所有命令都是指向 Busybox 的链接。

读者可以访问 Busybox 的官网 https：//Busybox. net/来获取 Busybox 的项目资源。一般不建议选择最新的 Busybox 版本，图9-3 中的 Busybox 最新版本为 Busybox 1. 32. 0，其中官方对于最新版本为标记 unstable（不稳定版）。本次使用的版本为 Busybox 1. 29. 0，该版本的选择路径参考为 Get Busybox > > Download Source > > Busybox-1. 29. 0. tar. bz2，如图9-3 所示。

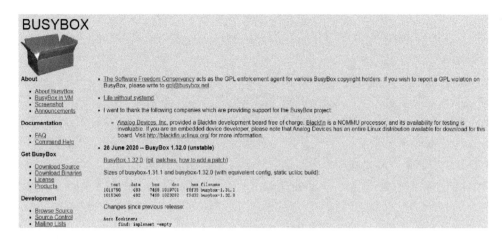

图 9-3　Busybox 的官网首页

9.3.2　Busybox 的安装与配置

首先将 Busybox 安装包通过 FTP 上传到 Ubuntu 的系统里，在 Ubuntu 系统中解压安装，如图 9-4 所示。

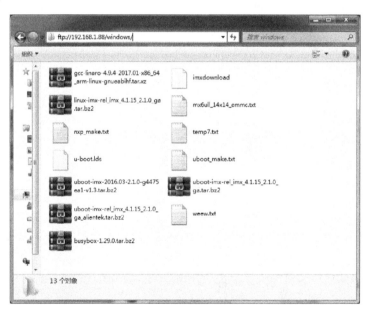

图 9-4　Busybox 安装包上传到 Ubuntu 系统中

其次需要使用网络文件系统 nfs，因此需要先将 Ubuntu 系统的 nfs 服务打开，启动命令为：sudo apt-get install nfs-kernel-server rpcbind。接着在/home/pillar 路径下创建一个目录 nfs，然后修改一下 nfs 的配置文件。使用命令 sudo vi /etc/exports 打开配置 nfs 命令的文件进行修改，如图 9-5 所示。

将 Busybox-1.29.0.tar.bz2 压缩包在 Ubuntu 系统的/home/nine/Busybox 下解压，生成 Busybox-1.29.0 目录，打开 Busybox-1.29.0 文件目录，目录内容如图 9-6 所示。

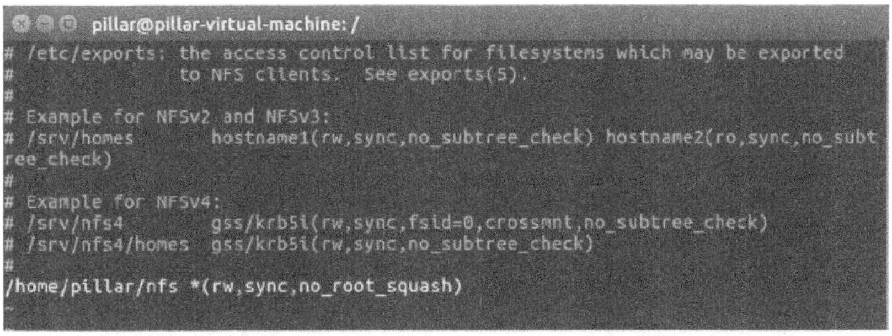

图 9-5　配置 Ubuntu 系统中的 nfs 服务

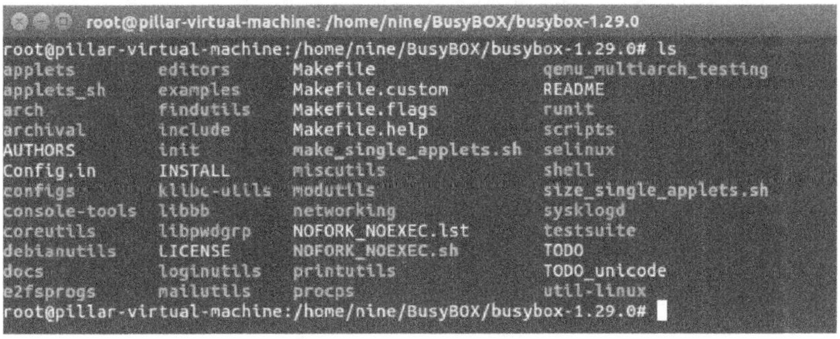

图 9-6　查看 Busybox-1.29.0 文件目录内容

完成对 Busybox 工具的安装，下面需要接着配置 Busybox。首先需要修改 Busybox 的交叉编译器，如图 9-7 所示。

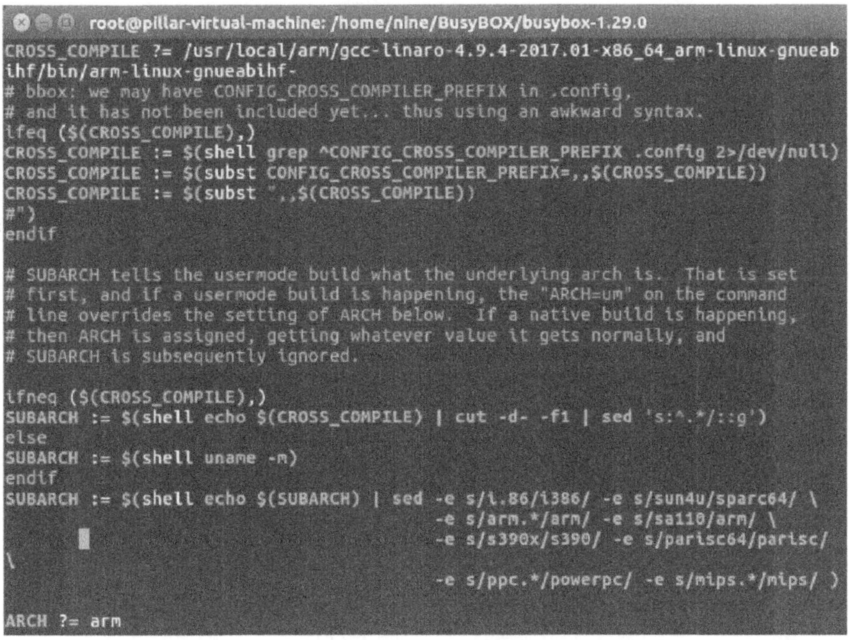

图 9-7　修改 Busybox 的交叉编译工具

最后需要对 Busybox 进行默认配置。当然 Busybox 除了默认配置以外，还有全选配置，也就是选中 Busybox 的所有功能以及最低配置。Busybox 的默认配置命令：make defconfig。默认配置完成后会生成 .config 文件，如图 9-8 所示。

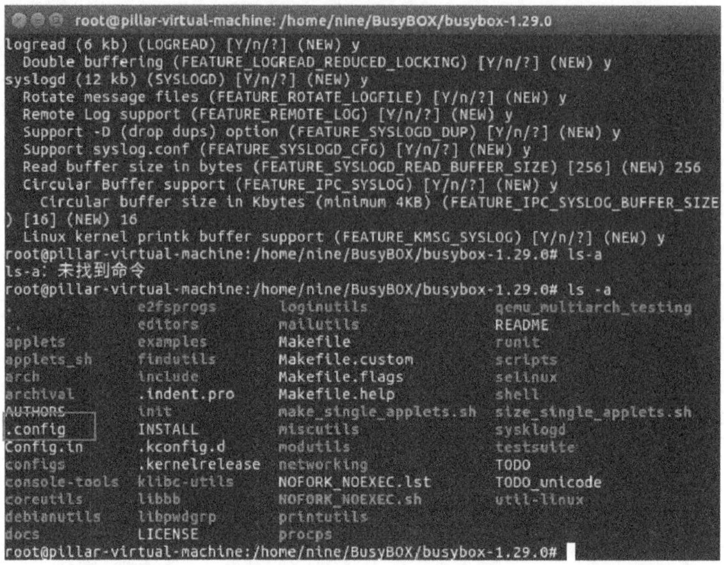

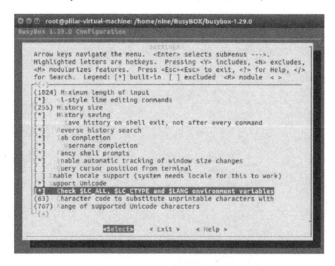

图 9-8　Busybox 默认配置

Busybox 进行默认配置以后，还需要配置特殊的几个参数。可以使用 Busybox 自带的图形化配置界面，比如使能 Busybox 的 unicode 编码以支持中文，如图 9-9 所示。

图 9-9　使能 Busybox 的 unicode 编码

9.3.3　Busybox 的编译

因为在路径/home/nine/Busybox/Busybox-1.29.0/目录下存放的是 Busybox 的工程源代码，因此在使用该工具制作根文件系统时最好指定一个新的目录，对这个新的目录可以命名为 rootfs，其所在路径为/home/pillar/nfs/rootfs。指定编译生成的根文件系统的命令为：make install CONFIG_PREFIX =/home/pillar/nfs/rootfs。最后编译过程如图 9-10 所示。

图 9-10　Busybox 的编译过程

编译完成以后 Busybox 的所有工具和文件就会被安装到 rootfs 目录中，可以查看/home/nine/Busybox/rootfs 的内容，如图 9-11 所示。

图 9-11　查看 rootfs 目录的文件内容

9.4　构建根文件系统

制作根文件系统时，把 Busybox 编译生成的 4 个文件作为根文件系统的基本目录文件，这时 Busybox 将必备的文件目录页建立了，初始化目录后，设备文件也建立了。但是，此时根文件系统还不健全，需要添加库文件以及其他的目录文件等。

9.4.1　需要的库文件

Linux 中的应用程序一般都是需要动态库的，当然也可以编译成静态的，但是静态的可执行文件会很大，Busybox 编译成静态链接的可执行文件运行时才独立于其他函数库。所有 Busybox 在编译过程中也会使用动态库，如果是以动态链接的方式就必须添加相应的库文件，所以需要在根文件系统中添加动态库和静态库。

对于根文件系统需要哪些库，要根据项目的应用特点，但是必需的库是不能缺少的，比如 libc.a 静态库、libm.a 静态库、libdl.so 用于动态装载的共享库等。该如何获取这些库呢？

这里使用简单的方式，直接将交叉编译目录下的库文件复制一份，作为根文件系统的库文件。之所以选择交叉编译目录下的库文件，是因为交叉编译库文件能够编译用户的 U-boot、Kernel 以及 rootfs，兼容性能够满足要求。

可以先在 rootfs 目录下创建一个目录命名为 lib，然后进入/home/nine/BusyBOX/rootfs/lib 目录下，使用命令 cp -r /usr/local/arm/gcc-linaro- 4. 9. 4-2017. 01-x86_64_arm-linux-gnueabihf/arm-linux-gnueabihf/libc/lib/ * ./，将目录 debug 以及 lbscripts 删除，然后得到根文件系统的库文件，如图 9-12 所示。

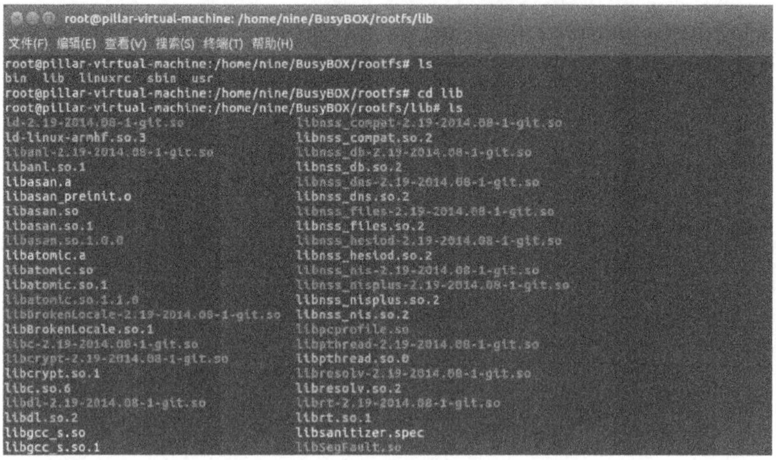

图 9-12　查看 rootfs 目录的库文件内容

9.4.2　添加其他的文件操作

完成根文件系统的库文件添加以后，还需要添加其他的文件，在添加这些文件前，先参考一下 Ubuntu 的根文件系统，如图 9-13 所示。

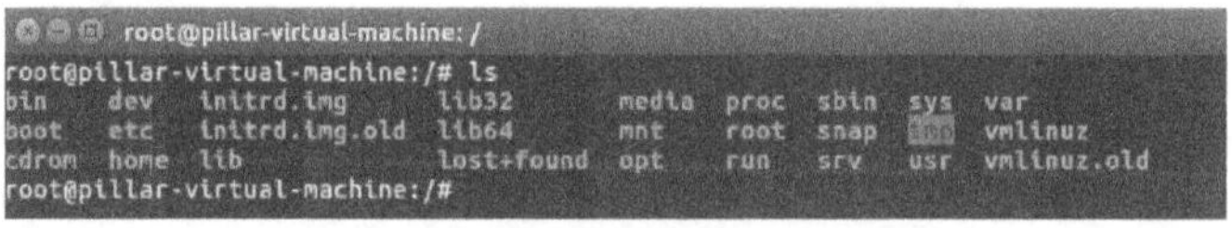

图 9-13　Ubuntu 的根文件系统

嵌入式系统在构建文件系统时，可以根据 Ubuntu 这种大型 PC 端的 Linux 系统来自定义裁剪。首先嵌入式 Linux 系统往往是单用户的角色，因此不需要 home 目录；其次目前使用的库文件没有区分微处理的位宽，因此也不需要 lib32 和 lib64。对于 Ubuntu 根文件系统的其他目录以及文件这里暂不一一介绍，但是必须要添加的文件有目录 dev、目录 etc、目录 proc、目录 mnt、目录 sys、目录 tmp 和 目录 root。可以直接使用命令 mkdir 创建以上目录，创建好的目录如图 9-14 所示。

图 9-14　Busybox 构建的根文件系统

180

9.4.3　优化根文件系统

根文件系统的优化主要是通过完善三个文件来完成，分别是添加 shell 脚本 rcS 文件、文件系统的分区挂载 fstab 文件，以及程序初始化的配置 inittab 文件。

1. 添加脚本 rcS 文件

rcS 文件属于 shell 脚本文件，它规定了 Linux 内核启动以后的后续操作，比如 Linux 需要启动哪些服务或者运行哪些应用程序。因此需要在 rootfs 中添加 rcS 文件，文件添加路径为：/etc/init. d/rcS。该文件的内容如下。

```
#! /bin/sh
PATH =/sbin:/bin:/usr/sbin:/usr/bin: $ PATH
LD_LIBRARY_PATH = $ LD_LIBRARY_PATH: /lib: /usr/lib 5
export PATH LD_LIBRARY_PATH
mount -a
mkdir /dev/pts
mount -t devpts devpts /dev/pts
echo /sbin/mdev > /proc/sys/kernel/hotplug 12
mdev -s
```

创建好文件/etc/init. d/rcS 以后一定要给其可执行权限，获取全部权限的命令：chmod 777 rcS。

2. 添加系统信息 fstab 文件

在 rootfs 中创建/etc/fstab 文件，fstab 在 Linux 开机以后自动配置需要自动挂载的分区，格式如下。

```
<file system>    <mount point>    <type>    <options>    <dump>    <pass>
```

<file system>：要挂载的特殊设备，也可以是块设备，比如/dev/sda 等。

<mount point>：挂载点。

<type>：文件系统类型，比如 ext2、ext3、proc、romfs、tmpfs 等。

<options>：挂载选项，在 Ubuntu 中输入 man mount 命令可以查看具体的选项。

<dump>：为 1 的话表示允许备份，为 0 不备份，一般不备份，因此设置为 0。

<pass>：fsck 读取<pass>的数值来决定需要检查的文件系统的检查顺序。允许的数字是 0, 1 和 2。根目录应当获得最高的优先权为 1，其他所有需要被检查的设备设置为 2 表示设备不会被 fsck 所检查。

按照上述格式需要在 fstab 中输入下面内容。

```
#<file system>  <mount point>   <type>    <options>    <dump>    <pass>
proc            /proc           proc      defaults     0         0
tmpfs           /tmp            tmpfs     defaults     0         0
sysfs           /sys            sysfs     defaults     0         0
```

3. 创建 init 程序的配置文件

inittab 的详细内容可以参考 Busybox 下的文件 examples/inittab。init 程序会读取/etc/inittab 这个文件，inittab 由若干条指令组成。每条指令的结构都是一样的，由以：分隔的 4 个段组成，格式如下。

```
<id>:<runlevels>:<action>:<process>
```

<id>：每个指令的标识符，不能重复。

<runlevels>：对 Busybox 来说此项完全没用，所以空着。

<action>：动作，用于指定 <process> 可能用到的动作。

<process>：具体的动作，比如程序、脚本或命令等。

参考 Busybox 的 examples/inittab 文件，这里也创建一个/etc/inittab 文件，在里面输入如下内容。

```
#etc/inittab
::sysinit:/etc/init.d/rcS
console::askfirst:-/bin/sh
::restart:/sbin/init
::ctrlaltdel:/sbin/reboot
::shutdown:/bin/umount -a -r
::shutdown:/sbin/swapoff -a
```

至此基于 Busybox 的根文件系统全部构建完成。

9.5　【案例实战】根文件系统的移植测试

本案例中将构建好的根文件系统直接移植到第三方的 IMX6ULL 开发板上，读者可以通过下面的操作步骤来学习根文件系统的移植测试过程。

根文件系统的移植操作，选择网络文件挂载的方式，即在宿主计算机中开启 nfs 服务，然后将前面创建好的根文件系统，存放在路径为/home/pillar/nfs 的绝对路径下。使用这种方式的前提是在 U-boot、内核镜像以及设备树正常工作的状态下，复位开发板，从串口中观察日志来判断根文件系统是否挂载成功。

Step 1 开启宿主计算机的 nfs 服务，命令：sudo apt-get install nfs-kernel-server rpcbind。nfs 服务安装完成以后，创建目录 nfs，路径为/home/pillar/nfs。创建完成以后使用命令：sudo vi /etc/exports　配置 nfs。最后一行添加配置参数/home/pillar/nfs ＊（rw，sync，no_root_squash），如图 9-15 所示。

Step 2 nfs 参数配置完成以后需要使用命令：sudo /etc/init.d/nfs-kernel-server restart 重启 nfs 服务，如图 9-16 所示。

Step 3 将 Busybox 构建好的文件系统存放在/home/pillar/nfs 目录下，如图 9-17 所示。

Step 4 复位开发板，在 U-boot 启动的前 3 秒内按下回车，然后配置环境变量，环境变量参数配置如图 9-18 所示。

Step 5 再次复位开发板，日志打印测试结果如图 9-19 所示。

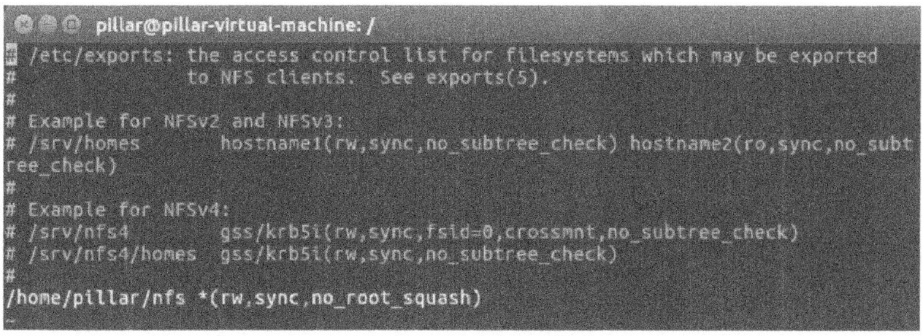

图 9-15　nfs 参数配置

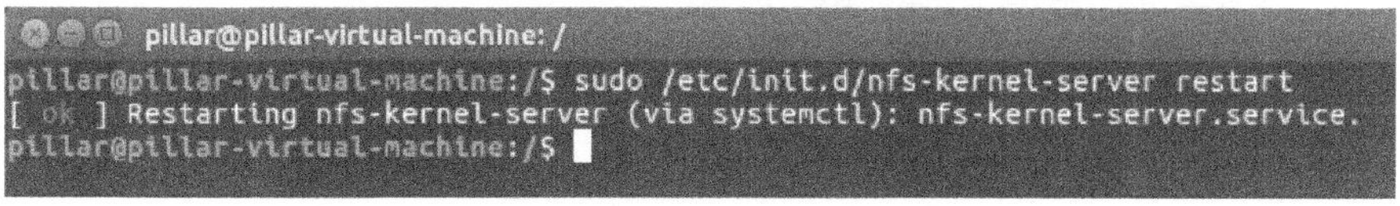

图 9-16　重启 nfs 服务

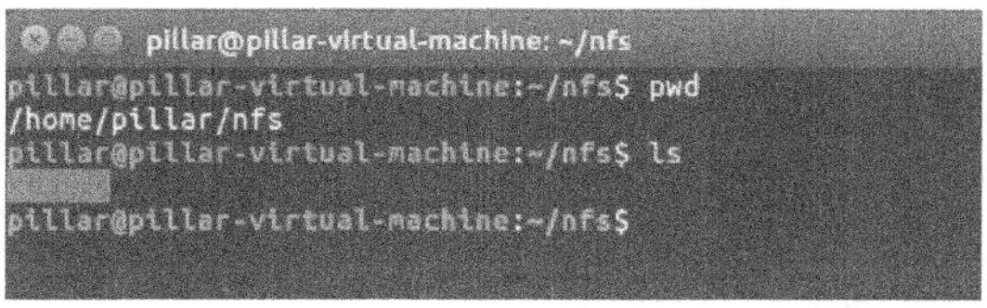

图 9-17　根文件系统的存放路径

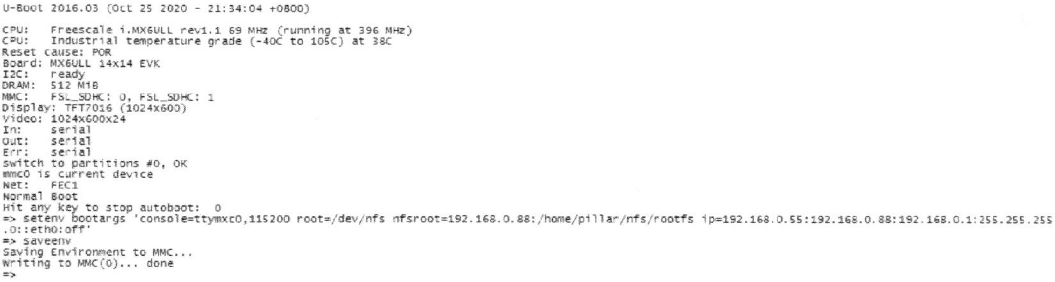

图 9-18　环境变量 bootargs 参数设置

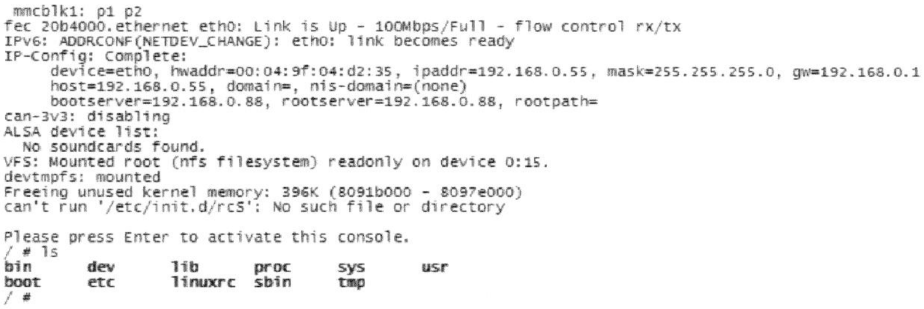

图 9-19　根文件系统测试结果

183

9.6　要点巩固

根文件系统是内核启动第一个挂载的文件系统，因此要了解根文件系统的重要性。根文件系统更类似 Windows 下面的系统盘，但和 Windows 系统不一样的是，在做 Linux 嵌入式系统开发时要自己构建文件系统。因此这一章节重要的内容就是如何构建根文件系统。

1. 根文件系统和文件系统的关系

根文件系统属于文件系统的一种，根文件系统包含系统启动时所必需的目录和关键性文件，以及使用其他文件系统挂载所必需的文件，比如 init 进程。

2. Busybox 根文件构建工具的使用

能够使用 Busybox 构建根文件系统。这里要掌握获取 Busybox 的项目源代码、配置、编译等操作。

3. 如何构建完善的根文件系统

掌握构建完善的根文件系统的配置，对于需要库文件、脚本文件、系统信息文件以及 init 程序的配置文件。

4. 根文件系统的移植

根文件系统的移植，这里主要是将 Busybox 编译好的根文件系统，以网络文件挂载的方式运行在开发板上，用来测试根文件系统是否能够运行，这里需要注意移植的步骤。

5. 其他根文件系统的构建工具

这里也是以讲演的方式给读者提供如何使用 Buildroot 构建一个完整的根文件系统，从 Buildroot 源代码的获取、配置、编译以及测试，能够让读者亲身感受使用 Buildroot 构建根文件系统的整个过程。

9.7　技术大牛访谈——其他根文件系统的构建工具

根文件系统作为 Linux 系统的核心组成部分，如何快速构建简单实用的根文件系统显得尤为重要。在前面内容中介绍了一种构建工具 Busybox。该工具的特点是轻量化，使用该工具，对于入门 Linux 系统移植的读者非常容易接受。其次 Busybox 源代码容易获取，而且使用 Busybox 构建的根文件系统容量小，还可以根据项目量身定制。但是，Busybox 生成的根文件系统还需要完善，需要人工方式添加库文件以及其他文件。为了方便构建 Linux 根文件系统，提供了一个完整的根文件系统构建工具——Buildroot。

使用 Busybox 构建根文件系统时，还需以手动的方式添加库文件以及其他文件。但是如果使用 Buildroot 就方便很多了。Buildroot 是 Linux 平台上一个构建嵌入式 Linux 根文件系统的工具。整个 Buildroot 是由 Makefile 脚本和 Kconfig 配置文件构成的。用户可以像编译 Linux 内核一样，通过 Buildroot 配置或者 menuconfig 修改，编译出一个完整的可以直接烧写到机器上运行的 Linux 根文件系统。Buildroot 特点是可以构建一整套 Linux 系统，它包含了引导程序、内核、文件系统、各种库文件以及应用程序，但是本次主要是介绍构建根文件系统，不使用 Buildroot 自带的引导程序和内核。

1. 获取 Buildroot 源代码

Buildroot 源代码获取网址为 https：//Buildroot. org/。单击图 9-20 中的按钮下载源代码。

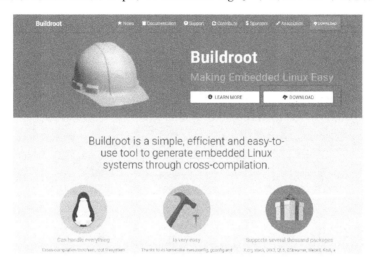

图 9-20　获取 Buildroot 源代码

版本选择 Buildroot-2020. 02. 7. tar. bz2，这个版本的大小为 5. 3MB，下载完成后使用 FTP 上传到 Ubuntu 系统中，然后使用命令 tar -vxjf Buildroot-2020. 02. 7. tar. bz2 将其解压。解压后的文件目录如图 9-21 所示。

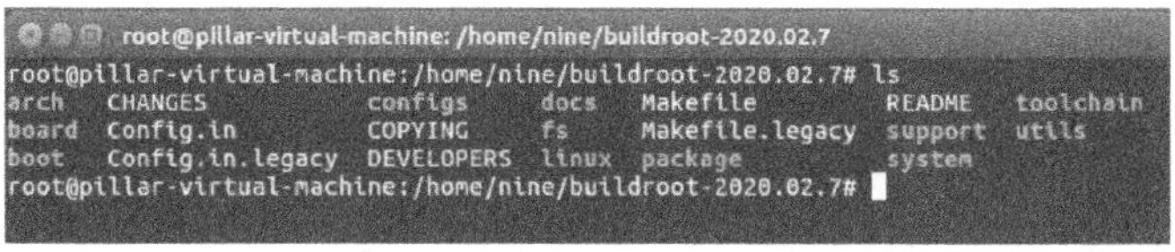

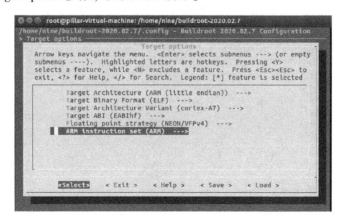

图 9-21　Buildroot 源代码目录结构

2. 配置 Buildroot

使用图形化配置界面对 Buildroot 进行配置，调用图形界面的命令：make menuconfig。首先要配置的是 Target options 参数，如图 9-22 所示。

图 9-22　Target options 参数配置

```
-> Target Architecture        = ARM (littleendian)
-> Target Binary Format       = ELF
-> Target Architecture Variant  = cortex-A7
-> Target ABI        =EABIhf
-> Floating point strategy     = NEON/VFPv4
-> ARM instruction set      = ARM
```

其次是配置 Toolchain 参数，如下所示。此配置项用于配置交叉编译工具链，也就是交叉编译器，这里设置为用户自己所使用的交叉编译器即可。

```
->Toolchain type   = External toolchain
->Toolchain = Custom toolchain                    //用户自己的交叉编译器
->Toolchain origin = Pre-installed toolchain        //预装的编译器
->Toolchain path =/usr/local/arm/gcc-linaro-4.9.4-2017.01-x86_64_arm-linux-gnue-
abihf
->Toolchain prefix  = $ (ARCH) -Linux-gnueabihf
-> Externaltoolchain gcc version    = 4.9.x
-> Externaltoolchain kernel headers series  = 4.1.x
-> Externaltoolchain C library    = glibc/eglibc
-> [ * ] Toolchain has SSP support? (NEW)
-> [ * ] Toolchain has RPC support? (NEW)
-> [ * ] Toolchain has C ++ support?
-> [ * ] Enable MMU support (NEW)
```

这里需要注意的是由于不使用 Buildroot 提供的内核和引导程序，因此不需要选择编译 Linux Kernel 选项和 U-boot 选项。

3. 编译 Buildroot

Buildroot 配置完成后，直接使用 make 命令进行编译，Buildroot 的编译会占用很长时间。由于 Buildroot 在构建文件系统需要很多在线的库支持，因此需要下载安装，所以会慢点。编译过程如图 9-23 所示。

图 9-23　编译过程

编译完成后会有多种格式的 rootfs，比如 rootfs. ext2、rootfs. ext4、rootfs. tar，如图 9-24 所示。

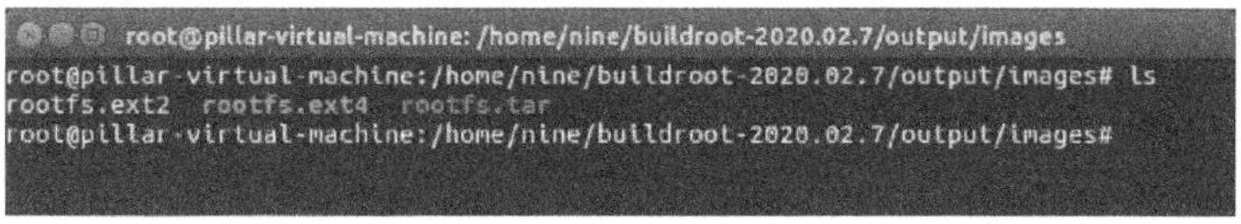

图 9-24　多种格式的 rootfs

4. 测试 Buildroot 构建的根文件系统

对于编译后的根文件系统，选择 rootfs. tar 格式进行解压，解压后的根文件系统目录如图 9-25 所示。

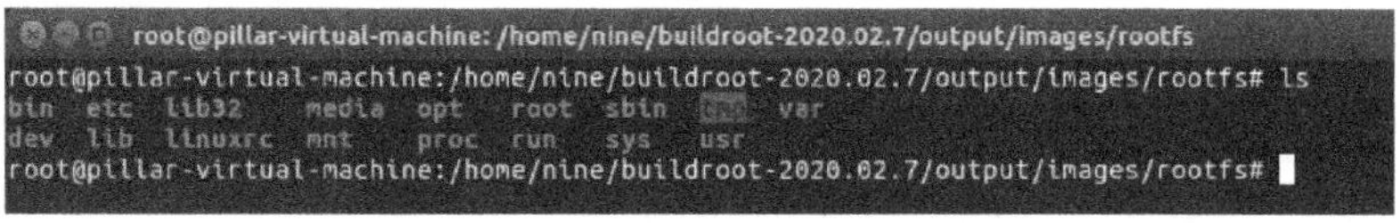

图 9-25　Buildroot 构建的文件系统目录

将解压后的文件存放在/home/pillar/nfs/rootfs 路径下，因为当前开发板使用 nfs 挂载的方式，所以根文件系统路径设置好以后，直接复位开发板，在 U-boot 命令行下输入下述命令。

setenv bootargs 'console = ttymx0,115200 root =/dev/nfs nfsroot =192.168.0.88:/home/pillar/

nfs/rootfs ip=192.168.0.55:192.168.0.88:192.168.0.1:255.255.255.0::eth0:off'

以上命令能使开发板挂在网络文件系统中。设置好以后复位开发板，然后获取串口终端的打印信息，如图 9-26 所示。

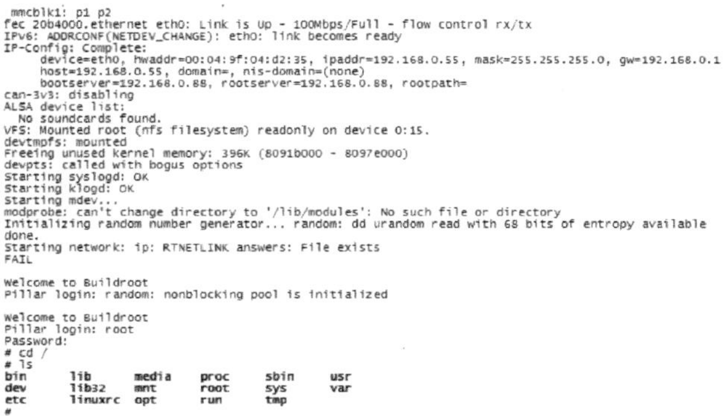

图 9-26　Buildroot 根文件系统的测试

Buildroot 还可以直接配置第三方的库和软件，感兴趣的读者可以自己动手实践。对比 Busybox 构建根文件方式，Buildroot 的构建方式更为简单，而且也很方便。当然除了 Buildroot 工具以外还有其他构建根文件系统的工具，比如 yocto。这几款构建根文件系统的工具有各自的特点，但是对于入门级别的读者推荐使用 Busybox 或者 Buildroot，其实 Buildroot 包含 Busybox，且这两个构建工具特别适合嵌入式 Linux 系统开发，熟悉 Linux 系统的开发者当然也可以使用 yocto。

第 10 章
Linux 嵌入式系统之设备驱动

Linux 系统在完成 U-boot、内核以及根文件系统移植后，就可以进行驱动开发。作为基础的 Linux 驱动教程，本章重点讲解字符设备驱动。

10.1 小白也要懂——设备驱动分类

在 Linux 系统中设备驱动分为 3 种，分别为字符设备驱动、块设备驱动以及网络设备驱动。字符设备驱动的特点是以字节为单位对设备进行读写操作，常用的字符设备有 LED、IIC、SPI 等；块设备驱动以块或者扇区的方式读写设备，常用的块设备驱动有 NAND、FLASH 等；网络设备驱动专用于网络通信设备，常用于 Socket 套接字。

1. 字符设备驱动

所谓字符设备就是能够像字节流（类似文件）一样被访问的设备。字符设备驱动程序通常至少要实现打开、关闭、读和写内核调用函数。例如字符终端（/dev/console）和串口（/dev/ttymx0 以及类似设备）就是两个字符设备，它们能很好地说明"流"这种抽象概念。字符设备可以通过根文件系统节点来访问，比如/dev/ttymx 和/dev/new_led1 等。这些设备文件和普通文件之间的唯一差别在于对普通文件的访问可以前后移动访问位置，而大多数字符设备只能顺序访问数据通道。然而，也存在具有数据区特性的字符设备，访问它们时可前后移动访问位置。

2. 块设备驱动

和字符设备类似，块设备也是通过/dev 目录下的文件系统节点来访问。块设备（例如磁盘）上能够容纳 filesystem。在大多数的 UNIX 系统中，进行 I/O 操作时块设备每次只能传输一个或多个完整的块，而每块包含 512 字节。Linux 可以让应用程序像字符设备一样地读写块设备，允许一次传递任意多字节的数据。因此，块设备和字符设备的区别仅仅在于内核内部管理数据的方式，也就是内核及驱动程序之间的软件接口，而这些不同对用户来讲是透明的。对于内核来说，和字符驱动程序相比，块驱动程序具有完全不同的接口。

3. 网络设备驱动

任何网络事物都需要经过一个网络接口形成，网络接口是一个能够和其他主机交换数据的设备。接口通常是一个硬件设备，但也可能是个纯软件设备，比如回环（loopback）接口。网络接口由内核中的网络子系统驱动，负责发送和接收数据包。许多网络连接（尤其是使用 TCP 的连接）是面向流的，但网络设备却围绕数据包的传送和接收而设计。网络驱动程序不需要知道各个连接的相关信息，它只要处理数据包即可。由于不是面向流的设备，因此将网络接口映射到文件系统中的节点比较困难。UNIX 访问网络接口的方法仍然是给它们分配一个唯一的名字（比如 eth0），但这个名字在文件系统中不存在对应的节点。内核和网络设备驱动程序间的通信，完全不同于内核和字符以及块驱动程序之间的通信，内核调用一套和数据包相关的函数而不是读写函数等。

10.2　字符设备驱动的理论基础

在 Linux 系统中一切皆文件，所有的硬件设备操作到应用层都会被抽象成文件的操作。如果应用层要访问硬件设备，它必定要调用到硬件对应的驱动程序。Linux 内核有那么多驱动程序，应用程序怎么才能精确调用到底层的驱动程序呢？这里以字符设备为例，来看一下应用程序如何和底层驱动程序关联起来。

字符设备驱动框架

字符设备顾名思义就是一个一个的字节对设备进行读写操作，并且读写数据是分先后顺序的，比如典型的 LED、IIC、SPI 以及 LCD 的驱动都是使用这种方式。但是在学习字符设备驱动以前需要先了解一下 Linux 系统下的字符设备驱动框架，如图 10-1 所示。

我们在学习字符设备驱动时要掌握方法，了解字符设备驱动框架，这样再进行学习会事半功倍。应用程序运行在用户空间，而 Linux 驱动属于内核的一部分，因此驱动运行于内核空间。当在用户空间想要实现对内核的操作时，比如使用 open 函数打开/dev/new_led1 这个驱动，因为用户空间不能直接对内核进行操作，所以必须使用一个称为"系统调用"的方法来实现从用户空间"陷入"到内核空间，这样才能实现对底层驱动的

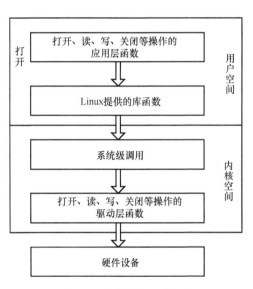

图 10-1　字符设备驱动框架

操作。open、close、write 和 read 等这些函数是由 C 库提供的，在 Linux 系统中，系统调用是 C 库的一部分。

字符设备驱动程序和外界通信的接口可以分为三个，首先是字符设备驱动程序和 Linux 系统内核的接口，即 file_operations 文件，该文件路径为 include/linux/fs.h；其次是字符设备驱动程序与系统引导的接口，这个阶段完成驱动程序对设备初始化；最后是驱动程序和设备的接口，这属于偏底层的驱动，还包括具体的设备信息等。

10.2.1　字符设备驱动的一般流程

字符设备驱动的一般流程分为驱动模块的加载和卸载以及驱动程序的注册和注销，这两个步骤是相辅相成的。

1. 驱动模块的加载和卸载

字符设备驱动是以文件形式存在的，设备驱动程序可以在系统启动的时候进行初始化，也可以在后续动态加载。这两种加载设备驱动的方式区别在于，系统启动时加载属于在内核编译时就要把字符设备添加并编译，一旦修改驱动程序就需要对整个内核进行编译。第二种就是将驱动编译成内核模块（内核模块扩展名为 .ko），在 Linux 内核启动以后使用 insmod 命令加载驱动模块。

module_init 函数用来向 Linux 内核注册一个模块加载函数，参数 xxx_init 就是需要注册的具体函数，当使用 insmod 命令加载驱动的时候，xxx_init 这个函数就会被调用。module_exit( ) 函数用来向 Linux 内核注册一个模块卸载函数，参数 xxx_exit 就是需要注册的具体函数，当使用 rmmod 命令卸载具体驱动的时候，xxx_exit 函数就会被调用。

驱动以动态方式加载到内核，因此需要在宿主计算机中将驱动程序编译为 .ko（内核模块文件）。可以使用命令 modprobe 或者 insmod。这两个命令的区别在于，insmod 命令不能解决模块之间的依赖关系，一旦使用这个命令，需要用手动的方式给模块的加载指定依赖关系。但 modprobe 就不会存在这个问题，modprobe 会分析模块的依赖关系，然后会将所有的依赖模块都加载到内核中，因此 modprobe 命令相比 insmod 要智能一些。

模块加载了以后如何卸载？如果使用了 insmod 加载模块可以使用 rmmod 命令卸载，但是如果使用了 modprobe 加载模块，就需要使用 modprobe -r 命令卸载模块。使用 modprobe 命令可以卸载掉驱动模块所依赖的其他模块，前提是这些依赖模块已经没有被其他模块所使用，否则就不能使用 modprobe 来卸载驱动模块。因此对于模块的卸载，还是推荐使用 rmmod 命令。

以 old_led1.ko 内核模块为例，具体的模块加载和卸载命令如下所示。

```
insmod old_led1.ko          //加载内核模块
modprobe  old_led1.ko        //智能加载内核模块

rmmod  old_led1.ko          //卸载内核模块（推荐）
modprobe -r  old_led1.ko     //卸载内核模块
```

 小白成长之路：modprobe 命令需要内核版本目录支持

如果使用 modprobe 命令加载模块，需要将编译好的驱动模块和测试程序存放在路径/lib/modules/内核版本的目录下，因为此处移植的内核是 4.1.15 版本，所以需要在/lib/modules/目录下新建一个目录，名为 4.1.15。

2. 字符设备注册与注销

对于字符设备驱动而言，当驱动模块加载成功以后需要调用注册字符设备函数。同样，卸载驱动模块的时候也需要调用注销字符设备函数。

字符设备注册的函数原型如下。

```
static inline intregister_chrdev (unsigned int major, const char * name, const
struct file_operations * fops)
```

字符设备函数 register_chrdev 用于注册字符设备，当模块加载成功以后，就会调用该函数，此函数一共有三个参数。首先是主设备号 major，在 Linux 系统中每个设备都有一个主设备号和一个从设备号。可以在 Ubuntu 下使用命令 cat /proc/devices 查看当前设备号，如图 10-2 所示。其次是设备名称 name。最后是结构体 file_operations 类型指针，指向设备的操作函数集合变量。

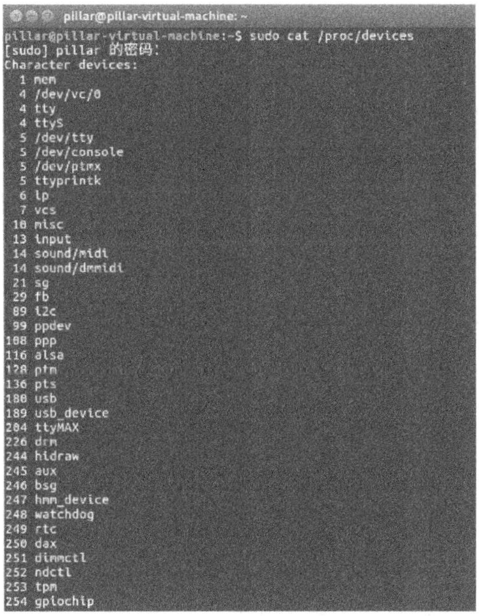

图 10-2　Ubuntu 系统下字符设备的主设备号

既然有注册函数往往就会有注销函数，字符设备注销的函数原型如下。

```
static inline voidunregister_chrdev (unsigned int major, const char * name)
```

字符设备的注销函数 unregister_chrdev 和注册函数 register_chrdev 相比，少了一个结构体 file_operations 类型指针参数。

除了上述两个通用步骤以外，字符设备驱动的开发流程还包括具体的操作函数。具体的操作函数有打开、关闭、读、写等函数，file_operations 结构体就是设备具体操作函数的映射。

10. 2. 2　设备号

Linux 的设备管理是和文件系统紧密结合的，各种设备都以文件的形式存放在/dev 目录下，称为设备文件。应用程序可以打开、关闭和读写这些设备文件，完成对设备的操作，就像操作普通的数据文件一样。为了管理这些设备，系统为设备编了号，每个设备号又分为主设备号和次设备号。主设备号用来区分不同类型的设备，而次设备号用来区分同一类型的多个设备。

1. 设备号的组成

一个字符设备或者块设备都有一个主设备号和次设备号。主设备号和次设备号统称为设备号。主设备号用来表示一个特定的驱动程序，次设备号用来表示使用该驱动程序的各个设备。Linux 提供了一个名为 dev_t 的数据类型表示设备号，dev_定义在文件 include/linux/types. h 里面，定义如下。

```
typedef _u32 _kernel_dev_t;
typedef _kernel_dev_t dev_t;
```

dev_t 是个 32 位的变量，其中 12 位用来表示主设备号，20 位用来表示次设备号。因此 Linux 系统中主设备号范围为 0 ~ 4095，所以大家在选择主设备号的时候一定不要超过这个范围。在文件 include/linux/kdev_t. h 中提供了几个操作设备号的宏定义。

2. 静态分配设备号

以主设备号的分配为例，注册字符设备的时候需要给设备指定一个设备号，这个设备号可以是驱动开发者静态的指定一个设备号，比如选择 200 这个主设备号。有一些常用的设备号已经被 Linux 内核开发者给分配掉了，具体分配的内容可以查看文档 Documentation/devices. txt。并不是说内核开发者已经分配掉的主设备号就不能用了，具体能不能用还得看硬件平台运行过程中有没有使用这个主设备号，使用 cat /proc/devices 命令即可查看当前系统中所有已经使用的设备号。

3. 动态分配设备号

静态分配设备号需要检查当前系统中所有被使用的设备号，然后挑选一个没有使用的。而且静态分配设备号很容易带来冲突问题，Linux 社区推荐使用动态分配设备号，在注册字符设备之前先申请一个设备号，系统会自动给用户一个没有被使用的设备号，这样就避免了冲突。卸载驱动的时候释放掉这个设备号即可，设备号的申请函数如下。

```
int alloc_chrdev_region (dev_t * dev, unsigned baseminor, unsigned count, const char * name)
```

10.3 编写字符设备驱动程序

通过对前两个小节的学习，相信读者已经对字符设备驱动有了一个大概的了解，下面主要是介绍新旧版本的字符设备驱动程序的编写。字符设备驱动有两种编写方式主要体现在设备驱动的注册和注销上面，这里分别对新旧设备驱动程序进行讲解。

10.3.1 旧版本字符设备驱动程序

在学习旧版本的字符设备驱动程序之前，需要先指出的是，高版本的 Linux 内核兼容旧的字符设备驱动程序，这也符合 Linux 系统向下兼容的理念。新旧版本如何区分？主要是以 register_chrdev 和 unregister_chrdev 这两个函数来判断。旧版本的字符设备驱动使用这两个函数，但是新的字符设备驱动则使用另一种方式。旧版本的字符设备驱动程序理解起来还是比较简单的，但是需要手动指定主设备号，因此会浪费很多次设备号。

在字符设备驱动文件中具体要实现哪些功能，根据 10.2.1 中字符设备驱动的一般流程可以知道，首先需要编写字符设备的注册和注销函数，其次就是要编写操作设备的打开、关闭以及读写函数。这里以驱动 LED 为例，采用旧设备驱动的方式进行驱动文件的程序编写。

192

1. 旧版本的 LED 驱动注册函数

前面的知识告诉读者，当内核加载驱动模块成功以后就会调用设备的注册函数。对于旧版本的注册函数，关键要看是否使用了 register_chrdev 函数，该函数需要提前设置主设备号，旧版本的 LED 驱动注册函数如下所示。

```
static int _initled_init (void)
{
    int retvalue = 0;
    u32val = 0;
    //初始化 OLD_CHAR_LED1
    IMX6U_CCM_CCGR1 = ioremap (CCM_CCGR1_BASE, 4);
    SW_MUX_GPIO1_IO03 = ioremap (SW_MUX_GPIO1_IO03_BASE, 4);
    SW_PAD_GPIO1_IO03 = ioremap (SW_PAD_GPIO1_IO03_BASE, 4);
    GPIO1_DR = ioremap (GPIO1_DR_BASE, 4);
    GPIO1_GDIR = ioremap (GPIO1_GDIR_BASE, 4);
    val = readl (IMX6U_CCM_CCGR1);
    val & = ~ (3 < < 26);
    val | = (3 < < 26);
    writel (val, IMX6U_CCM_CCGR1);
    writel (5, SW_MUX_GPIO1_IO03);
    writel (0x10B0, SW_PAD_GPIO1_IO03);
    val = readl (GPIO1_GDIR);
    val & = ~ (1 < < 3);
    val | = (1 < < 3);
    writel (val, GPIO1_GDIR);
    val = readl (GPIO1_DR);
    val | = (1 < < 3);
    writel (val, GPIO1_DR);
    //注册字符设备驱动
    retvalue = register_chrdev (OLD_CHAR_LED1_MAJOR, OLD_CHAR_LED1_NAME, &led_
    fops);
    if (retvalue < 0) {
        printk (" register chrdev failed! \r \n");
        return -EIO;
    }
    return 0;
}
```

LED 注册函数的功能主要分两个部分，一是对 LED 引脚的寄存器配置，如配置地址映射关系、使能 LED 引脚的时钟、将 LED 引脚的功能配置为 IO 属性、设置 LED 引脚为输出模式，最后将 LED 设置为关闭状态（即输出为 0）。第二部分就是注册 LED 驱动，将 LED 的主设备号、名称以及结构体 file_operations 类型指针三个参数填写到 register_chrdev 函数中，完成 LED 设备的注册。

2. 旧版本的 LED 驱动注销函数

同样的当下发卸载驱动模块命令以后，内核会调用设备的注销函数。对于旧版本的注销函数，关键要看是否使用了 unregister_chrdev 函数，该函数需要提前设置主设备号，对于旧版本的 LED 驱动注销函数如下所示。

```
static void _exitled_exit (void)
{
    //取消映射
    iounmap (IMX6U_CCM_CCGR1);
    iounmap (SW_MUX_GPIO1_IO03);
    iounmap (SW_PAD_GPIO1_IO03);
    iounmap (GPIO1_DR);
    iounmap (GPIO1_GDIR);
    //注销字符设备驱动
    unregister_chrdev (OLD_CHAR_LED1_MAJOR, OLD_CHAR_LED1_NAME);
}
```

LED 注销函数的功能也分成两个部分，第一是取消 LED 的映射关系，采用配置寄存器方式；第二就是调用注销 unregister_chrdev 函数，将主设备号以及设备名称传入注销函数中。

10.3.2　新版本字符设备驱动程序

新版本的字符设备驱动程序主要是解决设备号只能静态申请的问题。解决的策略是采用动态的方式向内核申请，当一个设备驱动程序加载成功以后，就主动向 Linux 内核申请主设备号以及次设备号，这样就避免设备号的浪费和手动设备号的申请。

1. 新版本的 LED 驱动注册函数

新版本的 LED 驱动注册函数不再使用 register_chrdev 函数，而是采用动态申请函数 alloc _chrdev_region，该函数就是在没有指定设备号的情况下使用。但是如果我们已经指定了设备号呢？这个新版本的注册函数会通过条件判断调用 register_chrdev_region 函数。新版本的 LED 驱动注册函数如下所示。

```
static int _initled_init (void)
{
    u32val = 0;
    IMX6U_CCM_CCGR1 = ioremap (CCM_CCGR1_BASE, 4);
    SW_MUX_GPIO1_IO03 = ioremap (SW_MUX_GPIO1_IO03_BASE, 4);
    SW_PAD_GPIO1_IO03 = ioremap (SW_PAD_GPIO1_IO03_BASE, 4);
    GPIO1_DR = ioremap (GPIO1_DR_BASE, 4);
    GPIO1_GDIR = ioremap (GPIO1_GDIR_BASE, 4);
    val = readl (IMX6U_CCM_CCGR1);
    val & = ~ (3 < < 26);
    val | = (3 < < 26);
```

```
        writel(val, IMX6U_CCM_CCGR1);
        writel (5, SW_MUX_GPIO1_IO03);
        writel (0x10B0, SW_PAD_GPIO1_IO03);
        val = readl (GPIO1_GDIR);
        val & = ~ (1 < < 3);
        val | = (1 < < 3);
        writel (val, GPIO1_GDIR);
        val = readl (GPIO1_DR);
        val | = (1 < < 3);
        writel (val, GPIO1_DR);
        //注册字符设备驱动 创建设备号
        if (new_led1.major) {
            new_led1.devid = MKDEV (new_led1.major, 0);
            register_chrdev_region (new_led1.devid, NEW_LED1_CNT, NEW_LED1_NAME);
        } else {
            alloc_chrdev_region (&new_led1.devid, 0, NEW_LED1_CNT, NEW_LED1_
NAME); //申请设备号
            new_led1.major = MAJOR (new_led1.devid); //获取分配号的主设备号
            new_led1.minor = MINOR (new_led1.devid); //获取分配号的次设备号
        }
        printk (" newcheled major = % d, minor = % d \ r \ n", new_led1.major, new_
led1.minor);
        //初始化 cdev
        new_led1.cdev.owner = THIS_MODULE;
        cdev_init (&new_led1.cdev, &new_led1_fops);
        //添加一个 cdev
        cdev_add (&new_led1.cdev, new_led1.devid, NEW_LED1_CNT);
        //创建类
        new_led1.class = class_create (THIS_MODULE, NEW_LED1_NAME);
        if (IS_ERR (new_led1.class)) {return PTR_ERR (new_led1.class);}
        //创建设备
        new_led1.device = device_create (new_led1.class, NULL, new_led1.devid, NULL,
NEW_LED1_NAME);
        if (IS_ERR (new_led1.device)) {
            return PTR_ERR (new_led1.device);
        }
        return 0;
    }
```

通过分析上述代码，可以看出新版本的字符设备驱动，在注册字符设备驱动和创建设备号上与旧版本存在差异。但是不难看出，新版本的注册方式在兼容老版本的前提下还做了进一步的提升，那就是能够动态向内核申请设备号。这里还需要注意的就是新版本注册函数还增加了自动创建设备节点的功能。一般在 cdev_add 函数后面添加自动创建设备节点的相关代码。

2. 新版本的 LED 驱动注销函数

新版本的 LED 驱动注销函数也不再使用 unregister_chrdev 函数，而是采用和注册函数相匹配的 unregister_chrdev_region 函数。但是和旧版本注销函数不同的是，注销了设备驱动程序以后还需要将自动创建的设备节点给删掉，因此还需要调用设备删除函数 device_destroy，具体如下。

```
static void _exitled_exit (void)
{
    iounmap (IMX6U_CCM_CCGR1);
    iounmap (SW_MUX_GPIO1_IO03);
    iounmap (SW_PAD_GPIO1_IO03);
    iounmap (GPIO1_DR);
    iounmap (GPIO1_GDIR);
    //注销字符设备驱动
    cdev_del (&new_led1.cdev); //删除 cdev
    unregister_chrdev_region (new_led1.devid, NEW_LED1_CNT); //注销设备号
    device_destroy (new_led1.class, new_led1.devid);
    class_destroy (new_led1.class);
}
```

新版本的 LED 注销函数的功能也分成两个部分，首先同样是取消 LED 的映射关系，采用配置寄存器方式；其次就是调用 unregister_chrdev_region 注销函数。除此之外新版本的注销函数还需要删除注册函数自动创建的设备节点。

10.3.3 字符设备驱动程序的通用操作

字符设备的新旧版本只是体现在注册和注销操作上，这两个操作以外的其他操作则是相似的，比如字符设备的打开、关闭、读写以及编译规则都一样。因此这里暂且称为字符设备的通用操作。

1. 打开、关闭、读写操作

打开 LED 设备驱动文件的操作函数，具体如下。

```
static intled_open (struct inode * inode, struct file * filp)
{
    return 0;
}
```

关闭（或者叫释放）LED 设备驱动文件的操作函数，具体如下。

```
static intled_release (struct inode * inode, struct file * filp)
{
    return 0;
}
```

从 LED 设备读取数据的操作函数，具体如下。

```
static ssize_t led_read (struct file * filp, char _user * buf, size_t cnt, loff_t
* offt)
{
    return 0;
}
```

向 LED 设备写入数据的操作函数，具体如下。

```
static ssize_t led_write(struct file * filp, const char _user * buf, size_t cnt,
loff_t * offt)
{
    int retvalue;
    unsigned chardatabuf[1];
    unsigned charledstat;

    retvalue = copy_from_user(databuf, buf, cnt);
    if(retvalue < 0) {
        printk("kernel write failed! \r\n");
        return -EFAULT;
    }

    ledstat = databuf[0];

    if(ledstat = = LEDON) {
        led_switch(LEDON);//打开
    } else if(ledstat = = LEDOFF) {
        led_switch(LEDOFF);        //关闭
    }
    return 0;
}
```

2. 字符设备的编译规则

一个完整字符设备驱动程序的编写可以分为三个部分，分别是字符设备驱动程序、测试驱动程序以及编译规则。前面分析如何写设备驱动程序，下面就来讲解如何将编写完成的设备驱动程序编译为内核模块。

首先新建一个 Makefile 文件，在 Makefile 文件中需要编写具体的编译规则，使用该规则将设备驱动程序编译为内核驱动文件（.ko 文件）。Makefile 的具体程序代码如下。

```
KERNELDIR : = /home/eight/nxp_linux_kernel/linux-imx-rel_imx_4.1.15_2.1.0_ga
CURRENT_PATH : = $ (shellpwd)
obj-m : = old_led1.o(或者 new_led1.o)
build:kernel_modules
```

```
kernel_modules:
    $ (MAKE) -C $ (KERNELDIR) M = $ (CURRENT_PATH) modules
clean:
    $ (MAKE) -C $ (KERNELDIR) M = $ (CURRENT_PATH) clean
```

Makefile 文件中的第一行代码的作用是，在编译设备驱动程序时需要用到 Linux 内核源代码。这里使用的内核源代码是恩智浦官方提供的一个版本，该内核源代码在宿主计算机中的路径为/home/eight/nxp_linux_kernel/linux-imx-rel_imx_4.1.15_2.1.0_ga。注意，这里使用的是绝对路径。第二行代码的功能是将编译好的目标文件，存放在当前编译的路径下，方便查找，再下面就是正常的编译规则。

10.4　【案例实战】字符设备驱动的移植测试

本案例中通过实验验证字符设备程序在开发板中是否正常运行，这里对新旧字符设备同时验证，读者可以通过下面的操作步骤来学习字符设备驱动的移植测试过程。

案例实战中的字符设备驱动移植是有前提的。首先是在 U-boot、内核镜像、设备树以及根文件系统中确保正常工作，其次是 U-boot 设置 SD 卡方式启动、内核镜像和设备树采用 tftp 协议加载到开发板上，最后是根文件系统使用网络挂载的方式。此案例实战是对 10.3 小节内容的完善和验证测试，因此本案例会同时给大家演示新旧字符设备驱动移植，具体操作步骤如下。

Step 1 编写 LED 驱动的测试程序 ledapp. c，LED 驱动的测试程序如下。

```
#include "stdio. h"
#include "unistd. h"
#include "sys/types. h"
#include "sys/stat. h"
#include "fcntl. h"
#include "stdlib. h"
#include "string. h"
//字符 LED1 设备驱动
#define OLD_CHAR_LED1_OFF0
#define OLD_CHAR_LED1_ON1

int main(intargc, char * argv[])
{
    int fd, retvalue;
    char * filename;
    unsigned chardatabuf[1];
    if(argc ! = 3){printf("Error Usage!  \r \n");return -1;}
    filename = argv[1];
```

```
fd = open(filename, O_RDWR);                    //打开 old_led1 驱动
if(fd < 0){printf("file %s open failed! \r \n", argv[1]);return -1;}
databuf[0] = atoi(argv[2]);                     //要执行的操作:打开或关闭
retvalue = write(fd, databuf, sizeof(databuf)); //向/dev/old_led1 文件写入
数据
if(retvalue < 0){printf("OLD_CHAR_LED1_ Control Failed! \r \n");close(fd);
return -1;}
retvalue = close(fd);                           //关闭文件
if(retvalue < 0){printf("file %s close failed! \r \n", argv[1]);return -1;}
return 0;
}
```

Step 2 在路径/home/pillar/nfs/下新建 old_led 目录，通过 FTP，将 10.3 小节中完整的 old_led1.c 文件以及 Makefile 复制到/home/pillar/nfs/old_led/目录下，同时复制 Step 1 中的 ledapp.c，old_led 目录内容如图 10-3 所示。

图 10-3　old_led 目录内容

Step 3 编译内核模块，即 LED 的驱动模块，直接使用 make 命令即可。内核模块编译完成后会生成 old_led1.ko 文件，如图 10-4 所示。

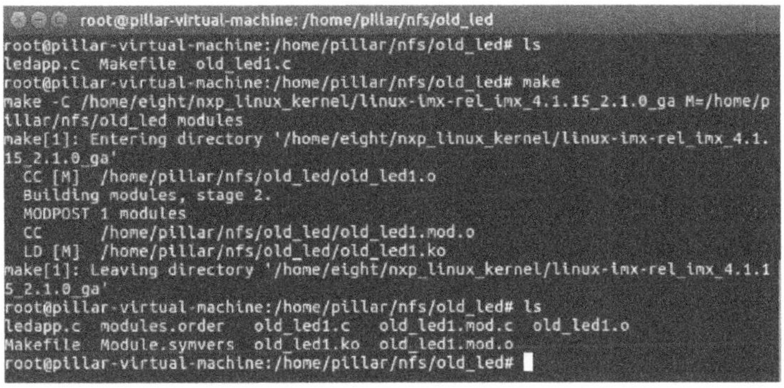

图 10-4　编译内核模块

Step 4 使用交叉编译工具链编译 LED 的测试程序 ledapp.c，编译命令为：arm-linux-gnueabihf-gcc -o ledapp ledapp.c，编译生成可执行文件 ledapp，如图 10-5 所示。

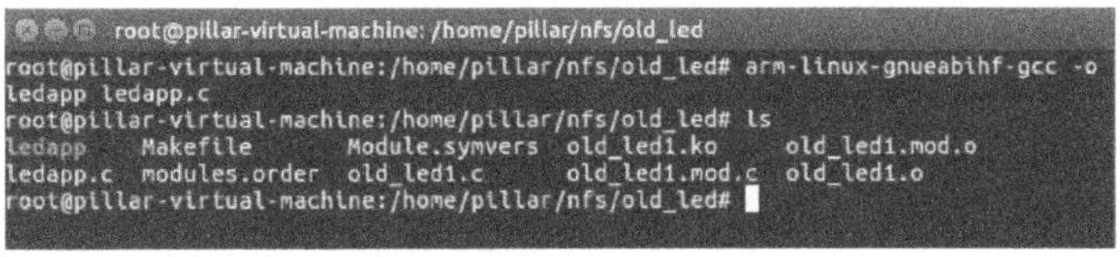

图 10-5　编译测试驱动程序 ledapp.c

199

Step 5 创建如下目录/home/pillar/nfs/rootfs/lib/modules/4. 1. 15/。然后将可执行文件 ledapp 和内核驱动模块 old_led1. ko 复制到路径/home/pillar/nfs/rootfs/lib/modules/4. 1. 15/ 下，如图 10-6 所示。

图 10-6 网络挂载宿主计算机

Step 6 复位开发板，等待内核启动和根文件系统挂载成功后，进入到目录/lib/modules/4. 1. 15，如图 10-7 所示。

图 10-7 目标开发板中的网络挂载文件

Step 7 加载/卸载内核驱动模块（old_led1. ko）。第一次加载需要使用 depmod 命令，测试 LED 驱动结果如图 10-8 所示。

图 10-8 旧字符设备驱动的试验过程

Step 8 对于新的字符设备，Step 1 ~ Step 6 操作是相同的。对于新字符模块的内核模块加载，测试 LED 驱动结果如图 10-9 所示。

图 10-9 新字符设备驱动的试验过程

Step 9 开发板的测试效果如图 10-10 和图 10-11 所示。

图 10-10　打开灯 LED1　　　　　　　　　　图 10-11　关闭灯 LED1

10.5　要点巩固

　　本章的重点在于如何编写字符设备驱动。设备驱动分为字符设备驱动、块设备驱动以及网络设备驱动。字符设备驱动作为最常用的一种驱动，其工作流程如图 10-12 所示。

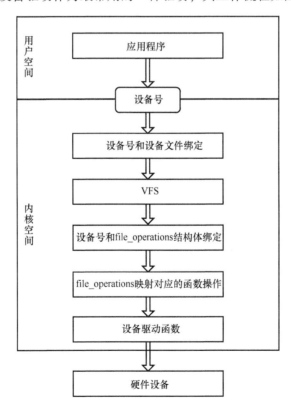

图 10-12　应用程序调用驱动的流程

　　内核把所有的字符设备驱动放在一个线性的数据结构中统一管理。每一个元素标识一个字符设备驱动，每个元素包含两个内容：设备号（包括主设备号和次设备号）和 file_operations 结构体。线性结构的下标直接对应主设备号；file_operations 结构体是文件标准操作集，包括 open、read、write、close 等基本文件操作。

字符设备在注册时，会将设备号和 file_operations 结构体绑定；在创建设备文件时会将设备文件和设备号绑定；应用程序操作设备文件时，VFS 会通过设备号将对设备文件的操作映射到 file_operations 对应的操作。因此，设备驱动程序中只要在 file_operations 相关操作函数中对硬件操作，那么用户空间的 app 通过设备文件就能调用 file_operations 结构体提供的操作间接地对设备进行操作。

如上所述，编写一个字符设备驱动需要完成以下工作：第一，申请设备号；第二，定义一个 file_operations 结构体，并填充结构体，包括对硬件的相关操作；第三将设备号和 file_operations 结构体绑定并注册到 kernel；第四，用设备号创建设备文件。

编写字符设备驱动有两个版本：旧版本是使用 register_chrdev 函数，这个函数直接完成设备号申请、file_operations 结构体的绑定以及注册到 kernel 中；新版本将设备号申请、file_operrations 结构体绑定以及注册步骤分开。其中，设备号申请用 register_chrdev_region（静态申请）或者 alloc_chrdev_region（动态申请）函数，file_operations 结构体绑定以及注册用 cdev_alloc、cdev_init、cdev_add 函数完成。其实，两种方式内部调用的函数都是一样的，新版本注册方式只是将旧版本内部的函数拆分开来实现。

10.6 技术大牛访谈——块设备驱动概述

Linux 设备驱动分为字符设备驱动、块设备驱动以及网络设备驱动，字符设备驱动方式我们已经掌握了。网络设备驱动其实质也属于字符设备驱动的一种，在后面的网络编程章节中会有详细介绍，因此本小节重点研究块设备驱动的一般方式。

1. 块设备的概念

块设备是一种具有一定结构的随机存取设备，对这种设备的读写是按块进行的，它使用缓冲区存放暂时的数据，待条件成熟后，从缓存一次性写入设备或者从设备一次性读到缓冲区。可以随机访问，块设备的访问位置必须能够在介质的不同区间前后移动。

对比字符设备驱动，应用层读写字符设备驱动时，是按字节来读写数据的，期间没有任何缓存区。因为数据量小，不能随机读取数据，是一个顺序的数据流设备。对这种设备的读写是按字符进行的，而且这些字符连续形成一个数据流，不具备缓冲区，所以对这种设备的读写是实时的。

扇区是任何块设备硬件对数据处理的基本单位。对于设备而言，通常一个扇区的大小为 512byte。块是由 Linux 制定对内核或文件系统等数据处理的基本单位，对于 Linux 系统来说一个块至少包含一个以上的扇区。段是由相邻的块组成，它是 Linux 内存管理机制中一个内存页或者内存页的一部分。

2. 块设备的工作流程

块设备驱动是以何种方式对块设备进行访问的？在 Linux 中，驱动对块设备的输入或输出（I/O）操作，都会向块设备发出一个请求，在驱动中用 request 结构体描述。但对于一些磁盘设备而言请求的速度很慢，这时候内核就提供一种队列的机制把这些 I/O 请求添加到队列中（即请求队列），在驱动中用 request_queue 结构体描述。在向块设备提交这些请求前内核会先执行请求的合并和排序预操作，以提高访问的效率。然后再由内核中的 I/O 调度程序子系统来负责提交 I/O 请求，I/O 调度程序将磁盘资源分配给系统中所有挂起块的 I/O 请求，其工作是管理块设备的请求队列，决定队列中请求的排列顺序以及什么时候派发请求到设备。关于更多详细的 I/O 调度知识这里就不深入研究了。

　　块设备驱动是怎样维持 I/O 请求在上层文件系统与底层物理磁盘之间的关系呢？这就是通用块层（Generic Block Layer）要做的事情了。在通用块层中，通常用一个 bio 结构体对应一个 I/O 请求，它代表了正在活动的以段（Segment）链表形式组织的块 IO 操作，对于它所需要的所有段用 bio_vec 结构体表示。

　　块设备驱动又是怎样对底层物理磁盘进行反问的呢？上面讲的都是对上层访问对上层的关系。Linux 提供了一个 gendisk 数据结构体，用它来表示一个独立的磁盘设备或分区。在gendisk 中有一个类似字符设备中 file_operations 的硬件操作结构指针，它就是 block_device_operations 结构体。

　　块设备的驱动方式要比字符设备复杂一些，首先在于块设备数据读写不是实时的，读写需要缓存。其次在读写块设备数据时需要借助复杂的数据结构，才能将块设备高效稳定地读写。本小节作为块设备驱动的概述部分，对其具体的驱动实现不做探讨。

第 11 章
Linux 嵌入式系统之设备树

设备树是在 Linux 内核 3. x00000 版本以后引入的，引入设备树的主要目的在于将设备的驱动和设备信息分离开，这也符合 Linux 系统的分层设计思想。引入设备树，还因为早期的 Linux 内核版本中夹杂着大量的设备信息在内核中，这严重影响着 Linux 驱动开发的效率，因为一旦外部设备发生任何改动，都需要重新编写和编译驱动代码。

11.1　小白也要懂——设备树的基础知识

设备树的概念在前面章节的案例实战中有用到，那设备树到底是什么？顾名思义，所谓设备树是指设备以树形数据结构组织在一起供内核访问和使用的一种抽象概念，如图 11-1 所示。

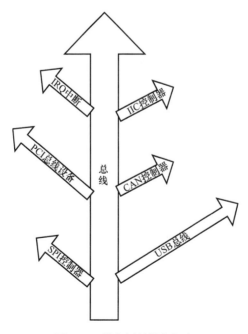

图 11-1　设备树的抽象概念

1. 设备树的概念

设备树就是一种描述硬件资源的数据结构，可以通过 U-boot 将硬件设备驱动信息传递给 Linux 内核。这样做能够将设备驱动程序和设备信息分离，使得内核和硬件资源描述相对独立。设备树的优点主要体现在对于同一个芯片的不同主板，只需更换设备树文件 .dtb 即可实现无差异支持，而不用更换内核文件。

2. 设备树的组成

一个完整的设备树一般由 4 个部分组成。一是 dts 设备树描述文件，存储在内核的/arch/arm/boot/dts 目录中。对于项目中使用的 dts 文件，它描述了开发板的设备信息。二是 dtc，属于编译工具，会将 dts 文件编译为 dtb 文件。三是 dtb 文件，属于 dts 编译后生成的二进制文件，U-boot 在引导启动内核时，会读取该文件到内存中去，然后内核读取访问。最后一种文件是 dtsi 文件，类似 C 语言中的头文件。由于一个芯片可能有多个不同的电路板，而每个电路板拥有一个 .dts，这些 dts 势必会存在许多共同部分，为了减少代码的冗余，设备树将这些共同部分提炼保存在 .dtsi 文件中，供不同的 dts 共同使用。

3. 设备树文件的加载过程

设备树文件在内核源代码中是如何加载的呢？难道是像驱动一样编译进内核吗？实际上不是的。上面讲了 dts 会最终编译成 dtb 文件，上电之后 U-boot 就会将设备树在内存中的地址传给内核，然后内核去解析和读取对应的硬件资源。因此要支持设备树不仅仅需要内核支持，U-boot 也要支持。设备树文件的加载过程如图 11-2 所示。

图 11-2　设备树的加载过程

Linux 引入设备树的重要原因就是分离设备驱动程序和设备信息，因为设备树是描述板级设备信息的，它和内核无关。前面章节 U-boot 中设置的环境变量 bootargs，实际修改的是 dts 文件中 chosen 节点的 bootargs。

11.2　设备树的基础语法

下面本着够用且能够看懂的目标来学习设备树的基础语法。设备树中主要有节点以及节点属性，这些概念类似公司或者学校中的组织架构。设备树采用树形数据结构来描述设备，因此设备树会像根文件系统一样，有一个根节点，其符号表示为/。节点之间可以相互嵌套，嵌套形成父子关系，这样设计有利于描述设备间的关系。此外节点的属性采用类似 Json 格式的键值对来描述，并且以分号（;）表示结束。设备树还支持类似 C 语言的头文件嵌套写法。

11.2.1　设备树节点

一般规定设备的节点名称不能超过 31 个字节的字符串，并且设备节点名书写的一般格式为 name@ adress。其中 name 代表的是设备节点名称，属于必填项；adress 则表示设备地址，这个设备地址是唯一标识一个节点的。

1. 带有标签设备节点的命名

设备节点是按层级分类的，每个设备树文件都有根节点，包括 dts 文件和 dtsi 文件。其中 dts 文件和 dtsi 文件的根节点能够合并到一个根节点中去。除了一般设备节点的写法以外，还有带标签的命名方式，一般格式为 label：name@ adress。标签 label 的作用就是让系统访问内核时更加高效，还可以直接使用 &label 来访问该节点。比如可以使用 &uart1 直接访问节点 serial@ 02020000，如图 11-3 所示。

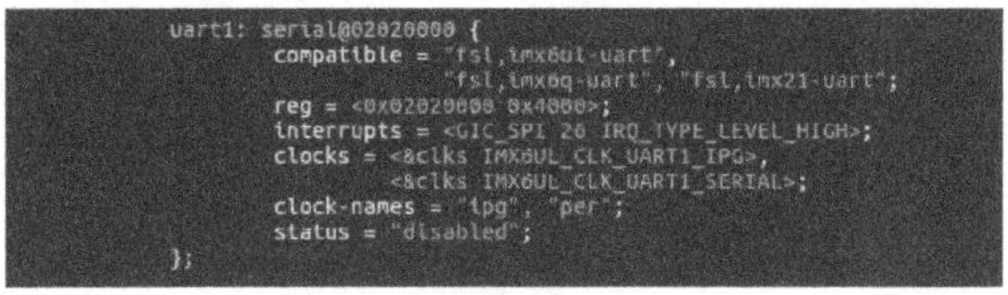

```
uart1: serial@02020000 {
        compatible = "fsl,imx6ul-uart",
                     "fsl,imx6q-uart", "fsl,imx21-uart";
        reg = <0x02020000 0x4000>;
        interrupts = <GIC_SPI 26 IRQ_TYPE_LEVEL_HIGH>;
        clocks = <&clks IMX6UL_CLK_UART1_IPG>,
                 <&clks IMX6UL_CLK_UART1_SERIAL>;
        clock-names = "ipg", "per";
        status = "disabled";
};
```

图 11-3　带标签的设备节点写法

2. aliases 子节点

设备树的节点有根设备节点、一级设备子节点、二级设备子节点等。其中 aliases 子节点属于一级设备子节点，也称为根设备子节点。以下为 imx6ull-14x14-evk. dts 文件中 aliases 节点的信息。

```
/{
    aliases {
        can0 = &flexcan1;
        can1 = &flexcan2;
        ethernet0 = &fec1;
        ethernet1 = &fec2;
        gpio0 = &gpio1;
        gpio1 = &gpio2;
        gpio2 = &gpio3;
        gpio3 = &gpio4;
        gpio4 = &gpio5;
        i2c0 = &i2c1;
        i2c1 = &i2c2;
        i2c2 = &i2c3;
        i2c3 = &i2c4;
        mmc0 = &usdhc1;
        mmc1 = &usdhc2;
        serial0 = &uart1;
        serial1 = &uart2;
        serial2 = &uart3;
        serial3 = &uart4;
        serial4 = &uart5;
```

```
            serial5 = &uart6;
            serial6 = &uart7;
            serial7 = &uart8;
            spi0 = &ecspi1;
            spi1 = &ecspi2;
            spi2 = &ecspi3;
            spi3 = &ecspi4;
            usbphy0 = &usbphy1;
            usbphy1 = &usbphy2;
        };
    }
```

从 imx6ull-14x14-evk. dts 文件中的 aliases 节点信息中不难发现，= 的右边是获取节点的标签名称，= 的左边则是重新起的别名（aliases 翻译为别名）。这样做的目的是方便驱动开发人员重定义设备节点的名称，因此 aliases 节点也被称为别名节点。

3. chosen 子节点

chosen 节点也属于根设备子节点，chosen 节点并不代表一个真正的设备，只是作为一个为 U-boot 和操作系统之间传递数据的地方，比如 bootargs 参数。一般 . dts 文件中 chosen 节点里的数据也不代表硬件。通常，chosen 节点在 . dts 源文件中为空，并在启动时填充。在开发板中使用串口 1 作为数据传递的物理接口，如图 11-4 所示。

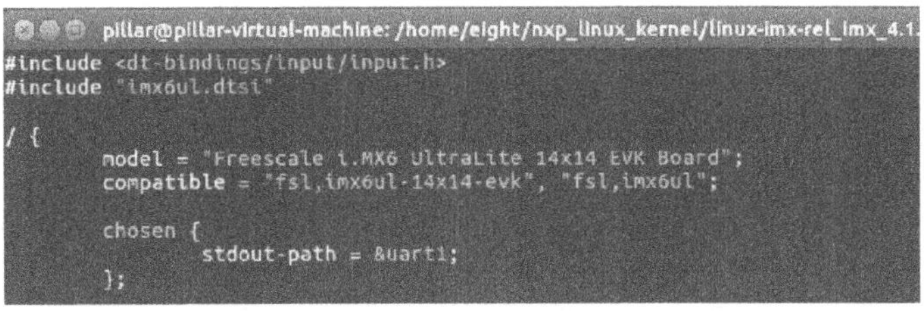

图 11-4　串口 1 作为标准输出接口

11. 2. 2　节点属性

Linux 设备节点属性是采用键值对的方式进行描述的。设备节点是指具体的设备，但是相近设备有着不同的属性，这些属性有用户自定义的，也有设备树语法标准专用的属性。

1. compatible 属性

compatible 的意思是兼容性的意思。Linux 系统中具体的设备节点都会有该属性，compatible 属性用于将设备和驱动关联起来。字符串列表用于选择设备所要使用的驱动程序，该属性的一般描述方式为:" manufacturer,model"。我们使用的开发板根节点 compatible 属性如下。

```
    /{
        ...
        compatible = "fsl,imx6ull-14x14-evk", "fsl,imx6ull";
```

```
    …
    }
```

在根节点 compatible 属性键值对中，manufacturer 对应的是"fsl,imx6ull-14x14-evk"这个具体的设备，model 对应的是"fsl,imx6ull"这个具体的芯片。

2. model 属性

model 属性值用于描述设备模块信息，也是一个字符串。这里以根节点的 model 信息为例，model = "Freescale i. MX6 UltraLite 14x14 EVK Board"。根节点的 model 属性描述的是开发板的信息。

3. status 属性

status 属性用来表示节点的状态，其实就是硬件的状态，用字符串表示。okay 表示硬件正常工作，disabled 表示硬件当前不可用，fail 表示因为出错不可用，fail-sss 表示因为某种原因出错不可用，sss 表示具体的出错原因。实际操作中，基本只用 okay 和 disabled。

4. #address-cells 和#size-cells 属性

这两个属性的值都是无符号 32 位整型，#address-cells 和#size-cells 这两个属性可以用在任何拥有子节点的设备中，用于描述子节点的地址信息。#address-cells 属性值决定了子节点 reg 属性中地址信息所占用的字长（32 位），#size-cells 属性值决定了子节点 reg 属性中长度信息所占的字长（32 位）。#address-cells 和#size-cells 表明了子节点应该如何编写 reg 属性值，一般 reg 属性都是和地址有关的内容，和地址相关的信息有两种：起始地址和地址长度，reg 属性的格式为：

```
reg = <address1 length1 address2 length2 address3 length3…… >
```

5. reg 属性

reg 属性前面已经提到了，reg 属性的值一般是（起始地址，地址长度）。reg 属性用于描述设备地址空间资源信息，一般都是某个外设的寄存器地址范围信息。

6. ranges 属性

总线上设备在总线地址和总线本身的地址可能不同，ranges 属性用来表示如何转换，和 reg 属性类似。不同的是 ranges 属性的每个元素是三元组，按照前后顺序分别是（子总线地址，父总线地址，大小）。

11.2.3　设备树常用的操作函数

设备通常是以节点的形式挂载到设备树上的，因此想要获取这个设备的其他属性信息，必须先获取到这个设备的节点。Linux 内核使用 device_node 结构体来描述一个节点，该结构体定义在 include/linux/of. h 中，具体如下。

```
struct device_node {
    const char * name;                          /* 节点名字 */
    const char * type;                          /* 设备类型 */
    phandle phandle;
    const char * full_name;                     /* 节点全名 */
```

```
    structfwnode_handle fwnode;
    struct property * properties;                    /* 属性 */
    struct property * deadprops;                     /* removed 属性 */
    struct device_node * parent;                     /* 父节点 */
    struct device_node * child;                      /* 子节点 */
    struct device_node * sibling;
    structkobject kobj;
    unsigned long _flags;
    void * data;
    #if defined (CONFIG_SPARC)
    const char * path_component_name;
    unsigned int unique_id;
    struct of_irq_controller * irq_trans;
    #endif
};
```

　　设备树描述了设备的详细信息，这些信息包括数字类型的、字符串类型的、数组类型的，一般通过 of 函数获取。这些 of 函数的原型大部分定义在 include/linux/of. h 文件中。常用的 of 函数如表 11-1 所示。

表 11-1　设备树常用的 of 函数

of 函数名称	功　　能
of_find_node_by_name	通过节点名字查找指定的节点
of_find_node_by_type	通过 device_type 属性查找指定的节点
of_find_compatible_node	根据 device_type 和 compatible 属性查找指定的节点
of_find_matching_node_and_match	函数通过 of_device_id 匹配表来查找指定的节点
of_find_node_by_path	通过路径来查找指定的节点
of_get_parent	获取指定存在父节点的父节点
of_get_next_child	迭代的方式查找子节点
of_find_property	查找指定的属性
of_property_count_elems_of_size	获取属性中元素的数量
of_property_read_string	读取属性中字符串的值
of_device_is_compatible	查看节点的 compatible 属性是否包含 compat 指定的字符串
of_translate_address	从设备树读取到的地址转换为物理地址
of_n_addr_cells	获取 #address-cells 属性值
of_n_size_cells	获取 #size-cells 属性值
of_gpio_named_count	获取设备树某个属性里面定义了几个 GPIO 信息
of_property_read_u32_index	从属性中获取指定标号的 u32 类型数据值
of_property_read_u8_array	读取 u8、u16、u32 和 u64 数组类型属性值
of_property_read_u8	读取 u8、u16、u32 和 u64 类型属性值
of_get_named_gpio	获取 GPIO 编号

11.3　基于设备树的 pinctrl 和 gpio 子系统

pinctrl 和 gpio 子系统类似单片机中的 BSP 库的概念，在第十章字符设备驱动中，编写一个 LED 驱动需要修改很多 GPIO 寄存器相关的代码。一旦更换了 LED 的引脚，就需要再一次修改相关的代码，因为不同的 GPIO 引脚的寄存器地址不一样。但是 pinctrl 和 gpio 子系统可以帮助用户解决这些问题，其采用分层的思想，将驱动程序和驱动设备分离。

11.3.1　pinctrl 子系统

在嵌入式系统中，许多芯片的内部都包含了 pin 控制器，通过芯片内部的 pin 控制器，可以配置一个或者一组引脚的状态和功能特性。Linux 内核为了统一各芯片厂商的引脚管理，提供了 pinctrl 子系统。pinctrl 子系统是用于 pin controller 硬件的驱动软件子系统。一般芯片的数据手册都会有介绍 GPIO 配置的说明，但是这些配置往往都是直接操作寄存器，而且配置这些寄存器实现的功能也通常分为 3 种。

1. 配置 pin controller 硬件的控制单元可以实现如下功能

引脚的功能配置，例如选择配置 I/O 引脚是普通 GPIO 输入输出功能，还是具有特殊功能的引脚。引脚特性配置，例如配置引脚内部的上/下拉电阻。

2. 配置 GPIO controller 的寄存器实现复用功能

如果一组 pin 被配置成 SPI，则将会和 SPI controller 连接。如果配置成了 GPIO，则将会和 GPIO controller 进行连接。通过配置 GPIO controller 的寄存器，设置 GPIO 的方向，例如输入或者输出；当 GPIO 设置为输出方向时，能够设定该引脚的电平是高电平还是低电平；当 GPIO 设置为输入方向时，能够读取该引脚的电平状态。

3. 配置 IO 中断控制功能

设置中断控制是否使能；设置中断的触发方式，例如上升沿/下降沿触发；通过设置寄存器将中断状态清除。

4. 设备树中添加 pinctrl 节点模板

设备树中如何创建 LED 驱动的 pinctrl 节点呢？打开 mx6ull-alientek-emmc.dts，在 io-muxc 节点中的 imx6ul-evk 子节点下添加 pinctrl_test 节点，节点前缀一需要添加 pinctrl_。这里创建的节点名为 pinctrl_led1 的子节点，节点内容如下。

```
pinctrl_led: ledgrp {
    fsl, pins = <
    MX6UL_PAD_GPIO1_IO03_GPIO1_IO03 0x10B0
    >;
};
```

上述节点代码中还需要添加 pin 的属性，属性格式一定要为"fsl,pins"。因为对于 IMX6ULL 系列 SOC 而言，pinctrl 驱动程序是通过读取"fsl,pins"属性值来获取 PIN 的配置信息。其中 MX6UL_PAD_GPIO1_IO03_GPIO1_IO03 0x10B0 就是具体引脚的配置信息。

11.3.2　gpio 子系统

pinctrl 子系统重点是配置 pin 的复用功能和电气属性，但是如果 pinctrl 子系统将一个 PIN 配置为 GPIO 的模式，那么接下来就需要用到 gpio 子系统了。gpio 子系统帮助用户管理整个系统 gpio 的使用情况，同时通过 sys 文件系统导出了调试信息和应用层控制接口。它内部实现主要提供了两类接口，一类给 bsp 工程师，用于注册 gpio chip（也就是所谓的 gpio 控制器驱动），另一部分给驱动工程师使用，为驱动工程师屏蔽了不同 gpio chip 之间的区别。驱动工程师调用 api 最终操作流程会导向 gpio 对应的 gpio chip 控制代码，也就是 bsp 的代码。

1. gpio 子系统 API 函数

对于驱动开发人员，设置好设备树以后就可以使用 gpio 子系统提供的 API 函数来操作指定的 GPIO，gpio 子系统向驱动开发人员屏蔽了具体的读写寄存器过程。这就是驱动分层与分离的好处，各司其职，做好自己的本职工作即可。gpio 子系统提供的常用 API 函数如表 11-2 所示。

表 11-2　gpio 子系统常用的 API 函数

gpio 的 API 函数	功　　能
gpio_request	在使用一个 GPIO 之前一定要使用 gpio_request 进行申请
gpio_export	将该 gpio 通过 sys 文件系统导出，应用层可以通过文件操作 gpio
gpio_direction_input	设置某个 GPIO 为输入
gpio_direction_output	设置某个 GPIO 为输出
gpio_get_value	获取某个 GPIO 的值
gpio_set_value	设置某个 GPIO 的值
request_irq	将 gpio 转为对应的 irq，然后注册该 irq 的中断 handler
gpio_free	释放请求的 GPIO

gpio 子系统 API 函数一般的调用流程是，先申请一个 GPIO 引脚，然后设置为输入或者输出，进一步将该 GPIO 引脚通过根文件系统导出给应用层操作，接着就是根据前面的操作设置好输入输出方向来看具体应用。如果该 GPIO 采用中断方式还需要注册该中断处理函数，最后就是将申请的 GPIO 释放。

2. 设备树中添加 gpio 节点

如何在设备树中添加 gpio 节点呢？首先在根节点/下创建 LED 节点，节点名为 gpioled，内容如下。

```
gpioled1 {
#address-cells = <1>;
#size-cells = <1>;
compatible = "atkalpha-gpioled";
pinctrl-names = "default";
pinctrl-0 = <&pinctrl_led>;
```

211

```
led-gpio = <&gpio1 3 GPIO_ACTIVE_LOW>;
status = " okay";
}
```

上述节点代码中 pinctrl-0 属性设置 LED 所使用的引脚对应 pinctrl 节点。led-gpio 属性指定了 LED 所使用的 GPIO，在这里就是 gpio1 的 IO03，低电平有效。稍后编写驱动程序的时候会获取 led-gpio 属性的内容来得到 GPIO 编号，因为 gpio 子系统的 API 操作函数需要 GPIO 编号。

11.4 基于设备树的 platform 设备驱动

platform 总线是 Linux 2.6 引入的虚拟总线，这类总线没有对应的硬件结构。platform 直译为平台的意思，但实际上在 Linux 系统中常常称为虚拟总线，platform 驱动是总线、驱动、设备的模型。这个在本章的 "11.7 技术大牛访谈——设备驱动的分层和分离思想" 中会详细讲解。但是总线、驱动、模型是相对于有标准外设接口的设备而言的，还有部分外设是没有标准外设接口的。因此无法适用总线、驱动、设备模型，所以 Linux 系统就产生了 platform 这个虚拟总线，相应的就有 platform_driver 和 platform_device。

11.4.1 platform 驱动模型

platform 驱动模型主要分为三个部分，platform 总线、platform 驱动以及 platform 设备。platform 设备主要提供设备本身对驱动处理所要求的参数，它主要是利用 platform_device 这边传递过来的参数对硬件初始化，以及构建 sys 文件系统接口，方便应用程序操作驱动。platform 总线主要是对设备和驱动进行匹配，platform 总线设备驱动的实现流程如图 11-5 所示。

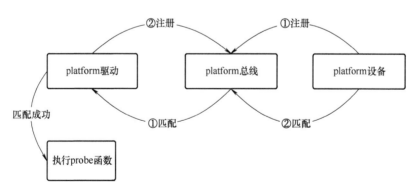

图 11-5　platform 总线设备驱动的实现流程

1. platform 总线

platform 总线的内核是采用纯软件虚拟出来的，主要解决设备和驱动分离问题，既然设备和驱动分开了，内核如何知道设备和驱动的对应关系呢？platform 总线就是解决设备和驱动的匹配关系的。当 platform 设备和 platform 驱动进行内核注册时，也都是注册到 platform 总线上，关于 platform 总线的类型定义如下所示。

```
struct bus_type platform_bus_type = {
.name = " platform",
.dev_groups = platform_dev_groups,
.match = platform_match,
.uevent = platform_uevent,
.pm = &platform_dev_pm_ops,
};
```

从上面的代码中可以看出 platform 总线是 bus_type 类型结构体中的一个实例。在该实例中最重要的就是 platform_match 匹配函数，用来匹配注册到 platform 总线的设备和驱动。我们来看一下 platform 总线上的设备和驱动是如何匹配的，platform_match 函数定义在文件 drivers/base/platform.c 中，函数内容如下。

```
static int platform_match (struct device * dev, struct device_driver * drv)
{
    struct platform_device * pdev = to_platform_device (dev);
    struct platform_driver * pdrv = to_platform_driver (drv);

    When driver_override is set, only bind to the matching driver * /
    if (pdev->driver_override)
    return ! strcmp (pdev->driver_override, drv->name);

    /* Attempt an OF style match first */
    if (of_driver_match_device (dev, drv))
    return 1;

    /* Then try ACPI style match */
    if (acpi_driver_match_device (dev, drv))
    return 1;

    /* Then try to match against the id table */
    if (pdrv->id_table)
    return platform_match_id (pdrv->id_table, pdev) ! = NULL;

    /* fall-back to driver name match */
    return (strcmp (pdev->name, drv->name) = = 0);
}
```

从 platform_match 函数中能够总结出 platform 总线匹配驱动和设备的方式有 4 种，第一种采用 of 类型的匹配，也就是设备树采用的匹配方式；第二种采用 ACPI 匹配；第三种采用 id_table 匹配，每个 platform_driver 结构体有一个 id_table 成员变量，顾名思义，保存了很多 id 信息，这些 id 信息存放着这个 platformd 驱动所支持的驱动类型；第四种匹配方式为，如果第三种匹配方式的 id_table 不存在就直接比较驱动和设备的 name 字段，看看是不是相等，

213

如果相等的话就匹配成功。

对于支持设备树的 Linux 版本号，一般设备驱动为了兼容性都支持设备树和无设备树两种匹配方式。也就是第一种匹配方式一般都会存在，第三种和第四种只要存在一种就可以，用得最多的还是第四种，也就是直接比较驱动和设备的 name 字段，因为这种方式最简单。

2. platform 驱动

platform 驱动主要是完成设备驱动的初始化工作，在/include/linux/platform_device. h 文件中有定义 platform 驱动的结构体 platform_driver，内容如下。

```
struct platform_driver {
        int (*probe) (struct platform_device *);
        int (*remove) (struct platform_device *);
        void (*shutdown) (struct platform_device *);
        int (*suspend) (struct platform_device *, pm_message_t state);
        int (*resume) (struct platform_device *);
        struct device_driver driver;
        const struct platform_device_id *id_table;
        bool prevent_deferred_probe;
};
```

在上述结构体的定义中，能够看到第二行定义的一个 probe 指针函数，当 platform 总线匹配成功驱动和设备以后，就会通过该函数指针来调用 probe 函数。remove 函数系统卸载设备的时候，将 driver 和 device 解绑。shutdown 函数，用于关机时使设备静默。suspend 函数使设备进入睡眠模式。resume 函数唤醒设备。driver 成员为 device_driver 结构体变量。id_table 表，也就是上一页最后一段讲解 platform 总线匹配驱动和设备的时候采用的第三种方法。

总体来说，platform 驱动还是传统的字符设备驱动、块设备驱动或网络设备驱动，只是换了一种模型，目的是为了使用总线、驱动和设备这个驱动模型来实现驱动的分离与分层。

3. platform 设备

platform 设备主要是对设备资源的分配，同样的在/include/linux/platform_device. h 文件中有定义 platform 设备的结构体 platform_ device，内容如下。

```
struct platform_device {
        const char      *name;
        int             id;
        bool            id_auto;
        struct device   dev;
        u32             num_resources;
        struct resource *resource;
        const struct platform_device_id *id_entry;
        char *driver_override; /* Driver name to force a match */
        /* MFD cell pointer */
        structmfd_cell *mfd_cell;
        /* arch specific additions */
```

```
        structpdev_archdata      archdata;
};
```

在上述结构体的定义中，name 表示设备名字，要和所使用的 platform 驱动的 name 字段相同，否则设备就无法匹配到对应的驱动，这也是 platform 总线的第四种匹配方式。其中设备类型的 dev 变量是真正有用的设备，通过 contain_of 函数，能找到整个 platform_device。num_resources 以及 resource 表示系统使用的资源。Linux 系统资源包括 GPIO、寄存器、DMA、Bus、Memory 等。

11.4.2　设备树下 platform 驱动的编写

Linux 内核 3.x 版本以后引入设备树，在以前不支持设备树的 Linux 版本中，一般在平台文件中用户需要编写 platform_device 变量来描述设备信息，然后使用 platform_device_register 函数将设备注册到内核中，不再使用设备信息时可以通过 platform_device_unregister 注销掉对应的 platform 设备。引入设备树以后就不需要再定义设备信息了，只需要在设备树中添加一个节点。

1. 在设备树中创建 platform 设备节点

在添加 platform 设备节点时需要清楚设备的详细信息，在设备树添加节点时要清楚节点位于几级节点中。同时还需要配置兼容性属性的信息，因为 platform 总线需要通过设备节点的 compatible 属性值来匹配驱动。下面使用设备树创建一个 LED 节点内容。

```
gpioled {
        #address-cells = <1>;
        #size-cells = <1>;
        compatible = "pillar-gpioled";
        pinctrl-names = "default";
        pinctrl-0 = <&pinctrl_gpio_led1>;
        led-gpio = <&gpio1 3 GPIO_ACTIVE_LOW>;
        status = "okay";
};
```

上述代码中描述了如何在设备树中创建一个 platform 设备节点。设备树中的每一个设备节点都要有一个 compatible 属性。compatible 是系统用来决定绑定到设备的设备驱动的关键。系统初始化时会初始化 platform 总线上的设备，根据设备节点 compatible 属性和驱动中 of_match_table 对应的值，匹配了就加载对应的驱动。

2. 编写 platform 驱动程序

platform 设备节点创建完成以后，接着就可以编写 platform 驱动程序了，下面主要是 platform 驱动的核心代码内容。

```
static int led_remove (struct    *dev)
{
    gpio_set_value (leddev.led0,1);
    /*Uninstalldivece*/
```

```
    cdev_del (&leddev.cdev);        //delete cdev
    unregister_chrdev_region (leddev.devid, LEDDEV_CNT);
    device_destroy (leddev.class, leddev.devid);
    class_destroy (leddev.class);
    return 0;
}
```

remove 函数是用于设备树下注销 platform 驱动的函数。

```
static const struct of_device_id led_of_match [] = {
    {.compatible = " pillar-gpioled"},
    { / * */}
};

static struct platform_driver led_driver = {
    .driver = {
        .name = " im6ul-led",
        .of_match_table = led_of_match,
    },
    .probe = led_probe,
    .remove = led_remove,
};
```

前面添加了一个 platform 节点 gpioled1，注意它的 compatible 属性"pillar-gpioled1"，在驱动中要设置匹配表。然后定义 platform_driver，将匹配表初始化到 platform_driver。这样当驱动加载到内核后，就会进行匹配，匹配成功的话才会执行 probe 函数，在 probe 函数中执行设备、驱动的初始化。

```
static int _initleddriver_init (void)
{
    return platform_driver_register (&led_driver);
}

static void _exitleddriver_exit (void)
{
    platform_driver_unregister (&led_driver);
}
```

在 init 函数中调用 platform_driver_register 函数注册驱动，同样的在 exit 函数中调用 platform_driver_unregister 函数注销驱动，两个函数传入的参数为一个 platform_driver 类型的参数。

```
//probe 函数
static int led_probe (struct platform_device * dev)
{
```

```
/ * 1. create device ID * /
if(leddev. major)
{
    leddev. devid = MKDEV(leddev. major, 0);
    register_chrdev_region (leddev. devid, LEDDEV_CNT, LEDDEV_NAME);
}
else
 {
    alloc_chrdev_region (&leddev. devid, 0, LEDDEV_CNT, LEDDEV_NAME);
    leddev. major = MAJOR (leddev. devid);
    leddev. minor = MINOR (leddev. devid);
 }
printk (KERN_EMERG " nemchrdev major = % d, minor = % d \ r \ n", leddev. major,
leddev. minor);


/ * 2. Initcdev * /
leddev. cdev. owner = THIS_MODULE;
cdev_init (&leddev. cdev, &led_fops);


/ * 3. addcdev * /
cdev_add (&leddev. cdev, leddev. devid, LEDDEV_CNT);


/ * 4. create class * /
leddev. class = class_create (THIS_MODULE, LEDDEV_NAME);
if (IS_ERR (leddev. class))
 {
    printk (KERN_EMERG " class error! \ n");
    return PTR_ERR (leddev. class);
 }


/ * 5. create device * /
leddev. device = device_create (leddev. class, NULL, leddev. devid, NULL, LED-
DEV_NAME);
if (IS_ERR (leddev. device))
 {
    printk (KERN_EMERG " device error! \ n");
    return PTR_ERR (leddev. device);
 }


leddev. nd = of_find_node_by_path (" /gpioled");
if (leddev. nd = = NULL)
```

217

```
{
    printk(KERN_EMERG " gpioled node can't find! \n");
    return -EINVAL;
}
leddev.led0 = of_get_named_gpio (leddev.nd, " led-gpio", 0);
if (leddev.led0  < 0)
 {
    printk (KERN_EMERG " can't get led-gpio! \n");
    return -EINVAL;
}
gpio_request (leddev.led0, " led0");
gpio_direction_output (leddev.led0, 1);
return 0;
}
```

　　probe 函数的主要工作有先调用 alloc_chrdev_region 函数创建 device_id，然后使用 cdev_init 初始化 cdev 结构体，将 file_operations 结构体写到 cdev 中；接着调用 cdev_add 注册 cdev 结构体、调用 class_create 创建一个 class 以及调用 device_create 创建一个字符设备。进一步使用 of_find_node_by_path 获取设备树节点，使用 of_get_named_gpio 获取 GPIO。最后调用 gpio_request 请求 GPIO 并使用 gpio_direction_output 将 GPIO 初始化为输出模式。

11.5　【案例实战】基于设备树的 platform 设备驱动移植

　　本案例结合设备树以及 platform 模型在开发板中测试 LED 的设备驱动移植，读者可以通过下面的操作步骤来学习基于设备树的 platform 设备驱动移植过程。

　　对于设备树的驱动开发流程前面介绍过了，就是确保设备树已经添加了节点，然后根据设备的节点信息，编写和节点对应的驱动代码。不带设备树的 platform 驱动模型是通过 platform 总线中的 platform_match 函数对 platform 设备和 platform 驱动进行匹配，匹配成功则运行 probe 函数。基于设备树的 platform 设备驱动如何移植？下面针对关键步骤进行说明。

Step 1 确保设备树中 platform 设备节点添加成功，如图 11-6 所示。

```
/sys/firmware/devicetree/base # ls
#address-cells          led1grp
#size-cells             memory
aliases                 model
backlight               name
chosen                  pxp_v4l2
clocks                  regulators
compatible              reserved-memory
cpus                    soc
gpioled                 sound
```

图 11-6　添加 platform 设备节点

Step 2 节点创建完毕以后需要完善 11.4.2 小节中设备树下 platform 驱动的编写，然后需要编写 platform 驱动的编译规则，即将 platform 驱动编译为内核模块的编译规则，具体内容如下所示。

```
KERNELDIR : =  /home/eight/nxp_linux_kernel/linux-imx-rel_imx_4.1.15_2.1.0_ga
CURRENT_PATH : = $ (shell pwd)
obj-m : = leddriver.o
build: kernel_modules
kernel_modules:
    $ (MAKE) -C $ (KERNELDIR) M = $ (CURRENT_PATH) modules
clean:
    $ (MAKE) -C $ (KERNELDIR) M = $ (CURRENT_PATH) clean
```

Step 3 在路径/home/pillar/nfs/下新建 dtsplatform 目录，通过 FTP，将需要的驱动文件以及 Makefile 文件复制到/home/pillar/nfs/dtsplatform 目录下，dtsplatform 目录内容如图 11-7 所示。

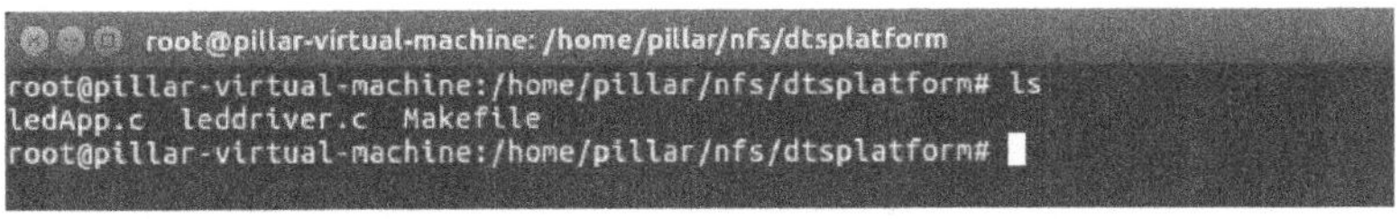

图 11-7　dtsplatform 目录内容

Step 4 使用交叉编译工具链编译 LED 的测试程序 ledApp.c，编译命令命令为：arm-linux-gnueabihf-gcc -o ledapp ledApp.c，编译生成可执行文件 ledapp，如图 11-8 所示。

图 11-8　编译测试驱动程序 ledapp.c

Step 5 和字符设备驱动的操作一样，将可执行文件 ledapp 和内核驱动模块 leddriver.ko 复制到路径/home/pillar/nfs/rootfs/lib/modules/4.1.15/下，如图 11-9 所示。

图 11-9　复制可执行文件和内核驱动模块

219

Step 6 复位开发板，等待内核启动和根文件系统挂载成功后，目标开发板进入到目录/lib/modules/4.1.15 中，如图 11-10 所示。

```
/lib/modules/4.1.15 # ls
ledapp          leddriver.ko
/lib/modules/4.1.15 # ■
```

图 11-10　目标开发板中的网络挂载文件

Step 7 加载内核驱动模块（leddriver.ko）。第一次加载需要使用 depmod 命令，加载成功会提示设备和驱动已经匹配，加载过程如图 11-11 所示。

```
/lib/modules/4.1.15 # ls
ledapp          leddriver.ko
/lib/modules/4.1.15 # depmod
/lib/modules/4.1.15 # modprobe leddriver.ko
led driver and device was matched!
/lib/modules/4.1.15 # ■
```

图 11-11　设备驱动和设备信息匹配成功

Step 8 测试基于设备树的 platform 设备驱动并且卸载内核驱动模块（leddriver.ko）。测试过程如图 11-12 所示。

```
/lib/modules/4.1.15 # ./ledApp /dev/dtsplatled 1
/lib/modules/4.1.15 # ./ledApp /dev/dtsplatled 0
/lib/modules/4.1.15 # ./ledApp /dev/dtsplatled 1
/lib/modules/4.1.15 # ./ledApp /dev/dtsplatled 0
/lib/modules/4.1.15 # rmmod leddriver.ko
/lib/modules/4.1.15 # ■
```

图 11-12　基于设备树的设备驱动试验过程

11.6　要点巩固

本章重点介绍设备树以及和设备树相关的子系统。设备树就是一种描述硬件资源的数据结构，只不过这种数据结构被抽象成一个挂满"果实"（节点）的树。

设备树的组成包括三种文件一个编译工具，三种文件分别是 dtsi 文件、dts 文件以及 dtb 文件；编译工具是指 dtc 的编译工具，dtc 将 dts 以及 dtsi 文件编译为内核能够直接启动的 dtb 二进制文件。设备树文件加载过程是通过 U-boot 传递给内核的，然后内核需要解析和读取对应的硬件资源。所以要支持设备树不仅仅需要内核支持，U-boot 也要支持。

设备树基础语法需要掌握 3 个内容：首先设备树中设备驱动和设备信息以节点的形式存在，其次设备树的节点属性是设备节点用以区分的键值对，最后设备树常用的 of 函数可以快速获取设备节点以及节点属性。

pinctrl 子系统和 gpio 子系统主要是提供 GPIO 操作的函数，但是 pinctrl 子系统和 gpio 子系统提供的 API 函数功能侧重点不同。pinctrl 子系统重点是配置 GPIO 的复用功能，gpio 子系统重点是配置 GPIO 具体的操作，比如配置为输入还是输出，如果配置成输出，gpio 子系统还可以设置 GPIO 输出高低电平。

platform 驱动模型是基于设备驱动的分层和分离思想下的产物，platform 模型包含 platform 总线、platform 驱动以及 platform 设备。platform 总线是虚拟的总线，在 Linux 2.6 版本以后引入进来。设备或者驱动在内核中注册后，platform 总线负责匹配驱动和设备。

11.7　技术大牛访谈——设备驱动的分层和分离思想

一个优质的软件代码唯一的评价标准是提高代码的内聚性，降低代码的耦合性，这也是 IT 圈里流行的一句话——高内聚-低耦合。Linux 内核源代码无疑是业内公认的优秀代码，之所以优秀，就是 Linux 内核代码能够移植到各种硬件平台上，不需要对代码的核心部分重新修改，尤其是对于设备的驱动代码。但是如何实现代码的高内聚和低耦合呢？这是需要从顶层进行设计的，设备驱动在顶层设计的核心思想就是设备的分层和分离思想。

1. 设备驱动的分离思想

对于 Linux 系统来说，不需要软件工程师再重新编写内核源代码，这样说不仅仅是因为 Linux 系统复杂，更多的是因为 Linux 是一个成熟、稳定、足够完善的一个操作系统，不需要再重复地造轮子。因为单个组织和个人即使在自己的设想下造出了一个新"轮子"，也未必能够适用目前的"路况"。这里以 Linux 驱动程序为例，因为在 Linux 系统中驱动程序占据大多数。Linux 系统之所以足够优秀，就是因为它能够管理那么多设备驱动，并且能够源源不断地支持新设备新驱动。

首先做个假设，如果一个项目需要同时用到三种芯片方案，并且这三种芯片方案需要使用同一个 EEPROM 芯片 AT24C02。如果在不引入设备分离思想的情况下对这三种芯片方案编程，需要编写三段相似但不相同的驱动代码，这种简单的框架如图 11-13 所示。

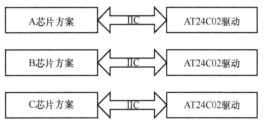

图 11-13　简单的设备驱动方案

如果要采用上图简单的设备驱动方式，需要对每一个芯片方案编写一个对应的 AT24C02 驱动代码。如果本着高内聚低耦合的代码设计思想，至少要编写 4 个驱动文件，分别是 A 芯片的 IIC 驱动文件、B 芯片的 IIC 驱动文件、C 芯片的 IIC 驱动文件以及 AT24C02 的驱动文件。但是当 IIC 设备不是 AT24C02 时，设备驱动又需要不断新增驱动，因为 IIC 设备是不断新增的。此时需要思考的是，在芯片方案和设备不断新增的情况下谁没有变，答案当然是标准没有变，IIC 的时序标准没有改变。因此就可以通过不变的 IIC 标准将芯片方案和设备进行分离，分离后的驱动框架如图 11-14 所示。

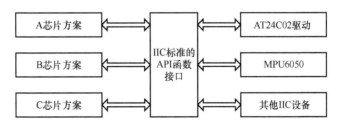

图 11-14　驱动分离框架

通常芯片的 IIC 驱动由芯片厂家编写好了，而设备驱动一般也由设备器件的厂家编写好了，只需要提供设备信息即可。比如 I2C 设备提供设备连接到了哪个 I2C 接口上，I2C 的速度是多少等，相当于将设备信息从设备驱动中剥离开来，驱动使用标准方法获取设备信息（比如从设备树中获取到设备信息），然后根据获取到的设备信息来初始化设备。这样就相当于驱动只负责驱动，设备只负责设备，想办法将两者进行匹配即可。因此再进一步的抽象就是图 11-15 中的模型结构。

图 11-15　抽象的模型结构

这个就是 Linux 中的总线、驱动和设备模型，也就是常说的驱动分离。当用户向系统注册一个驱动时，总线就会获取右边的设备信息，通过对比驱动和设备信息是否有绑定关系。同样，当系统被注册一个设备时，总线则会获取左侧的驱动，然后进行对比。Linux 内核中大量的驱动程序都采用总线、驱动和设备模式。上述内容中的 platform 设备驱动就是在该模型下产生的。

2. 驱动的分层思想

对于计算机中的分层思想，体现最为贴切的应该属于网络模型的 OSI 七层网络模型。采用分层思想的最终目的也是提高内聚、降低耦合，让代码能够更加通用，不需要重复造轮子。Linux 驱动同样也采用了分层思想。这里以 input 子系统的分层思想为例。

input 子系统主要是管理输入驱动的系统。和 pinctrl 和 gpio 子系统一样，都是 Linux 内核针对某一类设备而创建的框架。比如按键输入、键盘、鼠标、触摸屏等这些都属于输入设备，不同的输入设备所代表的含义不同，按键和键盘就是代表按键信息，鼠标和触摸屏代表坐标信息，因此在应用层的处理就不同。对于驱动编写者而言不需要去关心应用层的事情，只需要按照要求上报这些输入事件即可。为此 input 子系统分为 input 驱动层、input 核心层、input 事件处理层，最终给用户空间提供可访问的设备节点。input 子系统完整的系统框架如图 11-16 所示。

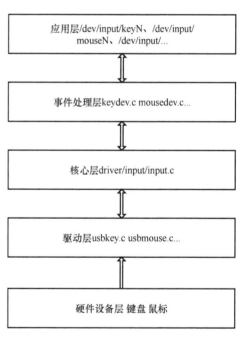

图 11-16　input 子系统分层框架

从图中可以看出 input 子系统就是采用分层思想，编写驱动程序的时候只需要关注中间的驱动层、核心层和事件层。这 3 层的分工体现在以下方面：事件层主要和用户空间进行交互，核心层为驱动层提供输入设备注册和操作接口，通知事件层对输入事件进行处理，驱动层输入设备的具体驱动程序，比如按键驱动程序，向内核层报告输入内容。分层就是将一个复杂的工作分成了 4 层，降低难度，每一层专注于自己的事情，系统只将其中的核心层和事件层写好，而用户只需要来写驱动层即可。

第 12 章
Linux 嵌入式系统之驱动技术

前面两章先后介绍了基于字符的设备驱动以及设备树驱动,为了后面项目案例的学习,我们还需要继续探讨 Linux 嵌入式系统的其他驱动技术。首先是 Linux 异常处理,本章主要讨论 Linux 中断系统。其次 Linux 是一个多任务操作系统,肯定会存在多个任务共同操作同一段内存或者设备的情况,也就会出现并发和竞争。最后,阻塞和非阻塞 IO 是 Linux 驱动开发里面很常见的两种设备访问模式,在编写设备驱动的时候一定要考虑阻塞和非阻塞。

12.1 小白也要懂——Linux 系统下驱动程序框架概述

驱动程序无论是在 Windows 环境下还是 Linux 环境下都非常重要。应用程序在和用户交互后计算机系统能够执行用户的指令,全靠驱动程序在中间上传下达。Linux 系统对不同的子系统定义了标准的 API 接口,应用程序可以使用这些 API 函数来调用底层的驱动程序从而控制硬件设备。Linux 系统下的驱动程序框架主要从两个方面来理解:一是驱动程序与系统的接口;二是驱动程序加载到内核的流程。

12.1.1 驱动程序与系统的接口

驱动程序与系统的接口,主要强调的是 Linux 内核的接口,这部分接口主要是发生在内核态中。前面在讲驱动的时候就介绍过,一般会将驱动程序编译为内核模块,然后加载在内核中,由内核负责调用,显然这其中没有应用程序的参与。但是驱动程序也少不了设备信息的支持。

1. 驱动程序与内核的接口

驱动程序和内核的接口主要体现在 Linux 内核文件 include/linux/fs. h 中一个称为 file_operations 的结构体中。file_operation 就是把系统调用和驱动程序关联起来的关键数据结构。通常这组设备驱动程序接口是由结构 file_operations 结构体向系统说明的,这个结构的每一个成员都对应着一个系统调用。读取 file_operation 中相应的函数指针,接着把控制权转交给对应的接口函数,从而完成 Linux 设备驱动程序的工作。在系统内部,I/O 设备的存取操作通过特定的入口函数来进行,而这组特定的入口函数恰恰是由设备驱动程序提供的。

2. 驱动程序与设备的接口

驱动程序与设备的接口分为两个部分，首先是设备的初始化部分，这部分利用驱动程序对设备进行初始化。其次就是驱动程序与硬件设备的交互接口，这部分描述了驱动程序如何与设备进行交互，与具体的设备密切相关。对于引入了设备树以后的 Linux 内核来说，最大的变化就是编写驱动程序实现了驱动程序和设备信息的分离和驱动程序的分层。

12.1.2 驱动程序加载到内核的流程

对于驱动程序如何加载到内核中的流程，主要从以下几个方面来体现：首先是设备的打开、关闭、读、写等常用的基本功能；其次就是驱动程序如何注册到内核中去，又如何从内核中注销。

1. 设备的常用基本操作

不论是字符设备还是块设备，都有着打开、关闭、读写等基本操作，打开设备是由 open 函数来完成的。open 函数属于 Linux 系统的输入函数，用于"打开"文件，代码打开一个文件意味着获得了这个文件的访问权限。关闭设备由 release 函数来完成（注意不是 close）。release 函数所做工作正好和 open 函数相反，它是释放 open 函数所申请的所有资源。除此之外，设备的常用基本操作就是通过 read 函数和 write 函数进行数据读写。write 函数会把参数 buf 所指的内存写入 N 个字节到参数 fd 所指的文件中，同样 read 函数会把参数 fd 所指的文件传送 N 个字节到 buf 指针所指的内存中。当然设备基本操作不止这些，有时还要控制设备，这可以通过设备驱动程序中的控制函数来完成。

2. 设备驱动的加载和卸载

在 10.3 小节中讨论编写字符设备驱动程序时，就新旧版本的设备加载和卸载进行了分别讲述。但是这里重点关注流程，大家知道设备驱动加载到内核中可以有两种方式，第一种就是将驱动程序编译进内核中，即驱动属于内核系统的一部分，当内核启动以后会自动执行驱动程序；第二种就像前面的实验案例一样，将驱动程序编译成内核模块然后存放在文件系统中，由程序员使用命令动态的加载。但是不论是第一种方式还是第二种方式，当驱动程序加载成功以后就需要注册设备，卸载时需要注销设备，因此就会使用注册和注销函数，设备的注册和注销函数详见 10.3 小节。

12.2 Linux 异常处理——中断处理

异常，顾名思义指系统未能正常按照流程执行，换句话说就是打断 CPU 正在执行的流程。Linux 异常处理体系非常完善，对于 Linux 内核中产生异常的最典型的方式就是中断。而本章重点就是讨论 Linux 异常处理中的中断问题。Linux 内核提供了完善的中断框架，用户只需要申请中断，然后注册中断处理函数即可。

12.2.1 中断 API 函数功能

中断 API 函数可以分为四类，分别是中断注册函数、中断注销函数、中断处理函数以及中断使能和禁止函数。讲解中断函数之前需要先了解一个内容——中断号，中断号就是给中断分配 ID，内核可以通过中断号来区分不同的中断。

1. 中断注册函数

中断资源对于内核来说是极其重要的资源，内核维护了一个中断信号线的注册表。Linux 内核如果想要使用中断，首先要提前注册中断，request_irq 函数用于注册中断，该函数原型声明如下。

```
int request_irq (  unsigned int  irq,
                   irq_handler_t  handler,
                   unsigned long  flags,
                   const char  * name,
                   void      * dev)
```

通过分析中断注册函数的原型，能够看出参数列表项，第一个参数 irq 就是注册的中断号；handler 是一个函数指针，该指针的指向位置就是中断处理函数；flags 参数是中断标志，该标志位的不同代表着中断触发的条件不同；第四个参数 name，代表中断名称；最后一个参数是无类型指针 dev，该指针用于共享中断信号线。

2. 中断注销函数

既然有中断注册函数，势必就会有对应的中断注销函数 free_irq，中断注销函数相对简单，因为它只需要根据注册过的中断号，卸载对应的中断程序，free_irq 函数的原型声明如下。

```
void free_irq (unsigned int  irq,   void     * dev)
```

free_irq 函数只有两个参数，参数一就是要注销的中断号，参数二根据注册中断时 flag 的标志位做具体处理，比如注册中断时设置了共享方式，那么共享中断会在中断处理函数结束后才会被禁止。

3. 中断处理函数

中断处理函数，就是内核在响应了中断以后要处理的函数。对于单片机来说，对中断处理函数的要求就是尽可能占用 CPU 少的时间，对于 Linux 内核来说也同样适用。Linux 中断处理函数是不能重入的，当一个中断处理程序正在执行的时候，其中断线上的其他中断信号 CPU 都会被屏蔽掉，防止在一个中断线上再出现一个新的中断。但是其他中断线的中断能够正常接收中断信号。中断处理函数名为 irqreturn_t，函数原型如下。

```
irqreturn_t (* irq_handler_t) (int, void *)
```

参数一表示中断号，参数二是指向 void 类型的指针，属于一个通用的指针。中断处理函数原型很简单，但是处理中断函数的机制还是比较复杂。我们熟知的中断切换上下文，主要发生在中断处理函数中。前面提到中断线上只能允许一个中断执行，因此中断处理程序需要非常快速地执行，不然同一个中断线上的其他中断都不能得到响应，并且进程之间的切换也不能够正常进行。因为中断处理程序没有自己独立的栈空间，它需要使用内核的栈空间。

4. 中断使能/失能函数

中断使能和失能函数也是成对存在的，enable_irq 函数用于使能中断，disable_irq 函数用于失能中断，两个函数原型如下。

```
void enable_irq (unsigned int irq)
void disable_irq (unsigned int irq)
```

这两个中断函数有着相同的参数就是中断号 irq，但是这两个函数只是对于单个中断信号而言。如果想屏蔽或者启用整个芯片的中断系统，则需要使用如下两个函数。

```
local_irq_enable()
local_irq_disable()
```

local_irq_enable 函数用于使能整个处理器中的中断系统，相反的 local_irq_disable 函数是禁止整个处理器中的中断系统。

5. 中断编程

中断编程就是指中断程序设计，中断程序设计说简单点就是注册中断、中断处理以及注销中断。上面讲了中断常用的 API 函数，中断设计流程首先需要使用 request_irq 函数用于注册中断。然后就是编写中断处理程序，中断处理程序的特别之处是在中断上下部机制。中断处理函数受到某些限制，首先在中断处理函数中不能使用引起阻塞的函数，也不能使用引起线程调度的函数。

中断处理函数的一般流程是，先检查设备是否产生了中断，如果产生了中断，那么需要清除中断标志位，然后执行相应的操作。中断处理函数设计得要尽可能精简，中断是 Linux 系统保持实时性的重要保证。最后在不需要使用中断时，比如驱动程序卸载时，可以使用 free_irq 函数来注销中断。

12.2.2　Linux 内核中断机制

所谓中断机制，就是 Linux 系统在中断信号产生后的处理过程。在讨论中断机制之前需要给中断进行分类，通过网上的资料，大家可以根据不同的角度来划分中断。从中断的来源可以分为内部中断和外部中断；从中断是否具有屏蔽的特点又分为可屏蔽中断和不可屏蔽中断；再从中断跳转的方式来划分，分为向量中断和非向量中断。对于这么多中断分类，Linux 内核又是如何处理的呢？下面就继续讨论内核的中断机制。

1. Linux 中断响应处理流程

中断是如何响应和处理的呢？感性地讲就是在处理器正常工作中，突然产生了一个中断事件，此时处理器要放下手上正在进行的工作，转去处理产生中断的事情。中断处理流程如图 12-1 所示。

和裸机开发中断驱动不同的是，Linux 编写中断驱动时，需要申请中断号，这里的中断号和裸机中的中断号不同。在 Linux 系统中响应处理中断时，首先需要获取中断号，中断号的获取可以通过宏定义或者从设备树文件中查找。

2. 中断上半部机制

在 Linux 内核中，为了保证中断执行时间尽可能短和中断处理需完成大量工作之间找到一个平衡

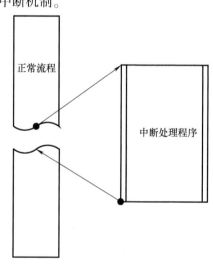

图 12-1　中断响应处理流程

点，Linux 将中断处理程序分为两个部分：上半部（top half）和下半部（bottom half）。中断处理程序的上半部在接收到一个中断时就立即执行，但只做比较紧急的工作，这些工作都是在所有中断被禁止的情况下完成的，所以要快，否则其他的中断就得不到及时的处理。那些耗时又不紧急的工作被推迟到下半部。何为中断的上半部机制，实际也是中断处理函数的一部分。Linux 内核在中断上半部的机制如下。

处理一些不希望被其他中断打断的操作,可以放在中断上半部
处理对于时间特别敏感的工作,可以放在中断上半部
处理和底层硬件直接相关的操作,可以放在上半部

除了上面的三种机制以外的建议放在下半部来处理。中断处理程序的下半部分几乎做了中断处理程序所有的事情。它们最大的不同是上半部分不可中断，而下半部分可以中断。在理想的情况下，最好是中断处理程序上半部分将所有工作都交给下半部分执行，这样的话在中断处理程序上半部分中完成的工作就很少，也就能尽可能快地返回。中断的下半部主要处理时效要求不高的工作，但是中断下半部的实现机制主要有三种，分别是软中断机制、tasklet 机制以及工作队列机制。

3. 中断下半部软中断机制

软中断作为下半部机制的代表，是随着多核处理器的出现应运而生的，它也是 tasklet 实现的基础，tasklet 实际上只是在软中断的基础上添加了一定的机制。软中断一般是"可延迟函数"的总称，有时候也包括了 tasklet。它的出现就是因为要满足上面提出的上半部和下半部的区别，使得对时间不敏感的任务延后执行，而且可以在多个 CPU 上并行执行，使得总的系统效率更高。

4. 中断下半部 tasklet 机制

由于软中断必须使用可重入函数，这就导致设计上的复杂度变高，作为设备驱动程序的开发者来说，增加了负担。而如果某种应用并不需要在多个 CPU 上并行执行，那么软中断其实是没有必要的。因此诞生了弥补以上两个要求的 tasklet。

Tasklet 的使用比较简单，每个 Tasklet 结构体有一个函数指针，指向你自己定义的函数。当我们要使用 tasklet，首先新定义一个 tasklet_struct 结构，并初始化好要执行函数的指针，然后将它挂接到 task_vec 链表中，并触发一个软中断就可以等着被执行了。

5. 中断下半部工作队列机制

把推后执行的任务称为工作，描述它的数据结构为 work_struct，这些工作以队列结构组织成工作队列，其数据结构为 workqueue_struct，而工作线程就是负责执行工作队列中的工作。工作队列是另外一种将工作推后执行的形式。

工作队列可以把工作推后，交由一个内核线程去执行，中断下半部分总是会在进程上下文执行，但由于是内核线程，不能访问用户空间。其特点就是工作队列允许重新调度甚至是睡眠。

尽管上半部和下半部的结合能够改善系统的响应能力，但是 Linux 设备驱动中的中断处理并不一定要分成两个半部。如果中断要处理的工作本身就很少，则完全可以直接在上半部全部完成。上述中断下半部处理机制的 3 种方式是基于 Linux 2.6.32 内核版本。

12.3　Linux 并发与竞争

Linux 系统属于多用户多任务的操作系统，对于多任务系统来说往往会出现多个任务共同使用共享资源的时候，将多个任务同时运行的情况称为并发。比如多个任务共同使用同一内存空间，而并发的执行单元对共享资源的访问则很容易导致竞争。

Linux 系统产生并发是因为多线程的同时运行，但是也有中断的响应和处理以及多内核处理器的并发访问，并发带来的直接问题就是竞争。Linux 系统的并发与竞争从概念上理解起来可能并不复杂，但是真正实现起来还是需要很多策略来支持，下面就 Linux 系统中驱动的并发与竞争常用的策略进行讨论。

12.3.1　原子操作

操作系统通常会有临界区的概念，实际上临界区就是共享数据段，对于临界区的访问必须保证一次只能有一个线程访问，也就是要保证临界区是原子访问。当多个线程同时操作临界区就表示存在竞争关系。原子操作是指不可再进行分割的操作过程，在内核中所说的原子操作表示这一个访问是一个步骤，必须一次性执行完，不能被打断，以及再进行拆分。

1. 原子操作流程

举个具体的例子来说明原子操作，假设 Linux 系统下一个线程对一个整型变量进行赋值 b = 100，对于单核单线程操作很简单只需要一句赋值语句即可。但是多核多线程执行的时候，由于存在竞争关系，可能在对 b = 100 赋值操作时由于线程间的切换被打断，导致 b 的值不等于100。将 b = 100 赋值语句转化成汇编代码格式如下。

```
ldr r0, =0x40000000
ldr r1, = 100
str r1,[r0]
```

对于 b = 100 的赋值操作，如果不使用原子操作，CPU 会在执行这 3 行代码的任意时刻被其他线程抢占并对 b 的地址空间 0x40000000 进行其他赋值操作。显然这不是我们希望的，因此就需要使用原子操作的 API 函数。

2. 原子操作 API 函数

如果希望原子操作一旦开始执行，就必须运行到结束，为此 Linux 系统提供了很多原子操作的 API 函数，常用的原子整型变量操作 API 函数如表 12-1 所示。

表 12-1　原子整型变量 API 函数

函 数 名 称	功 能 描 述
ATOMIC_INIT（inti）	定义原子变量的时候对其初始化
intatomic_read（atomic_t * v）	读取 v 的值，并且返回
voidatomic_set（atomic_t * v, int i）	向 v 写入 i 值
voidatomic_add（int i, atomic_t * v）	给 v 加上 i 值
voidatomic_sub（int i, atomic_t * v）	从 v 减去 i 值

（续）

函 数 名 称	功 能 描 述
voidatomic_inc(atomic_t ＊ v)	给 v 加 1，也就是自增
voidatomic_dec(atomic_t ＊ v)	从 v 减 1，也就是自减
intatomic_dec_return(atomic_t ＊ v)	从 v 减 1，并且返回 v 的值
intatomic_inc_return(atomic_t ＊ v)	给 v 加 1，并且返回 v 的值
intatomic_sub_and_test(int i, atomic_t ＊ v)	从 v 加 i，结果为 0 就返回真，否则返回假
intatomic_dec_and_test(atomic_t ＊ v)	从 v 减 1，结果为 0 就返回真，否则返回假
intatomic_inc_and_test(atomic_t ＊ v)	给 v 加 1，结果为 0 就返回真，否则返回假
intatomic_add_negative(int i, atomic_t ＊ v)	给 v 加 i，结果为负就返回真，否则返回假

常用的原子位操作 API 函数如表 12-2 所示。

表 12-2　原子位变量 API 函数

函 数 名 称	功 能 描 述
voidset_bit(int nr, void ＊ p)	将 p 地址的第 nr 位置 1
voidclear_bit(int nr,void ＊ p)	将 p 地址的第 nr 位清零
void change_bit(int nr, void ＊ p)	将 p 地址的第 nr 位进行翻转
inttest_bit(int nr, void ＊ p)	获取 p 地址的第 nr 位的值
inttest_and_set_bit(int nr, void ＊ p)	将 p 地址的第 nr 位置 1，并且返回 nr 位原来的值
inttest_and_clear_bit(int nr, void ＊ p)	将 p 地址的第 nr 位清零，并且返回 nr 位原来的值
inttest_and_change_bit(int nr, void ＊ p)	将 p 地址的第 nr 位翻转，并且返回 nr 位原来的值

以上的原子操作 API 函数，在使用过程中不会被打断。原子操作可以是一个步骤，也可以是多个操作步骤，但是其顺序不可以被打乱，也不可以被切割只执行其中的一部分。

12.3.2　自旋锁

上面介绍了原子操作，从它的操作函数可以看出，原子操作只能针对整型变量或者位变量。假如有一个非整型变量或者位变量需要被线程 A 访问，在线程 A 访问期间不能被其他线程访问，这怎么办呢？ 这时可以使用自旋锁对这部分变量进行保护。

1. 自旋锁的策略方式

自旋锁的策略方式为当一个线程要访问某个结构体类型的变量时，首先要获取对应的锁，而锁只能被一个线程所持有，只要该线程不释放持有的锁，那么其他的线程就只能等待。从上面的描述不难发现自旋锁操作的缺点，等待自旋锁的线程会一直处于自旋状态，浪费处理器时间，降低系统性能，所以自旋锁的持有时间不能太长。然后，自旋锁保护的临界区内不能调用任何可能导致线程休眠的 API 函数，否则可能导致死锁。接着，自旋锁不能递归申请调用，因为一旦一个持有锁的线程再申请自己所持有的锁也会导致死锁状态。

2. 自旋锁常用的 API 函数

Linux 系统同样也提供自旋锁的 API 函数，自旋锁的 API 函数又分为非中断自旋锁 API 函数和中断自旋锁 API 函数。非中断自旋锁 API 函数如表 12-3 所示。

表 12-3　非中断自旋锁 API 函数

函 数 名 称	功 能 描 述
DEFINE_SPINLOCK（spinlock_t lock）	定义并初始化一个自旋变量
intspin_lock_init（spinlock_t * lock）	初始化自旋锁
voidspin_lock（spinlock_t * lock）	获取指定的自旋锁，加锁
voidspin_unlock（spinlock_t * lock）	释放指定的自旋锁
intspin_trylock（spinlock_t * lock）	尝试获取指定的自旋锁，如果没有获取到就返回 0
intspin_is_locked（spinlock_t * lock）	检查指定的自旋锁是否被获取，没有被获取就返回非 0，否则返回 0

中断自旋锁 API 函数如表 12-4 所示。

表 12-4　中断自旋锁 API 函数

函 数 名 称	函 数 名 称
voidspin_lock_irq（spinlock_t * lock）	禁止本地中断，并获取自旋锁
voidspin_unlock_irq（spinlock_t * lock）	激活本地中断，并释放自旋锁
voidspin_lock_irqsave（spinlock_t * lock，unsigned long flags）	保存中断状态，禁止本地中断，并获取自旋锁
voidspin_unlock_irqrestore（spinlock_t * lock，unsigned long flags）	将中断状态恢复到以前的状态，并且激活本地中断，释放自旋锁
voidspin_lock_bh（spinlock_t * lock）	关闭下半部，并获取自旋锁
voidspin_unlock_bh（spinlock_t * lock）	打开下半部，并释放自旋锁

自旋锁适用于短时期的轻量级加锁，如果临界区比较大，运行时间比较长的话要选择其他的并发处理方式，比如信号量和互斥体。

12.3.3　信号量

信号量和自旋锁有些相似，不同的是信号量会发出一个信号告诉用户还需要等多久。因此，不会出现傻傻等待的情况。比如一个有 100 个停车位的停车场，门口电子显示屏上实时更新的停车数量就是一个信号量。这个停车的数量就是一个信号量，它告诉我们是否可以停车进去。当有车开进去，信号量加一，当有车开出来，信号量减一。

1. 信号量的策略方式

信号量相比于自旋锁要智能一些，它能够让等待资源线程进入休眠状态，因此适用于那些占用资源比较久的场合。信号量不能用于中断中，因为信号量会引起休眠，中断不能休眠。共享资源的持有时间比较短时不适合使用信号量，因为频繁的休眠、切换线程引起的开销要远大于信号量带来的优势。

2. 信号量常用的 API 函数

信号量常用的 API 函数如表 12-5 所示。

表 12-5　信号量常用的 API 函数

函 数 名 称	函 数 名 称
DEFINE_SEAMPHORE（name）	定义一个信号量，并且设置信号量的值为 1
voidsema_init（struct semaphore * sem，int val）	初始化信号量 sem，设置信号量值为 val

（续）

函 数 名 称	函 数 名 称
void down(struct semaphore * sem)	获取信号量，因为会导致休眠，因此不能在中断中使用
intdown_trylock （struct semaphore * sem）	尝试获取信号量，如果能获取到信号量就获取，并且返回 0。如果不能就返回非 0，并且不会进入休眠
intdown_interruptible （struct semaphore * sem）	获取信号量，和 down 类似，只是使用 down 进入休眠状态的线程不能被信号打断。而使用此函数进入休眠以后是可以被信号打断的
void up(struct semaphore * sem)	释放信号量

信号量使用的一般格式：先定义一个信号量类型的结构体，然后使用 sema_init 函数初始化信号量，初始化信号量结构体以后就可以获取信号量，信号量使用完毕后释放信号量。

12.3.4　互斥体

互斥体表示一次只有一个线程访问共享资源，信号量也可以用于互斥体，当信号量用于互斥时，信号量的值应初始化为 1。这种信号量在任何给定时刻只能由单个进程或线程拥有。在这种使用模式下，一个信号量有时也称为一个"互斥体"。Linux 内核中大多数信号量均用于互斥。

1. 互斥体的策略方式

mutex 可以导致休眠，因此不能在中断中使用 mutex，只能使用自旋锁。和信号量一样，mutex 保护的临界区可以调用引起阻塞的 API 函数。因为一次只有一个线程可以持有 mutex，因此，必须由 mutex 的持有者释放 mutex，并且 mutex 不能递归上锁和解锁。

2. 互斥体常用的 API 函数

互斥体常用的 API 函数如表 12-6 所示。

表 12-6　互斥体常用的 API 函数

函 数 名 称	函 数 名 称
DEFINE_MUTEX （name)	定义并初始化一个 mutex 变量
voidmutex_init （mutex * lock）	初始化 mutex
voidmutex_lock （struct mutex * lock）	获取 mutex，也就是给 mutex 上锁
voidmutex_unlock （struct mutex * lock）	释放 mutex，也就给 mutex 解锁
intmutex_trylock （struct mutex * lock）	尝试获取 mutex，成功返回 1，失败返回 0
intmutex_is_locked （struct mutex * lock）	mutex 是否被获取，是就返回 1，否则返回 0
intmutex_lock_interruptible （struct mutex * lock）	使用此函数获取信号量失败进入休眠以后可以被信号打断

互斥体使用的一般格式：先定义一个互斥体，然后使用 mutex_init 函数初始化互斥体，给互斥体上锁，处理临界区相关操作，最后解锁互斥体。

12.4　Linux 阻塞和非阻塞 IO

阻塞和非阻塞 IO 也是 Linux 驱动开发里面很常见的两种设备访问模式。在编写 Linux 驱动时一定要注意阻塞和非阻塞状态的问题。这里的 IO 不是指裸机中的 gpio 引脚，而是代指输入和输出，即 Input 和 Output。

12.4.1 阻塞 IO 策略的实现——等待队列

在 Linux 驱动程序中，可以使用等待队列（wait queue）来实现阻塞进程的唤醒。等待队列很早就作为一个基本的功能单位出现在 Linux 内核里了，它以队列为基础的数据结构，与进程调度机制紧密结合，能够实现内核中的异步事件通知机制。等待队列可以用来同步对系统资源的访问。

如果要在驱动中使用等待队列，必须创建并初始化一个等待队列头，等待队列头使用结构体 wait_queue_head_t 表示。

等待队列头就是一个等待队列的头部，每个访问设备的进程都是一个队列项，当设备不可用的时候就要将这些进程对应的等待队列项添加到等待队列里面。结构体 wait_queue_t 表示等待队列项。

当设备不可访问的时候就需要将进程对应的等待队列项添加到前面创建的等待队列头中，只有添加到等待队列头中以后进程才能进入休眠态，当设备可以访问以后再将进程对应的等待队列项从等待队列头中移除即可。当设备可以使用的时候就要唤醒进入休眠态的进程。除了主动唤醒以外，也可以设置等待队列等待某个事件，当这个事件满足以后就自动唤醒等待队列中的进程。

12.4.2 非阻塞 IO 策略的实现——轮询

非阻塞和阻塞的概念相对应，指在不能立刻得到结果之前，该函数不会阻塞当前线程，而会立刻返回。如果用户应用程序以非阻塞的方式访问设备，设备驱动程序就要提供非阻塞的处理方式，也就是轮询。poll、epoll 和 select 可以用于处理轮询，应用程序通过 select、epoll 或 poll 函数来查询设备是否可以操作，如果可以操作就从设备读取或者向设备写入数据。例如当应用程序调用 poll 函数的时候设备驱动程序中的 poll 函数就会执行，因此需要在设备驱动程序中编写 poll 函数。

poll 函数本质上和 select 没有太大的差别，但是 poll 函数没有最大文件描述符限制，Linux 应用程序中 poll 函数原型如下。

```
int poll(structpollfd * fds, nfds_t nfds, int timeout)
```

poll 函数参数和返回值分别代表的意思是，参数 fds 指要监视的文件描述符集合以及要监视的事件，参数 nfds 代表 poll 函数要监视的文件描述符数量，参数 timeout，指超时时间单位为毫秒。返回值为 0，代表超时；返回值为-1，代表发生错误，并且设置 errno 错误类型。

使用 poll 函数对某个设备驱动文件进行读非阻塞访问的操作示例如下。

```
void main(void)
{
    int ret;
    int fd;                                     /* 要监视的文件描述符 */
    struct pollfd fds;
```

```
fd = open(filename, O_RDWR | O_NONBLOCK);  /* 非阻塞式访问 */
fds.fd = fd;                               /* 构造结构体 */
fds.events = POLLIN;                        /* 监视数据是否可以读取 */
ret = poll (&fds, 1, 500);                  /* 轮询文件操作, 超时 500ms */
if (ret) {                                  /* 数据有效 */
......                                       /* 读取数据 */
} else if (ret = = 0) {                      /* 超时 */
......
} else if (ret < 0) {                        /* 错误 */
......
}
}
```

在单个线程中, select 函数能够监视的文件描述符数量有最大的限制, 一般为 1024。不过可以修改内核, 将监视的文件描述符数量变大, 但是这样会降低效率。传统的 selcet 和 poll 函数都会随着所监听的 fd 数量的增加, 出现效率低下的问题, 而且 poll 函数每次必须遍历所有的描述符来检查就绪的描述符, 这个过程很浪费时间。epoll 函数就是为处理大并发而准备的, 一般常常在网络编程中使用 epoll 函数。

12.5 【案例实战】按键中断实验

本案例基于设备树的按键中断实验, 读者可以通过下面的操作步骤来学习基于设备树的中断按键驱动移植过程。

按键中断实验对于裸机开发, 相对比较简单, 步骤大概分为三步。第一步, 配置按键的 gpio 为输入模式。第二步, 配置按键使用的 gpio 为中断功能。第三步, 编写按键中断处理程序。而基于 Linux 系统下的按键中断实验和裸机相似但却不相同, 具体有哪些相似之处和哪些不同之处, 可以参考下面的具体实验步骤。

Step 1 由于用户的按键中断是基于设备树的, 因此第一步需要向设备树中添加按键的中断节点信息, 节点信息代码如图 12-2 所示。

```
key {
    #address-cells = <1>;
    #size-cells = <1>;
    compatible = "pillar-key";
    pinctrl-names = "default";
    pinctrl-0 = <&pinctrl_key>;
    key-gpio = <&gpio1 18 GPIO_ACTIVE_LOW>;
    interrupt-parent = <&gpio1>;
    interrupts = <18 IRQ_TYPE_EDGE_BOTH>;
    status = "okay";
};
```

图 12-2　按键中断节点信息

Step 2 按键中断的节点信息编写完成以后, 就需要编写按键中断驱动程序, 中断驱动程序代码比较多, 这里仅展示按键中断处理函数, 中断处理函数代码如下所示。

```
static irqreturn_t key0_handler (int irq, void * dev_id)
{
    struct imx6uirq_dev * dev = (struct imx6uirq_dev * ) dev_id;

    dev->curkeynum = 0;
    dev->timer.data = (volatile unsigned long) dev_id;
    mod_timer (&dev->timer, jiffies + msecs_to_jiffies (10)); /* 10ms 定时 */
    return IRQ_RETVAL (IRQ_HANDLED);
}
```

Step 3 为了验证中断驱动程序能够正常工作，需要编写测试中断驱动的应用程序，程序代码如下。

```
#include "stdio.h"
#include "unistd.h"
#include "sys/types.h"
#include "sys/stat.h"
#include "fcntl.h"
#include "stdlib.h"
#include "string.h"
#include "linux/ioctl.h"
int main(intargc, char * argv[ ])
{
    int fd;
    int ret = 0;
    int data = 0;
    char * filename;

    if (argc ! = 2) {
        printf("Error Usage! \r\n");
        return -1;
    }

    filename = argv[1];
    fd = open(filename, O_RDWR);
    if (fd < 0) {
        printf (" Can't open file % s \r \n", filename);
        return -1;
    }

    while (1) {
        ret = read (fd, &data, sizeof (data));
```

```
        if (ret < 0) {

        } else {
            if (data)
                printf("key value = %#X \r \n", data);
        }
    }
    close(fd);
    return ret;
}
```

Step 4 编写 Makefile 文件，需要注意 Makefile 编译的内核路径，文件内容如下。

```
KERNELDIR: = /home/eight/nxp_linux_kernel/linux-imx-rel_imx_4.1.15_2.1.0_ga
CURRENT_PATH : = $ (shellpwd)
obj-m : = imx6uirq. o
build: kernel_modules
kernel_modules:
    $ (MAKE) -C $ (KERNELDIR) M = $ (CURRENT_PATH) modules
clean:
    $ (MAKE) -C $ (KERNELDIR) M = $ (CURRENT_PATH) clean
```

Step 5 使用 make 指令编译出驱动模块文件 imx6uirq. ko，如图 12-3 所示。

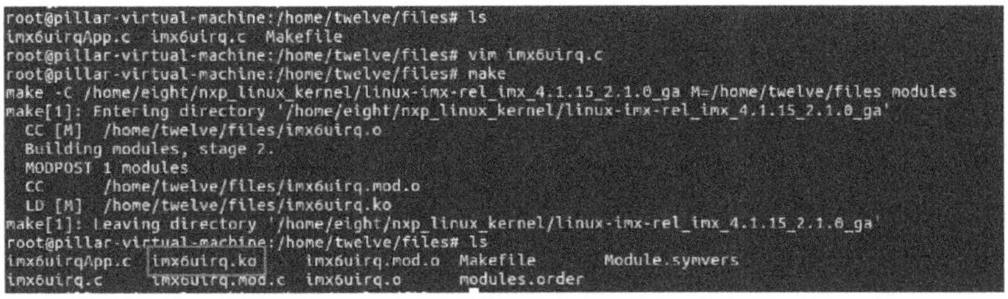

图 12-3　编译驱动模块文件 imx6uirq. ko

Step 6 编译测试中断按键驱动的应用程序，编译命令为 arm-linux-gnueabihf-gcc imx6uirqApp. c -o imx6uirqApp。编译过程如图 12-4 所示。

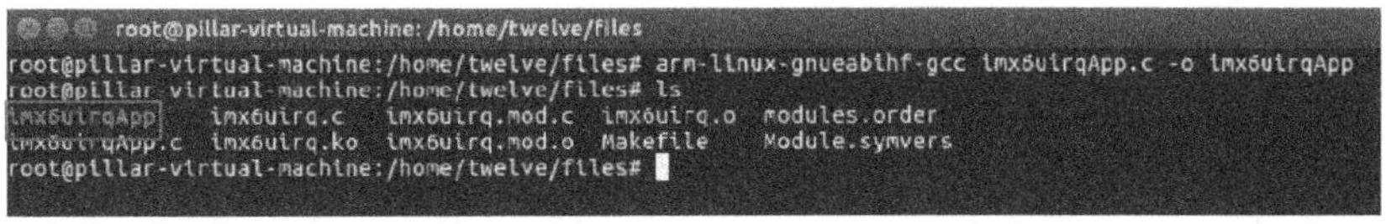

图 12-4　编译过程

Step 7 编译完成后将应用程序的可执行文件以及中断驱动的内核模块复制到开发板网络挂载的文件夹中，文件所在路径为/home/pillar/nfs/rootfs/lib/modules/4.1.15/，如图 12-5 所示。

图 12-5　网络文件存放路径

Step 8 开发板保持正常工作状态，先确认一下网络文件是否挂载成功，如图 12-6 所示。

图 12-6　网络文件挂载成功

Step 9 第一次加载驱动的时候需要运行 depmod 命令，然后使用命令 modprobe imx6uirq. ko 来加载驱动。中断驱动加载成功后可以使用 cat 命令来查看，如图 12-7 所示。

图 12-7　按键中断注册内核成功

Step 10 运行结果如图 12-8 所示。

图 12-8　按键中断的测试结果

12.6　要点巩固

本章重点介绍了 Linux 系统常用的驱动技术，前面介绍了字符设备驱动以及基于设备树的设备驱动，在本章的开始对驱动程序的框架进行了整体的概述，这里需要注意的就是驱动程序与系统的调用接口以及驱动程序加载到内核的两种方式。方式一，将驱动作为内核的一部分跟着内核一起编译，内核启动后就会调用驱动程序；方式二，驱动先编译为内核模块，然后通过指令以动态或者静态的方式加载到内核中。

Linux 异常处理。所谓异常是指打扰 CPU 正常工作的事情。中断是最常见的异常方式，因此在这一章对中断的理论知识做了一个基础的介绍。对于中断首先需要掌握的就是中断常用的 API 函数，其次是 Linux 内核的中断机制。中断上半部机制告诉用户设计中断处理程序时，要尽可能保证上半部的快速执行，对于时效要求不高的工作要放在下半部来处理。

对于 Linux 竞争与并发的内容，首先要清楚在 Linux 系统中，竞争与并发的概念。并发是指在 Linux 系统中存在多个任务共同访问共享资源的现象，并发从 CPU 的角度来看属于串行概念。因为 CPU 属于分时共用，对于多个任务在微观上是一个个有序执行，但是对于使用者在宏观上是并行的。既然存在多个任务共同访问共享资源那么就会产生竞争关系。

Linux 系统为了解决多任务之间的竞争与并发问题，设计了很多策略，比如原子操作、自旋锁、信号量以及互斥体等。原子操作是以最小执行单位来避免其他线程的切换或者中断（即不可被中断的一个或一系列操作）。原子操作意味着一旦执行就不被允许打断，直到原子操作执行结束。

原子操作具有局限性，它只能保证整型变量或者位变量操作不被打断，这不能满足复杂的程序设计要求，因此就有了自旋锁，自旋锁可以对复杂变量进行类似原子操作的保护。自旋锁存在"傻等"现象，因此信号量就是自旋锁的改良版本，信号量在满足自旋锁的条件下可以给等待的线程信号，提高了 CPU 的使用率。互斥体的策略方式实际上就是信号量值为 1 的时候。互斥体表示一次只有一个线程访问共享资源。

Linux 阻塞 IO 和非阻塞 IO。所谓阻塞操作是指在执行设备操作时，若不能获得资源，则挂起进程直到满足可操作的条件后再进行操作。而非阻塞操作的进程在不能进行设备操作时，并不挂起，要么放弃，要么不停地轮询，直到可以操作为止。

12.7　技术大牛访谈——file_operations 结构体代码分析

之前在字符设备驱动章节中了解到字符设备驱动如何实现被应用程序调用的过程，在应用程序调用驱动程序过程中存在一个关键的结构体类型——file_operations。

file_operations 就是把系统调用和驱动程序关联起来的关键数据结构。这个结构的每一个成员都对应着一个系统调用。读取 file_operations 中相应的函数指针，接着把控制权转交给函数，从而完成 Linux 设备驱动程序的工作。通常设备驱动程序接口函数是由结构 file_operations 结构体向系统说明的，它定义在 include/linux/fs.h 中。

file_operations 结构体内容代码如下。

```
struct file_operations {
    struct module * owner;
    loff_t (* llseek) (struct file *, loff_t, int);
    ssize_t (* read) (struct file *, char_user *, size_t, loff_t *);
    ssize_t (* write) (struct file *, const char_user *, size_t, loff_t *);
    ssize_t (* read_iter) (struct kiocb *, struct iov_iter *);
    ssize_t (* write_iter) (struct kiocb *, struct iov_iter *);
    int (* iterate) (struct file *, structdir_context *);
    unsigned int (* poll) (struct file *, structpoll_table_struct *);
    long (* unlocked_ioctl) (struct file *, unsigned int, unsignedlong);
    long (* compat_ioctl) (struct file *, unsigned int, unsignedlong);
    int (* mmap) (struct file *, struct vm_area_struct *);
    int (* mremap) (struct file *, struct vm_area_struct *);
    int (* open) (structinode *, struct file *);
    int (* flush) (struct file *, fl_owner_t id);
    int (* release) (structinode *, struct file *);
    int (* fsync) (struct file *, loff_t, loff_t, int datasync);
    int (* aio_fsync) (struct kiocb *, int datasync);
    int (* fasync) (int, struct file *, int);
    int (* lock) (struct file *, int, struct file_lock *);
    ssize_t (* sendpage) (struct file *, struct page *, int, size_t, loff_t *, int);
    unsigned long (* get_unmapped_area) (struct file *, unsigned long, unsigned
long, unsigned long, unsigned long);
    int (* check_flags) (int);
    int (* flock) (struct file *, int, struct file_lock *);
    ssize_t (* splice_write) (struct pipe_inode_info *, struct file *, loff_t
*, size_t, unsigned int);
    ssize_t (* splice_read) (struct file *, loff_t *, structpipe_inode_info *,
size_t, unsigned int);
    int (* setlease) (struct file *, long, struct file_lock * *, void * *);
    long (* fallocate) (struct file * file, int mode, loff_t offset,
    loff_t len);
    void (* show_fdinfo) (struct seq_file *m, struct file * f);
    #ifndef CONFIG_MMU
    unsigned (* mmap_capabilities) (struct file *);
    #endif
};
```

下面对于 file_operations 结构体中的部分函数内容进行解析。

```
struct module * owner
```

owner 是一个指向拥有这个结构的模块指针，这个成员用来在它的操作还被使用时阻止模块被卸载。在几乎所有时间中，它被简单初始化为 THIS_MODULE。

```
loff_t (*llseek) (struct file *, loff_t, int);
```

llseek 方法用于改变文件中当前读或者写的位置，并且新位置作为（正的）返回值，错误由一个负返回值指示。

```
ssize_t (*read) (struct file *, char __user *, size_t, loff_t *);
```

read 用来从设备中获取数据，在这个位置的一个空指针导致 read 系统调用以-EINVAL 失败，一个非负返回值代表了成功读取的字节数。

```
ssize_t (*write) (struct file *, const char __user *, size_t, loff_t *);
```

write 用于发送数据给设备，如果返回值为 NULL，则-EINVAL 返回给调用 write 系统调用的程序。如果非负，返回值代表成功写的字节数。

```
unsigned int (*poll) (struct file *, structpoll_table_struct *);
```

poll 是个轮询函数，用于查询设备是否可以进行非阻塞的读写。

```
long (*unlocked_ioctl) (struct file *, unsigned int, unsignedlong);
```

unlocked_ioctl 函数提供对于设备的控制功能，与应用程序中的 ioctl 函数对应。

```
long (*compat_ioctl) (struct file *, unsigned int, unsignedlong);
```

compat_ioctl 函数与 unlocked_ioctl 函数功能一样，区别是在 64 位系统上，32 位的应用程序调用将会使用此函数。在 32 位的系统上运行 32 位的应用程序调用的是 unlocked_ioctl。

```
int (*mmap) (struct file *, struct vm_area_struct *);
```

mmap 函数用于将设备的内存映射到进程空间中，也就是用户空间。一般帧缓冲设备会使用此函数，比如 LCD 驱动的显存，将帧缓冲（LCD 显存）映射到用户空间以后应用程序就可以直接操作显存，这样就不用在用户空间和内核空间之间来回复制。

```
int (*open) (structinode *, struct file *);
```

open 函数用于打开设备文件。

```
int (*flush) (struct file *,fl_owner_t id);
```

flush 操作在进程关闭设备文件描述符的拷贝时调用，它应当执行（并且等待）设备任何未完成的操作。

```
int (*release) (struct inode *, struct file *);
```

release 函数用于释放（关闭）设备文件，与应用程序中的 close 函数对应。

```
int (*fsync) (struct file *, loff_t, loff_t, int datasync);
```

fsync 函数用于刷新待处理的数据，将缓冲区中的数据刷新到磁盘中。

```
int (*aio_fsync) (struct kiocb *, int datasync);
```

aio_fsync 函数与 fsync 函数的功能类似，只是 aio_fsync 是异步刷新待处理的数据。

```
int (*lock) (struct file *, int, struct file_lock *);
```

lock 方法用来实现文件加锁，加锁对常规文件是必不可少的特性，但是设备驱动几乎用不到它。

```
ssize_t (*sendpage) (struct file *, struct page *, int, size_t, loff_t *, int);
```

sendpage 是 sendfile 的另一半，它由内核调用来发送数据，一次一页，对应的文件设备驱动实际上不实现 sendpage。

```
unsigned long (*get_unmapped_area) (struct file *, unsigned long, unsigned long,
unsigned long, unsigned long);
```

这个方法的目的是在进程的地址空间找一个合适的位置来映射到底层设备上的内存段中。这个任务通常由内存管理代码进行。

```
int (*check_flags) (int)
```

这个方法允许模块检查传递给 fnctl（F_SETFL...）调用的标志。

```
int (*dir_notify) (struct file *, unsigned long);
```

这个方法在应用程序使用 fcntl 来请求目录改变通知时调用，只对文件系统有用。驱动不需要实现。

对于 Linux 嵌入式系统驱动开发来说，这是一个承上启下的工作。"启下"表现在驱动程序要和底层硬件打交道，而"承上"则表现为给应用程序提供服务。

第 13 章
自动控制系统应用实例——自动浇灌系统

本章开始进行综合项目案例应用，综合项目案例应用是以项目背景为导入，结合本书所学的 Linux 系统开发的相关知识。关键在于学以致用，对案例的实施不做重点讲解。本项目案例基于自动化控制的背景，案例名称为自动浇灌系统。既然属于系统的项目案例开发，前面章节与项目流程开发相关的讲解，这里不再赘述，只对项目中实现部分做详细阐述。

13.1　小白也要懂——自动浇灌系统项目背景介绍

本案例中的自动浇灌系统是面向个人以及办公室人群的。随着日常生活的改善，人们在满足对物质需求的基础上，对精神方面提出了更高的要求。为了在紧张的工作中舒缓自己的工作压力，年轻的都市"打工人"对自然生活的向往，会构建自己小小的"花园"。比如网购一些绿植或者多肉植物来点缀日常生活，绿植能够净化空气，让人看了有种赏心悦目的感觉。当然也少不了需要精心照顾这些绿植，但是如果绿植的主人出差就会面临无人照看的情况，因此本次项目中的自动浇灌系统就有了应用场景，养绿植的用户只需要使用该自动浇灌系统就能实现对绿植的自动管理浇水。

自动浇灌系统的实现分为四个部分，分别是功能设计、硬件设计、软件设计以及联合调试。功能设计是根据项目需求做的功能框架。功能设计完成以后，可以进行硬件设计，硬件设计是项目实现的基础，硬件分为两个部分，第一是开发板的原生硬件电路设计，第二是外围控制电路的设计。完成硬件设计后就可以开始软件代码的设计了，软件部分主要使用基于Linux 下的驱动代码实现，应用程序主要给用户展示效果，不作为本章重点。在软硬件系统正常工作以后，需要进行最后的联合调试，这也是对功能的设计验证。

13.2　自动浇灌系统的功能设计

功能设计实际上来源于需求，自动浇灌系统的需求很简单，该系统能够帮助用户照看绿植。系统可以根据土壤中的湿度值自动给绿植浇水，从而解决了用户不在家中导致绿植因缺水枯死的问题。本项目不是必须使用基于 Linux 嵌入式系统才能完成的，但是为了达到学以致用的目的，特别使用基于 Linux 嵌入式系统来完成该项目。

一个系统从需求到功能设计需要做到以下几点。

基于 Linux 的自动浇灌系统，在设计系统功能时要考虑到 Linux 系统的移植。系统移植完成以后需对系统所需的驱动进行编程，驱动完成以后，就需要编写应用程序，这里的应用程序主要是测试驱动是否执行成功。当然自动浇灌系统的实现还需要外部硬件电路的支持，比如土壤湿度的感知必然少不了土壤湿度传感器，有了传感器以后还需湿度的检测电路以及控制水泵的控制电路。在软件和硬件完成以后最后就是联合调试，通过联合调试来验证整体项目是否符合需求。这也是自动浇灌系统的整体功能设计，自动浇灌系统的功能框图如图 13-1 所示。

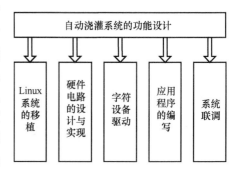

图 13-1　自动浇灌系统功能框图

13.3　自动浇灌系统的硬件设计与实现

自动浇灌系统的硬件设计与实现包含两个部分，一是 Linux 开发板的硬件电路设计与实现，二是关于外围电路的硬件设计与实现。硬件设计部分对其原理图进行分析，最终的实现采用外购 DIY 套件，根据应用需求完成最终电路的功能设计。

自动浇灌系统根据需求需要实现的功能是，土壤湿度传感器根据土壤的湿度值，将阈值的信号发送给 Linux 开发板，Linux 开发板在获取到阈值信号以后，通过引脚来驱动继电器进一步控制水泵进行浇水。从需求来划分硬件单元可以分为土壤湿度采集单元、Linux 开发板系统单元以及继电器的控制单元。

1. 土壤湿度采集单元

土壤湿度采集单元包含土壤湿度传感器以及采集电路两部分，土壤湿度传感器主要是用来测量土壤中的水分含量，做土壤湿度监测及农业灌溉和林业防护。本次项目中使用的土壤湿度传感器如图 13-2 所示。

土壤湿度采集电路主要就是通过测量土壤湿度传感器的阻值变化，简单来讲土壤湿度传感器的工作原理就是通过测量两电极之间的电阻大小来判断土壤的湿度高低。土壤作为电极间的导电介质，含水量低则导电性

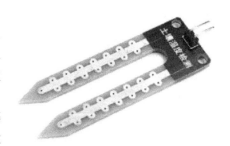

图 13-2　土壤湿度传感器

差，电阻值高；含水量高则导电性强，电阻值低。通过这种反向的对应关系，可以实现对土壤含水量的大致检测。土壤湿度采集电路如图 13-3 所示。

图 13-3 的土壤湿度采集电路用到了一个 LM393 的电压比较器，通过采集土壤湿度传感器和 510K 电阻分压后的电压值输入到 LM393 的正向输入端。同时 VR1 电位器分压后的电压值接入 LM393 的负向输入端，当 LM393 正向输入端的电压值大于负向输入端的电压值时，DO 引脚在上拉电阻作用下输出高电平。土壤湿度采集电路输出高电平的仿真效果如图 13-4 所示。

当 LM393 的正向输入端的电压值小于负向输入端的电压值时，DO 引脚输出低电平。土壤湿度采集电路输出低电平的仿真效果如图 13-5 所示。

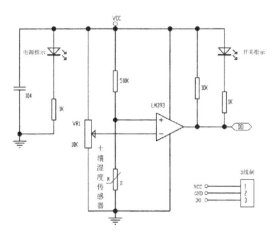

图 13-3　土壤湿度采集电路

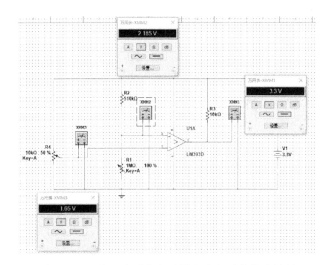

图 13-4　土壤湿度采集电路输出高电平的仿真效果

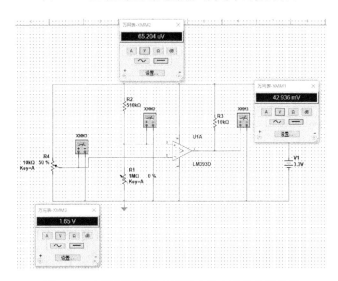

图 13-5　土壤湿度采集电路输出低电平的仿真效果

从图 13-4 和图 13-5 的仿真电路中能够看出，正向输入端的电压范围主要是根据 R1 滑动变阻器阻值的变化而变化。R1 滑动变阻器等效于土壤湿度传感器，等效转化以后，当土壤湿度传感器感知土壤湿度过低并且低于设定值时，DO 输出高电平。因为土壤湿度低传感器阻值变大，会产生图 13-4 的仿真效果。同样当土壤湿度传感器感知土壤湿度过大并且大于设置值时，DO 输出低电平。因为土壤湿度高传感器阻值变小，会产生图 13-5 的仿真效果。土壤湿度采集电路实物如图 13-6 所示。

图 13-6　土壤湿度采集电路实物

2. Linux 开发板系统单元

土壤传感器的信号主要是高低电平信号，涉及的驱动主要为 GPIO 的驱动。Linux 开发板选用的是正点原子的 Mini 开发板，因此主要参考 Mini 开发板的 LED 指示灯驱动电路以及按键驱动电路。其中 LED 指示灯的驱动电路，实际是 GPIO 引脚输出的配置方式，在自动浇灌系统中主要起到输出信号给被控单元（继电器）。LED 指示灯的驱动电路如图 13-7 所示。

按键驱动电路，等效为 GPIO 的输入配置方式。在自动浇灌系统项目中，主要是通过土壤湿度传感器来感知土壤湿度，在湿度超过设置值时，传感器单元会给控制单元输入一个信号，控制单元根据输入的控制信号来控制输出。按键驱动电路如图 13-8 所示。

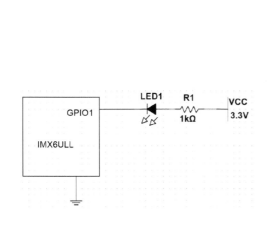

图 13-7　LED 指示灯的驱动电路

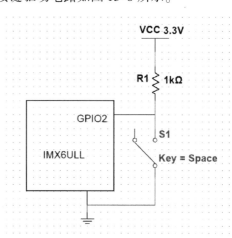

图 13-8　按键的驱动电路

图 13-7 LED 指示灯的驱动电路等效主控单元输出信号到继电器控制单元的驱动电路，同样的图 13-8 按键的驱动电路等效传感器输入信号到主控单元。因此在最终的联合调试阶段，主要是采用按键按下 LED 点亮、按键松开 LED 熄灭来模拟传感器输入信号给主控单元，主控单元输出信号给继电器控制单元。

3. 继电器控制单元

继电器控制单元属于自动浇灌系统的被控单元，继电器一般由铁心、线圈、衔铁以及触点簧片组成。当线圈有额定电压时，线圈就会产生电流，通电线圈产生电磁场，衔铁在磁场的作用下克服返回弹簧的拉力吸向铁心，从而带动衔铁的动触点和静触点接触，这个过程就是继电器的吸合状态。当线圈断电后，电磁场消失，触点分开，这个过程就是继电器的断开状态。继电器在控制系统中扮演着"四两拨千斤"的角色，通过控制继电器输入电流的有无，来控制着大功率执行机构的动作。

控制继电器的断开仿真电路如图 13-9 所示。在图 13-9 中按键 S1 没有按下，Q1 晶体管处于截止状态，因此 X1 继电器没有电流流过，LED1 指示灯关闭（LED1 指示灯代表继电器的工作状态）。

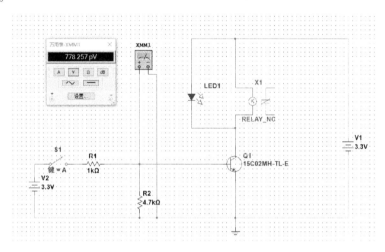

图 13-9　继电器的断开仿真电路

控制继电器的吸合仿真电路如图 13-10 所示。在图 13-10 中按下 S1 键，Q1 晶体管处于导通状态，因此 X1 继电器有电流流过，LED1 指示灯点亮（LED1 指示灯代表继电器的工作状态）。

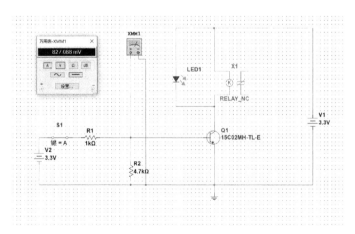

图 13-10　继电器的吸合仿真电路

继电器控制电路实物图如图 13-11 所示。

硬件设计首先是电路功能是否满足功能设计的要求，其次是在联合调试阶段为软件的调试提供硬件基础。

图 13-11 继电器控制电路实物图

13.4 自动浇灌系统的软件设计与实现

自动浇灌系统的软件设计体现在主控单元的程序设计上，前面讲解了如何移植内核和文件系统，这里主要就是编写驱动程序和自动浇灌系统的应用程序。本次同时使用了引脚的输入和输出功能，在传统字符设备驱动编写的基础上增加了 shell 指令直接控制引脚。

自动浇灌系统的软件设计与实现主要分为两块。第一块是驱动程序的编写，在驱动程序的编写中，除了有基于设备树的字符设备驱动以外，还有 Makefile 的编译规则。第二块内容是编写自动浇灌系统的应用程序，应用程序调用驱动程序，其中在应用程序中特别使用了linux-C 调用 shell 命令控制 GPIO 的输出方式，最终达到自动浇灌的效果。

13.4.1 驱动程序

驱动程序主要是主控芯片引脚配置为输入模式，这里等效为按键输入的方式，因此驱动程序就以按键输入的方式来配置。首先需要配置设备树的节点信息，其次采用新字符设备驱动的方式编写按键的驱动程序，限于篇幅这里只展示按键的驱动入口函数和驱动的出口函数，也就是在联合调试阶段使用的加载内核模块和卸载内核模块的对应函数。按键驱动程序需要编译成内核模块，因为只有内核模块才能够被动态地加载到内核中执行。

1. 在设备树中添加按键输入的节点信息

打开设备树文件，添加按键 pinctrl 节点，pinctrl 节点信息如下。

```
pinctrl_key: keygrp {
fsl, pins = <
MX6UL_PAD_UART1_CTS_B_GPIO1_IO18 0xF080 /* KEY0 */
 >;
};
```

在设备树的根节点下创建按键的设备节点，设备节点信息如下。

```
key {
  #address-cells = <1>;
```

```
#size-cells = <1>;
compatible = "atkalpha-key";
pinctrl-names = "default";
pinctrl-0 = <&pinctrl_key>;
key-gpio = <&gpio1 18 GPIO_ACTIVE_LOW>;
status = "okay";
};
```

2. 按键驱动程序

按键驱动程序，限于篇幅这里仅展示按键驱动的入口函数。在按键驱动的入口函数中，主要完成注册字符设备驱动、申请设备号以及初始化字符设备等。按键驱动入口函数的详细信息如下。

```
//驱动入口函数
static int _initmykey_init (void)
{
    atomic_set (&keydev. keyvalue, INVAKEY);
    if (keydev. major) {
        keydev. devid = MKDEV (keydev. major, 0);
        register_chrdev_region (keydev. devid, KEY_CNT, KEY_NAME);
    } else {
        alloc_chrdev_region (&keydev. devid, 0, KEY_CNT, KEY_NAME);
        keydev. major = MAJOR (keydev. devid); /* 获取分配号的主设备号 */
        keydev. minor = MINOR (keydev. devid); /* 获取分配号的次设备号 */
    }
    keydev. cdev. owner = THIS_MODULE;
    cdev_init (&keydev. cdev, &key_fops);
    cdev_add (&keydev. cdev, keydev. devid, KEY_CNT);
    keydev. class = class_create (THIS_MODULE, KEY_NAME);
    if (IS_ERR (keydev. class)) {
        return PTR_ERR (keydev. class);
    }
    keydev. device = device_create (keydev. class, NULL, keydev. devid, NULL, KEY_
NAME);
    if (IS_ERR (keydev. device)) {
        return PTR_ERR (keydev. device);
    }
    return 0;
}
```

按键驱动的出口函数主要是完成字符设备驱动的注销功能。按键驱动出口函数的详细信息如下。

```
//驱动出口函数
static void _exitmykey_exit (void)
{
    cdev_del (&keydev.cdev);
    unregister_chrdev_region (keydev.devid, KEY_CNT);
    device_destroy (keydev.class, keydev.devid);
    class_destroy (keydev.class);
}
```

3. 按键驱动程序的编译规则

编写按键驱动模块的编译规则——Makefile 文件，Makefile 文件的详细信息如下。

```
KERNELDIR : = /home/eight/nxp_linux_kernel/linux-imx-rel_imx_4.1.15_2.1.0_ga
CURRENT_PATH : = $ (shellpwd)


obj-m : = key.o


build: kernel_modules


kernel_modules:
    $ (MAKE) -C $ (KERNELDIR) M = $ (CURRENT_PATH) modules


clean:
    $ (MAKE) -C $ (KERNELDIR) M = $ (CURRENT_PATH) clean
```

13.4.2　应用程序的编写

应用程序的编写主要是实现自动浇灌系统的逻辑控制要求，应用程序的主要逻辑为在接收到土壤传感器的输入信号以后，调用 shell 命令来直接控制引脚的输出状态，对应输出引脚接入继电器的控制端。

1. C 语言调用 shell 命令

在 Linux 系统下采用 C 语言的方式调用 shell 命令，需要先配置内核设备驱动，然后重新编译内核，内核图形化配置路径如下。

```
Device Drivers- > GPIO Support - >/sys/class/gpio/… (sysfs interface)。
```

通过 sysfs 方式控制 GPIO，先访问/sys/class/gpio 目录，向 export 文件写入 GPIO 编号，使得该 GPIO 的操作接口从内核空间暴露到用户空间。GPIO 的操作接口包括 direction 和 value 等，direction 控制 GPIO 方向，而 value 可控制 GPIO 输出或获得 GPIO 输入。由于在接收到外部输入信号以后，需要控制引脚输出高低电平信号，因此需要按如下模式设置 GPIO 引脚。

```
echo3 > /sys/class/gpio/export           //确定控制引脚的编号
echo out > /sys/class/gpio/gpio3/direction    //设置对应引脚的输出方向
```

```
echo 1 > /sys/class/gpio/gpio3/value          //设置对应引脚输出高电平
echo 0 > /sys/class/gpio/gpio3/value          //设置对应引脚输出低电平
```

2. 应用程序

应用程序除了调用字符设备驱动以外，还需要调用 shell 命令，自动浇灌系统完整的应用程序如下。

```c
#include "stdio. h"
#include "unistd. h"
#include "sys/types. h"
#include "sys/stat. h"
#include "fcntl. h"
#include "stdlib. h"
#include "string. h"
#define KEY0VALUE        0XF0
#define INVAKEY          0X00
void shell(char * sh)
{
        FILE * fp;
        if((fp = popen(sh,"r")) = = NULL){
                perror("popen");
                return ;
        }
        pclose(fp);
}
int main(intargc, char * argv[])
{
        int fd, ret;
        char * filename;
        intkeyvalue;
        static char flag1 = 0;
        if(argc ! = 2){
                printf("Error Usage! \r\n");
                return -1;
        }
        filename = argv[1];
        fd = open(filename, O_RDWR);
        if (fd < 0) {
                printf (" file % s open failed! \r \n", argv [1]);
                return -1;
        }
        shell (" echo 3 > /sys/class/gpio/export");
```

```
shell("echo out > /sys/class/gpio/gpio3/direction");
while(1) {
        read(fd, &keyvalue, sizeof(keyvalue));
        if (keyvalue = = KEY0VALUE) {     /* KEY0 */
                printf("土壤湿度过低,开始浇水,打开水泵。\n");
                shell("echo 0 > /sys/class/gpio/gpio3/value");
                flag1 =1;
        }
        else
        {
                if(flag1 = =1)
                {
                        flag1 =0;
                        printf("土壤湿度过高,停止浇水,关闭水泵。\n");
                        shell("echo 1 > /sys/class/gpio/gpio3/value");
                }
        }
}
ret = close(fd);
if(ret < 0){
        printf("file %s close failed! \r\n", argv[1]);
        return -1;
}
return 0;
}
```

完成软件代码实现以后,下一个环节就需要联合硬件进行联合调试,联合调试过程对于软件来说是验证其逻辑功能是否正常,能否达到功能设计的要求。

13.5 自动浇灌系统的联合调试

自动浇灌系统的联合调试是指在硬件电路调试正常且软件系统调试正常的前提下,进行的软硬件综合测试,主要用来验证系统是否能够正常运转,并且达到功能要求。这里采用按键和 LED 驱动等效电路的方式来模拟传感器输入和继电器输出的效果。具体的联合调试步骤如下所示。

Step 1 自动浇灌系统的电路连接示意图,如图 13-12 所示。

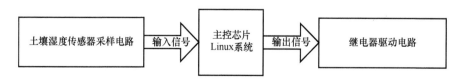

图 13-12 电路连接示意图

Step 2 编译内核驱动模块，如图 13-13 所示。

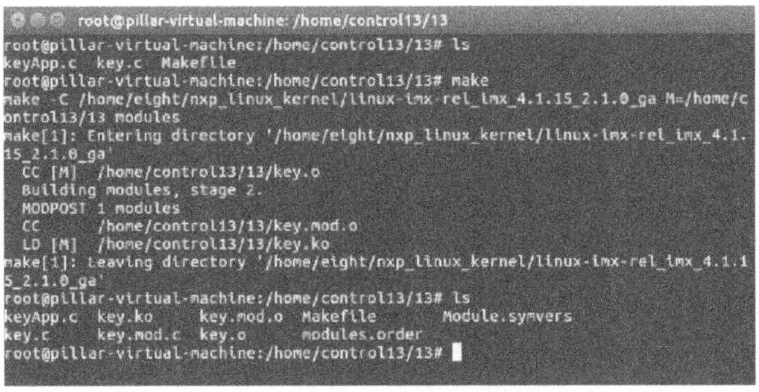

图 13-13　编译内核驱动模块

Step 3 使用交叉编译命令编译应用程序，如图 13-14 所示。

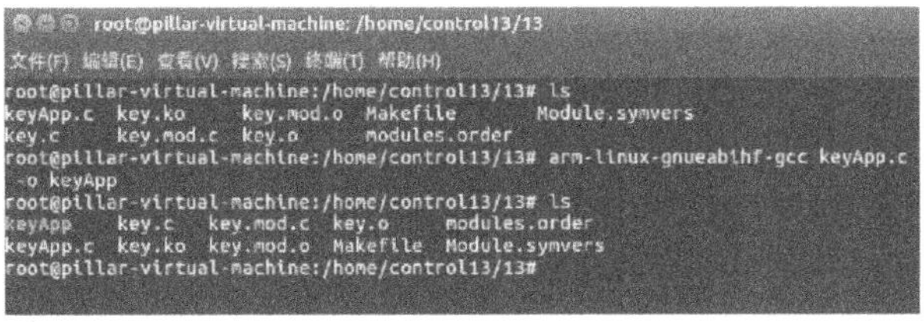

图 13-14　交叉编译应用程序

Step 4 将内核驱动模块以及应用程序的可执行文件复制到网络挂载的根文件系统下，加载内核模块，运行应用程序并测试，如图 13-15 所示。

Step 5 按照 Step 1 的示意图，主控制器接上土壤传感器以及继电器控制电路，运行驱动程序，应用程序的效果如图 13-16 所示。

图 13-15　测试应用程序和驱动程序

图 13-16　自动浇灌系统的控制效果

通过系统的联合调试步骤来看，自动浇灌系统满足本章第一小节的项目需求，就是通过获取土壤传感器系统的土壤湿度来控制继电器进而控制水泵浇水的功能。

13.6　要点巩固

自动浇灌系统采用基于 Linux 系统的方式来实现，对于自动浇灌系统项目的实现分为四个步骤。首先是自动浇灌系统的功能设计，功能设计来源于需求，对需求进行分解，将功能设计划分为 5 个单元,分别是 Linux 系统的移植、驱动的实现、应用程序的编写、硬件电路的设计以及联合调试。

自动浇灌系统的硬件设计与实现分为 3 个部分,分别为传感器采集电路的设计与实现、控制单元的设计与实现以及继电器控制电路的设计与实现。传感器采集电路和继电器控制电路主要涉及硬件,控制器单元的电路相对简单,主要是 GPIO 驱动电路。

自动浇灌系统的软件设计主要是对基于 Linux 系统的开发板实现 GPIO 的驱动。这里 GPIO 驱动实现设计输入和输出模式的配置,驱动部分主要参考字符设备驱动章节,本章不再赘述。

最后的联合调试是在硬件电路调试完成和软件功能调试完成以后的系统联合调试,通过系统联合调试,来验证最初的功能设计。

13.7 技术大牛访谈——自动化控制系统的组成部分

自动化控制系统主要是指一些能够实现自动控制的装置。一般的自动化控制系统主要由控制单元、被控单元、执行机构以及传感器 4 个部分组成。以自动浇灌系统为例,控制单元是 Linux 系统开发板,被控单元是继电器,执行机构则是继电器控制的水泵,传感器为土壤湿度传感器。自动浇灌系统的组成部分如图 13-17 所示。

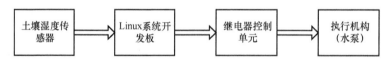

图 13-17 自动浇灌系统的组成部分

在自动化控制系统中,控制单元是自动化系统中的核心单元,现场所有设备的执行和反馈、所有参数的采集和下达全部依赖于控制单元的命令。常用于控制单元的系统有 PLC 控制系统、DCS 控制系统以及 FCS 控制系统。自动浇灌系统项目属于 FCS 控制系统。

自动浇灌系统中被控单元是指继电器。被控单元根据控制单元的信号或者是指令,来响应设计者期望的动作状态。在本项目中被控单元在收到控制单元输入的"高电平"信号时就开始吸合继电器,进一步打开水泵。当接收到"低电平"信号时就关闭继电器的吸合状态来关闭水泵。执行机构通常和被控单元紧密地联系在一起,因为执行机构是被控单元的操作对象。

传感器基本上是自动化控制系统中必不可少的器件,传感器在自动化控制系统中也被称为变送器,其作用就是将控制系统中需要感知的参数以电信号的方式传输给控制单元。在自动浇灌系统项目中,土壤湿度传感器就属于变送器,土壤湿度传感器将感知土壤中的湿度含量,以电平信号的方式传输给控制单元,控制单元根据设定的阈值做判断,然后将判断结果转换为控制信号传输给被控单元。

第 14 章
物联网应用实例——智能快递柜系统

随着物联网快速发展，开启了物流信息化整合的新模式，在众多物联网应用中以智能快递柜为例，结合所学的 Linux 系统开发知识，来实现智能快递柜的逻辑控制。

14.1 小白也要懂——智能快递柜系统项目背景

智能快递柜也称为智能快递箱、智能包裹柜，通常是基于物联网技术将快递进行识别、分类以及管理的设备。智能快递柜属于硬件终端产品，通常和云端的服务器构成一整套的快递投递系统。

智能快递柜项目主要是为解决快递行业的痛点应运而生的，传统的快递站点由于人工成本的压力无法实现 24 小时营业。当收件人不在家中时，快递无法实时投递或者需要二次投递。当快递员派件不方便或者需要私人物品无接触派件时，智能快递柜是最佳的派件选择。

智能快递柜的特点是能够实现全天候 24 小时营业，满足不同人群对派件和取件的时间要求，还能够解决派件单位和个人不方便的问题，快递柜节省空间且方便操作。智能快递柜能够从根本上解决快递派送难的问题以及快递管理出现的矛盾。

智能快递柜系统通常是系统级别的，因为它涵盖了计算机所有的层次架构，但是和用户之间交互的还是快递柜的终端产品。对于快递柜系统网络层以上的应用框架，这里只给大家简单介绍一下，本项目的重点是基于 Linux 系统的智能快递柜逻辑的实现。基于物联网的智能快递柜系统架构如图 14-1 所示。

基于物联网的智能快递柜系统从上至下依次分为应用层、平台层、网络层以及终端层，本次项目实现主要工作在终端层。智能快递柜系统的终端层主要是和用户的交互，在用户输入取件码以后，终端感知层根据逻辑条件的判断，最终会将和取件码配对成功的快递柜打开。这些操作的信息终端感知层会通过有线或者是无线的方式经过网络层传输给平台层。平台层获取到这些取件存件信息以后，根

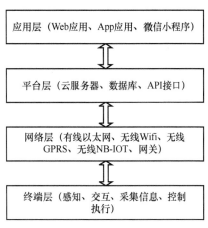

图 14-1 基于物联网的智能快递柜系统

253

据业务的逻辑规则存入数据库，数据库就是快递管理的数据仓库。同时平台层还要将用户、管理员、运维人员需要的数据整理成标准的 API 接口提供给应用层。应用层的工作就是处理数据的布局展示，让用户使用起来更加方便。

基于 Linux 系统的智能快递柜项目主要工作在终端层，这里通过智能快递柜项目案例，让大家感受一下，如何在 Linux 系统下开发智能快递柜项目。

14.2 智能快递柜系统的功能设计

智能快递柜系统的功能设计也分为 5 个部分，分别是 Linux 系统的移植、系统驱动电路的设计、系统驱动程序、应用程序以及系统联调。智能快递柜系统的功能框图如图 14-2 所示。

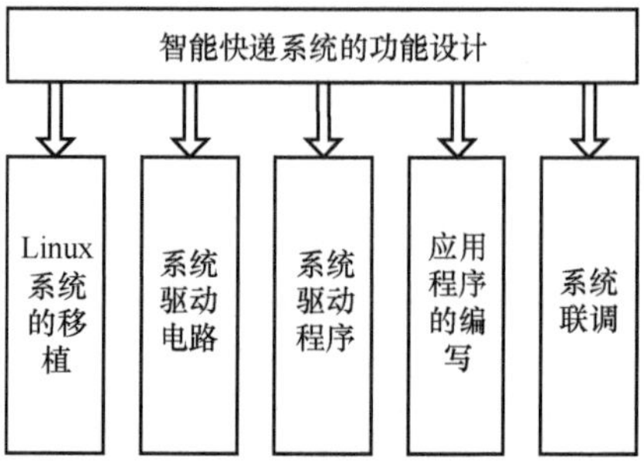

图 14-2　智能快递柜系统的功能框图

1. 系统移植

本项目的系统移植主要分为 U-boot 的移植、Linux 内核的移植以及根文件系统的移植，系统移植部分请参考第 7、8、9 章节。

2. 系统驱动电路设计

智能快递柜系统的电路设计部分，这里采用 PC 上位机（指可以直接发出操控命令的计算机）和开发板联调的方式来演示智能快递柜系统的实现。PC 上位机选择阿猫串口助手作为辅助工具，开发板和 PC 采用串口通信方式。由于开发板的串口输出电平是 TTL 电平，因此需要借助 USB 转串口 TTL 电平的模块才可以实现 PC 串口和开发板串口的通信。

3. 系统驱动程序

系统驱动主要是串口驱动的编写，串口驱动也属于字符设备驱动，但是和 GPIO 字符设备驱动的不同是串口驱动一般是芯片厂商给写好驱动框架，只需要按照相应的串口框架编写驱动程序即可。在本章的最后小结有专门介绍基于 Linux 系统的串口驱动框架。

4. 应用程序

应用程序是用来验证智能快递柜的展示程序，在应用程序中涉及配置串口信息以及收发数据的功能。应用程序的功能主要是通过用户在开发板的终端命令行输入取件码，系统通过校验，如果校验成功就通过串口向 PC 串口助手发送成功打开信息，否则不做处理。

5. 系统联调

在完成系统移植、驱动电路设计、驱动程序开发以及应用程序编写以后，就可以进行系统联调，系统联调方式为开发板通过 USB 转串口模块连接 PC 上位机。在硬件电路连接完成后，打开 PC 上位机软件然后复位开发板进行系统联合调试。

14.3 智能快递柜系统的硬件设计与实现

智能快递柜系统的硬件设计与实现，该系统主要注重系统逻辑的实现，对于具体的系统外部电路不做深入讨论。在进行功能设计时，对于系统实现方式是采用 PC 上位机通过 USB 转串口来连接开发板，系统的硬件连接示意如图 14-3 所示。

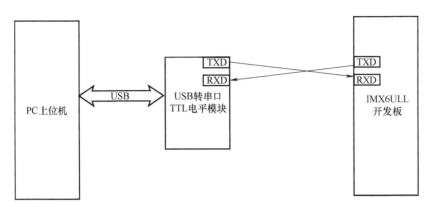

图 14-3 智能快递柜系统硬件连接示意图

实际的智能快递柜系统中 PC 上位机扮演着和用户交互的人机接口。IMX6ULL 开发板为系统的主控板,当用户输入取件码以后,开发板通过应用程序识别取件码是否正确,如果正确开发板发送串口数据打开快递柜,否则不做处理。

使用 USB 转串口 TTL 电平模块的原因在于,开发板中的串口电平是 TTL 电平,但是和 PC 的电平不能兼容。因此需要完成电平之间的转换。

14.4 智能快递柜系统的软件设计与实现

智能快递柜系统的软件系统主要涉及串口的驱动开发和应用程序的编写。对于 IMX6ULL 系列芯片来说,恩智浦官方提供的内核已经写好了串口驱动的框架,只需要在其基础上添加设备信息和节点即可。

首先,该项目系统中使用开发板的串口为串口三,因此需要先配置串口三对应的 pinctrl 子节点。需要参考串口一和串口二的 pinctrl 子节点,来仿写串口三的 pinctrl 子节点,如图 14-4 所示。

```
root@pillar-virtual-machine:/home/eight/yes_smsc/arch/arm/boot/dts

        pinctrl_uart2: uart2grp {
                fsl,pins = <
                        MX6UL_PAD_UART2_TX_DATA__UART2_DCE_TX   0x1b0b1
                        MX6UL_PAD_UART2_RX_DATA__UART2_DCE_RX   0x1b0b1
                        MX6UL_PAD_UART3_RX_DATA__UART2_DCE_RTS  0x1b0b1
                        MX6UL_PAD_UART3_TX_DATA__UART2_DCE_CTS  0x1b0b1
                >;
        };

        pinctrl_uart3: uart3grp {
                fsl,pins = <
                        MX6UL_PAD_UART3_TX_DATA__UART3_DCE_TX 0X1b0b1
                        MX6UL_PAD_UART3_RX_DATA__UART3_DCE_RX 0X1b0b1
                >;
        };
```

图 14-4 串口三的 pinctrl 子节点

其次,在设备树中添加串口三的设备节点信息,这里参考串口一和串口二的设备节点信息,仿写串口三的设备节点信息,如图 14-5 所示。

最后编写应用程序,应用程序的具体代码如下。

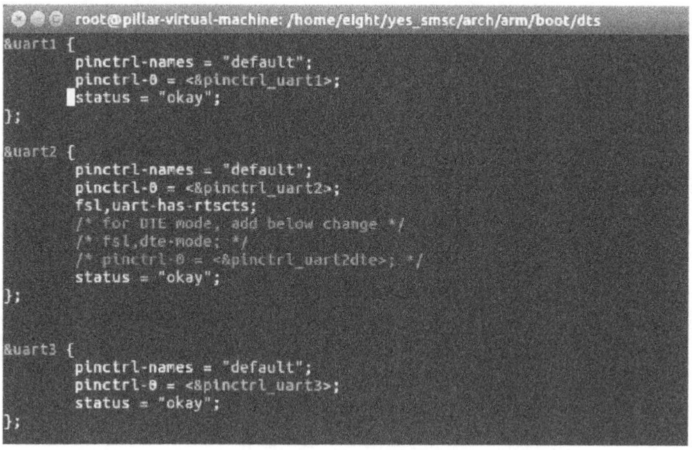

图 14-5　串口三的设备节点信息

```c
#include < stdio. h >
#include < stdlib. h >
#include < string. h >
#include < sys/types. h >
#include < sys/stat. h >
#include < fcntl. h >
#include < unistd. h >
#include < termios. h >

int set_opt (int fd, intnSpeed, int nBits, char nEvent, int nStop)
{
    struct termios newtio, oldtio;
    if    (tcgetattr ( fd, &oldtio)   ! =  0) {
        perror (" SetupSerial 1");
        return -1;
    }
    bzero ( &newtio, sizeof ( newtio ) );
    newtio. c_cflag   | =   CLOCAL | CREAD;
    newtio. c_cflag & =  ~CSIZE;
    switch (nBits )
     {
    case 7 :
        newtio. c_cflag  | = CS7;
        break;
    case 8 :
        newtio. c_cflag  | = CS8;
        break;
```

```
        }

switch(nEvent )
{
case 'O':
    newtio.c_cflag | = PARENB;
    newtio.c_cflag | = PARODD;
    newtio.c_iflag | = (INPCK | ISTRIP);
    break;
case 'E':
    newtio.c_iflag | = (INPCK | ISTRIP);
    newtio.c_cflag | = PARENB;
    newtio.c_cflag & = ~ PARODD;
    break;
case 'N':
    newtio.c_cflag & = ~ PARENB;
    break;
}

switch (nSpeed )
  {
case 2400:
    cfsetispeed (&newtio, B2400);
    cfsetospeed (&newtio, B2400);
    break;
case 4800:
    cfsetispeed (&newtio, B4800);
    cfsetospeed (&newtio, B4800);
    break;
case 9600:
    cfsetispeed (&newtio, B9600);
    cfsetospeed (&newtio, B9600);
    break;
case 115200:
    cfsetispeed (&newtio, B115200);
    cfsetospeed (&newtio, B115200);
    break;
case 460800:
    cfsetispeed (&newtio, B460800);
    cfsetospeed (&newtio, B460800);
    break;
```

```
    default:
        cfsetispeed(&newtio, B9600);
        cfsetospeed(&newtio, B9600);
        break;
    }

    if(nStop = = 1 )
        newtio. c_cflag & =    ~CSTOPB;
    else if (nStop = = 2 )
        newtio. c_cflag | =   CSTOPB;

    newtio. c_cc [VTIME]   = 0;
    newtio. c_cc [VMIN] = 0;
    tcflush (fd, TCIFLUSH);
    if ( (tcsetattr (fd, TCSANOW, &newtio))! =0)
      {
        perror (" com set error");
        return -1;
      }
    printf (" set done! \n \r");
    return 0;
}

int main (intargc, char * * argv)
{
    static int run_times =1;
    int fd1, nset, nread, ret;
//char buf [100] = {" test com data! .......... \n"};
    char buf [100]  = {" 123687 号快递柜已经打开 \n"};
    char buf1 [100];
    char * filename;

    //Step 1 参数校验
    if (argc <2 | |argc >3)
    {
        int i;
        for (i =0; i ++; i <argc)
            printf (" argv [%d] %s \r \n", argv [i]);

        printf (" Input ERR! input argc %d \r \ tn", argc);
        printf (" \r \n [usage] \r \n");
```

```
        printf("\t e. g.../app_uart /dev/ttymxc0  \r\n");
        printf (" \t    ./app_uart /dev/ttymxc2  tt \r\n\r\n");
        return -1;
}


filename = argv [1];

    if (argc = =3)
     {
        memset (buf, 0, sizeof (buf));
        strcpy (buf, argv [2]);
        strcat (buf," \r\n");
        printf (" Send % s", buf);


     }


    fd1 = open ( filename, O_RDWR);
    if (fd1 = = -1)
     {
        printf (" open % s fail \r\n", filename);
        exit (1);
     }
    printf (" open  % s  success!! \n", filename);
    nset = set_opt (fd1, 115200, 8, 'N', 1);
    if (nset = = -1)
        exit (1);
    printf (" SET  S1 success!! \n");
    printf (" enter the loop!! \n");


    while (1)
     {
        if (run_times = =1)
         {
            run_times =0;
            memset (buf1, 0, sizeof (buf1));
            ret = write (fd1, buf, 100);
            if ( ret > 0) {
                printf (" 请输入您的取件码，谢谢! \n");
            }
         }
        nread = read (fd1, buf1, 100);
```

```
    if(nread > 0){
        printf("取件码为 = % s \n", buf1);
        printf("取件码输入正确,请取走您的包裹,感谢使用! \n");
        run_times =1;
    }
    sleep (1);
}
close (fd1);
return 0;
}
```

14.5 智能快递柜系统的联合调试

智能快递柜系统的联合调试要借助工具进行开发板调试,并通过 USB 转串口工具正常通信。首先需要完成硬件电路的正确连接。之后,在电路连接成功后,需要借助 PC 上位机的串口调试助手,来配合开发板进行智能快递柜系统的联合调试。

Step 1 根据硬件连接示意图,将开发板和 USB 转串口模块均连接到计算机上,右击"计算机",选择"管理"命令。在设备管理器一栏中查看端口,会发现两个 CH340 的串口驱动,其中 COM3 是 USB 转串口模块的驱动,COM5 为开发板的串口驱动,如图 14-6 所示。

图 14-6 串口驱动

Step 2 选择一款串口调试助手用来联合调试,这里选择的串口调试助手为阿猫串口调试助手,串口助手和 USB 转串口模块做映射,因此端口号选择 COM3,如图 14-7 所示。

Step 3 复位开发板,加载开发板的串口驱动应用程序,输入取件码后按回车键,开发板通过 COM5 将调试信息打印到终端上,如图 14-8 所示。

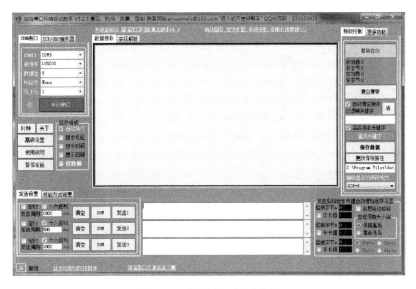

图 14-7 打开串口调试助手

```
/ # ls
bin            etc            mnt            sbin           uart3_test3
dev            lib            proc           sys            uart3_test4
drivers        linuxrc        root           tmp            usr
/ # ./uart3_test4 /dev/ttymxc2
open /dev/ttymxc2 success!!
set done!
SET  S1 success!!
enter the loop!!
请输入您的取件码, 谢谢!
取件码为= 123678
取件码输入正确, 请取走您的包裹, 感谢使用!
请输入您的取件码, 谢谢!
```

图 14-8 开发板的调试信息

Step 4 串口助手通过 USB 转串口模块将开发板的串口数据接收并打印在串口调试助手上。最终的调试结果如图 14-9 所示。

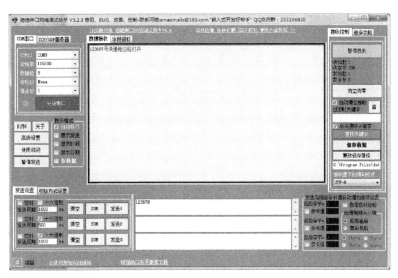

图 14-9 最终的调试结果

14.6 要点巩固

智能快递柜系统的实现重点在于串口驱动和应用程序的编写。对于系统的硬件连接相对简单，因为主要实现其系统逻辑功能。

系统的驱动为串口驱动，开发板使用的 Linux 系统为恩智浦官方提供的，因此串口驱动框架已经编写完成，只需要在设备树中配置串口的 pinctrl 节点和串口的设备节点信息。修改完设备树中的串口节点信息以后，重新编译设备树即可。系统的应用程序编写中需要配置串口的串口号、波特率、校验位等。

14.7 技术大牛访谈——Linux 嵌入式开发板串口驱动框架

Linux 系统中提供完整的串口驱动框架，对于在 Linux 系统下使用串口驱动，只需要按照相应的串口框架编写程序就可以。这里以恩智浦的 IMX6ULL 系列处理器为例，其串口驱动框架主要体现在串口驱动的注册与注销、串口号的添加和删除以及 uart_ops 结构体的实现。

1. 串口驱动 uart_driver 的注册与注销

虽然串口驱动不需要我们去写，但是串口驱动框架是需要了解的，uart_driver 结构体表示 UART 驱动，uart_driver 定义在 include/linux/serial_core. h 文件中，内容如图 14-10 所示。

每个串口驱动都需要定义一个 uart_driver，加载驱动的时候通过 uart_register_driver 函数向系统注册这个 uart_driver，此函数原型为：int uart_register_driver (struct uart_driver * drv)。该函数参数是要注册的串口驱动结构体类型 (uart_driver)，返回 0 表示注册驱动成功，返回负值代表失败。

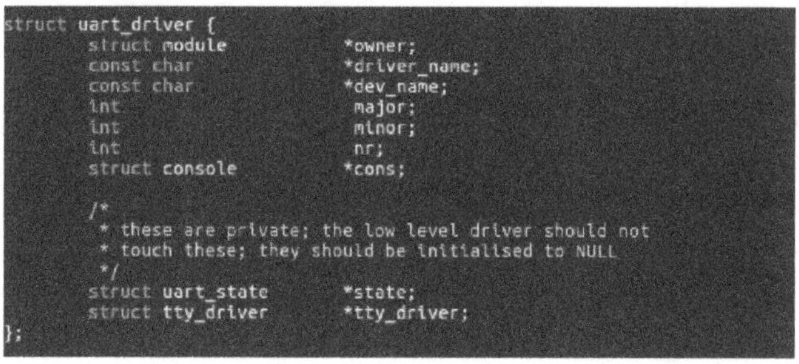

```
struct uart_driver {
        struct module           *owner;
        const char              *driver_name;
        const char              *dev_name;
        int                      major;
        int                      minor;
        int                      nr;
        struct console          *cons;

        /*
         * these are private; the low level driver should not
         * touch these; they should be initialised to NULL
         */
        struct uart_state       *state;
        struct tty_driver       *tty_driver;
};
```

图 14-10 uart_driver 结构体的定义

注销驱动的时候也需要注销掉前面注册的 uart_driver，需要用到 uart_unregister_driver 函数，函数原型为：void uart_unregister_driver (struct uart_driver * drv)。该函数的参数也是串口驱动类型 (uart_driver)，串口驱动的注销函数没有返回值。

恩智浦 IMX6ULL 系列处理器 uart_driver 结构体的初始化代码如下。

```
static struct uart_driver imx_reg = {
.owner = THIS_MODULE,
.driver_name = DRIVER_NAME,
.dev_name = DEV_NAME,
.major = SERIAL_IMX_MAJOR,
.minor = MINOR_START,
.nr = ARRAY_SIZE (imx_ports),
.cons = IMX_CONSOLE,
};
```

2. 串口号 uart_port 的添加和删除

每个 UART 都有一个 uart_port，那么 uart_port 是怎么和 uart_driver 结合起来的呢？这里要用到 uart_add_one_port 函数，函数原型为：int uart_add_one_port（struct uart_driver ＊ drv, struct uart_port ＊ uport）。该函数的入口参数有两个分别是串口驱动的结构体类型以及串口号结构体类型。如果添加成功返回 0，否则返回负值代表失败。

卸载 UART 驱动的时候也需要将 uart_port 从相应的 uart_driver 中删除，需要用到 uart_remove_one_port 函数，函数原型为：int uart_remove_one_port（struct uart_driver ＊ drv, struct uart_port ＊ uport）。该函数的入口参数为要删除的串口驱动和串口号，删除成功返回 0，否则返回负值。

恩智浦 IMX6ULL 系列处理器 uart_port 初始化与添加的代码如下。

```
struct imx_port {
struct uart_port port;
struct timer_list timer;
unsigned int old_status;
unsigned int have_rtscts: 1;
unsigned int dte_mode: 1;
unsigned intirda_inv_rx: 1;
unsigned intirda_inv_tx: 1;
unsigned shorttrcv_delay; /*  transceiver delay * /
......
unsigned long flags;
};
```

3. uart_ops 结构体的实现

在上面讲解 uart_port 的时候说过，uart_port 中的 ops 成员变量很重要，因为 ops 包含了针对 UART 具体的驱动函数，Linux 系统收发数据最终调用的都是 ops 中的函数。ops 是 uart_ops 类型的结构体指针变量，uart_ops 定义在 include/linux/serial_core. h 文件中，内容如图 14-11 所示。

UART 驱动编写人员需要实现 uart_ops，因为 uart_ops 是最底层的 UART 驱动接口，是实实在在的和 UART 寄存器打交道的。imx_pops 是 uart_ops 类型的结构体变量，保存了 I. MX6ULL 串口最底层的操作函数，imx_pops 初始化代码如下。

```
static structuart_ops imx_pops = {
.tx_empty =imx_tx_empty,
.set_mctrl = imx_set_mctrl,
.get_mctrl = imx_get_mctrl,
.stop_tx =imx_stop_tx,
.start_tx =imx_start_tx,
.stop_rx =imx_stop_rx,
.enable_ms =imx_enable_ms,
.break_ctl = imx_break_ctl,
```

```
.startup =imx_startup,
.shutdown =imx_shutdown,
.flush_buffer =imx_flush_buffer,
.set_termios = imx_set_termios,
.type =imx_type,
.config_port =imx_config_port,
.verify_port =imx_verify_port,
#if defined (CONFIG_CONSOLE_POLL)
.poll_init =imx_poll_init,
.poll_get_char =imx_poll_get_char,
.poll_put_char =imx_poll_put_char,
#endif
};
```

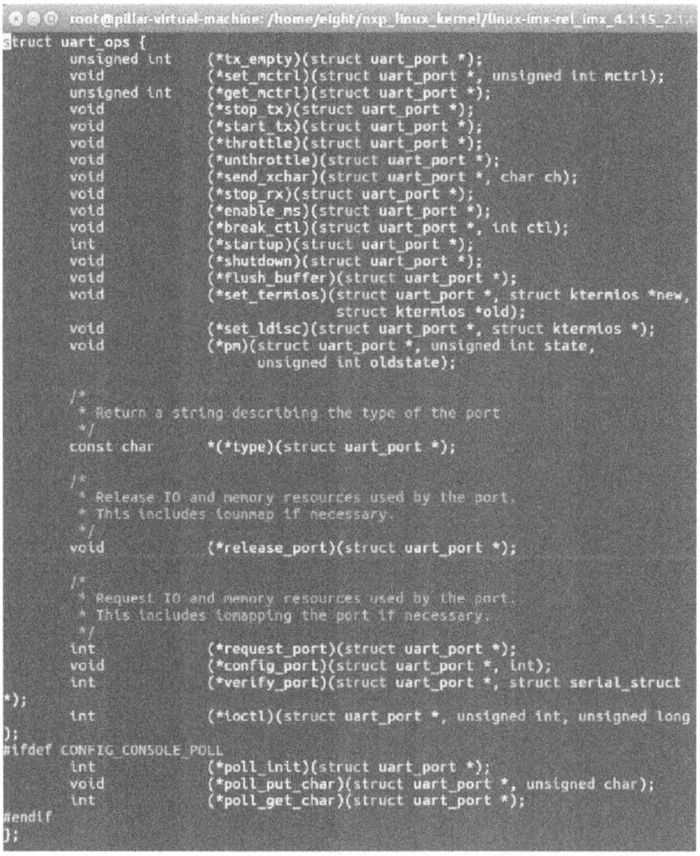

```
root@pillar-virtual-machine: /home/eight/nxp_linux_kernel/linux-imx-rel_imx_4.1.15_2.1.
struct uart_ops {
        unsigned int    (*tx_empty)(struct uart_port *);
        void            (*set_mctrl)(struct uart_port *, unsigned int mctrl);
        unsigned int    (*get_mctrl)(struct uart_port *);
        void            (*stop_tx)(struct uart_port *);
        void            (*start_tx)(struct uart_port *);
        void            (*throttle)(struct uart_port *);
        void            (*unthrottle)(struct uart_port *);
        void            (*send_xchar)(struct uart_port *, char ch);
        void            (*stop_rx)(struct uart_port *);
        void            (*enable_ms)(struct uart_port *);
        void            (*break_ctl)(struct uart_port *, int ctl);
        int             (*startup)(struct uart_port *);
        void            (*shutdown)(struct uart_port *);
        void            (*flush_buffer)(struct uart_port *);
        void            (*set_termios)(struct uart_port *, struct ktermios *new,
                                       struct ktermios *old);
        void            (*set_ldisc)(struct uart_port *, struct ktermios *);
        void            (*pm)(struct uart_port *, unsigned int state,
                              unsigned int oldstate);

        /*
         * Return a string describing the type of the port
         */
        const char      *(*type)(struct uart_port *);

        /*
         * Release IO and memory resources used by the port.
         * This includes iounmap if necessary.
         */
        void            (*release_port)(struct uart_port *);

        /*
         * Request IO and memory resources used by the port.
         * This includes iomapping the port if necessary.
         */
        int             (*request_port)(struct uart_port *);
        void            (*config_port)(struct uart_port *, int);
        int             (*verify_port)(struct uart_port *, struct serial_struct
*);
        int             (*ioctl)(struct uart_port *, unsigned int, unsigned long
);
#ifdef CONFIG_CONSOLE_POLL
        int             (*poll_init)(struct uart_port *);
        void            (*poll_put_char)(struct uart_port *, unsigned char);
        int             (*poll_get_char)(struct uart_port *);
#endif
};
```

图 14-11　uart_ops 结构体的定义

本章使用的串口驱动框架就是按照上述步骤实现的，由于串口驱动的核心结构体 uart_ops 都是直接操作寄存器，这里不做深入讨论。本章项目案例直接使用的是恩智浦提供的串口驱动框架，没有对驱动做修改，因此本章的重点是串口驱动应用程序的编写。

第 15 章
车联网应用实例——车身控制系统

随着汽车行业的快速发展，尤其是新能源汽车的出现，对汽车电子来说又是一次机遇和挑战。人工智能、无人驾驶、车联网等尖端科技日渐成熟，让汽车越来越智能化。车联网是汽车实现人工智能以及无人驾驶的网络连接，离开网络的汽车很难实现自身的高度智能化。

15.1 小白也要懂——车身控制系统项目背景

传统汽车开始并没有车身控制系统的概念，它们都是分散的。大家应该见过早期那种采用手摇方式的升车窗的汽车，也一定见过机械式汽车门锁。不过对比时下流行的新能源汽车，这些儿时的记忆几乎找寻不到了。将汽车电子和车身执行机构有机地结合在一起就构成了车身控制系统。汽车车身结构通俗地讲就是"四门加两盖"。因此本次项目案例中也主要是对车门的控制应用。

采用电子控制的车身控制系统能够实现车身智能控制，接入网络后电子车身控制系统可以使用手机远程解锁车门。在新能源汽车中车身控制系统简称 BCM，而接入网络的系统简称为 TBOX。TBOX 的中文含义为（数据）传输终端，它是新能源汽车标准的车联网设备。对 TBOX 系统感兴趣的读者可以拓展阅读国标 GB/T 32960 系列标准，这里不对 TBOX 系统做详细阐述。TBOX 系统和 BCM 系统之间的通信是通过 CAN 总线进行传输。

CAN 是控制器局域网络（Controller Area Network）的简称（下文统称为 CAN 总线），是一种能够实现分布式实时控制的串行通信网络，广泛应用于汽车、船舶等，具有已经被大家认可的高性能和可靠性。CAN 总线的高性能和高可靠性归结于物理层采用差分信号线来传输数据。

15.2 车身控制系统的功能设计

车身控制系统功能实现划分为 4 个部分，分别是 Linux 系统移植、CAN 总线的驱动电路、CAN 驱动的移植以及联合调试。Linux 系统移植包含 U-boot 的移植、内核的移植以及根文件系统的构建，参考第 7、8、9 这 3 章。CAN 总线的驱动电路以 Linux 开发板的驱动电路作为讲解。在移植 NXP 官方内核中，原厂已经将 CAN 的设备信息添加到设备树中，因此只需要使能 CAN 总线。此外由于构建根文件系统的 ip 指令不能支持 CAN 的操作，这里还需要移植第三方软件来实现 CAN 总线的驱动。为了达到联合调试的效果，这里借助了 USB 转 CAN 的工具来进行车身控制系统的功能展示。车身控制系统的功能设计如图 15-1 所示。

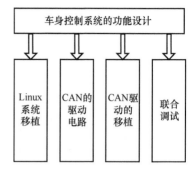

图 15-1　车身控制系统的功能设计

15.3　车身控制系统的硬件设计与实现

车身控制系统的硬件连接示意图如图 15-2 所示。

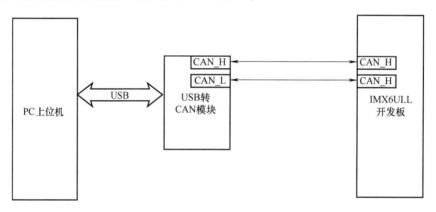

图 15-2　车身控制系统的功能设计示意图

车身系统的硬件设计体现在 CAN 收发控制器和主控芯片的驱动电路上，这里使用的主控芯片为恩智浦 IMX6ULL 系列的一款主控芯片，芯片的具体型号为 MCIMX6Y2CVM08AB。该芯片具体的 CAN 总线驱动电路如图 15-3 所示。

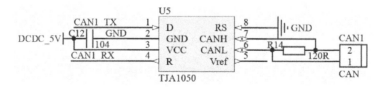

图 15-3　芯片 MCIMX6Y2CVM08AB 的 CAN 驱动电路

一般的车身控制系统，是主控芯片通过 CAN 总线获取整车的 CAN 报文，当收到和自己地址（ID）相同的报文时，将对应报文解析并做相应的处理。这里的车身控制系统通过其他控制引脚接上继电器，通过继电器来控制车门和车窗。

因为没有主机设备，所以采用 USB 转 CAN 的一个工具来演示 CAN 数据进行主从机报文的收发。这里使用的 USB 转 CAN 的工具如图 15-4 所示。

为了达到车身控制系统的演示效果，暂且定义 USB-CAN 工具为主机，代表整车的 CAN 总线物理通道。将开发板中的 CAN 接口对应 USBCAN 工具的 CAN 接口连接成功，就表示车身控制系统（开发板）接入了整车 CAN 总线系统。根据自定义的协议规则，对协议内容进行约定，从而达到车身控制的目的。

图 15-4　USBCAN 工具

15.4　车身控制系统的软件设计与实现

车身控制系统的软件设计体现在 CAN 驱动的移植，恩智浦官方提供的 Linux 内核默认已经集成了 IMX6ULL 的 FlexCAN 驱动，但是没有使能，因此需要配置 Linux 内核，使能 FlexCAN 驱动。由于需要进入内核配置 FlexCAN 的驱动，因此首先要调用内核的图形化配置命令，命令如下。

```
make ARCH = arm CROSS_COMPILE = arm-linux-gnueabihf- menuconfig
```

进入图形化界面以后，使能 iMX6ULL 系列微处理器的 FlexCAN 外设驱动，配置路径如下。

```
- > Networking support
  - > CAN bus subsystem support
    - > CAN Device Drivers
      - > < * > Platform CAN drivers with Netlink support
        - > < * > Support for Freescale FLEXCAN based chips
```

安装上述的配置路径，将对应 FlexCAN 的配置选项选中，最后是使能 Freescale 的 Flex-CAN，如图 15-5 所示。

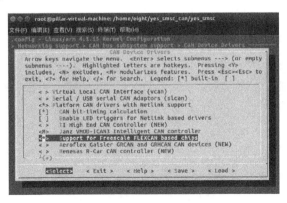

图 15-5　使能内核 CAN 总线子系统

在完成内核的 FlexCAN 驱动配置以后，重新编译内核。内核编译完成以后，将内核镜像和设备树文件重新挂载到开发板上，上电复位开发板。使用 ifconfig -a 命令查看开发板所有的网卡接口，如图 15-6 所示。

图 15-6　查看内核 CAN 子系统是否启用

根文件系统采用 Busybox 来构建，但是 Busybox 自带的 ip 命令并不支持对 CAN 的操作，所以需要重新移植 ip 的指令。ip 命令需要移植 iproute2 软件。iproute2 是一个在 Linux 下的高级网络管理工具软件。CAN 在 Linux 系统中又被称为 Socket CAN。由此可见 CAN 需要 ip 指令的支持。

iproute2 软件的版本选择 iproute2-4.4.0。将其解压后查看文件内容，如图 15-7 所示。

图 15-7　iproute2-4.4.0 目录内容

在 iproute2-4.4.0 目录中对其 Makefile 文件进行修改，将其 gcc 编译器修改为交叉编译器 arm-linux-gnueabihf-gcc。修改后的结果如图 15-8 所示。

图 15-8　修改 Makefile 文件的交叉编译器

268

完成对 iproute2-4.4.0 根目录中 Makefile 文件的编辑以后，直接使用 make 指令对其进行编译，编译后进入 ip 目录下查看是否存在 ip 命令，如图 15-9 所示。

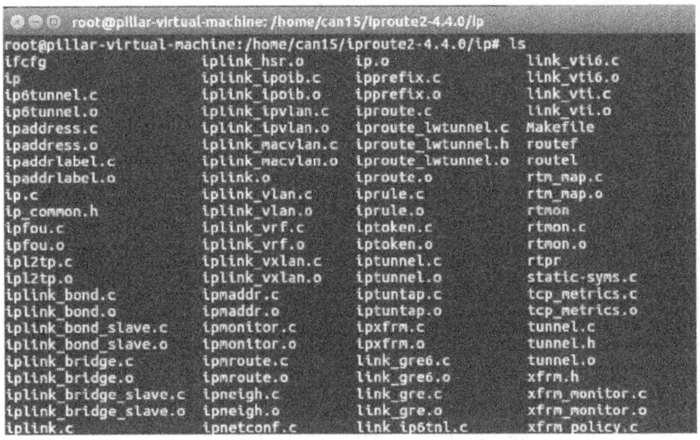

图 15-9　查看 ip 目录下的 ip 命令

获取 ip 命令以后，在当前路径下直接将该命令替换为根文件系统中的 ip 命令，替换命令为 cp ip /home/pillar/nfs/rootfs/sbin/ip -f。完成 ip 的命令替换以后，复位开发板，在开发板系统中输入 ip -V 来查看 iproute2 软件是否移植成功，移植成功如图 15-10 所示。

图 15-10　iproute2 移植成功

15.5　车身控制系统的联合调试

车身控制系统的联合调试主要是借助工具调试开发板和 USBCAN 工具，使其能够正常通信，因此需要先在 Linux 开发板中移植 can-utils 工具。can-utils 工具是基于 GNU GPLv2 许可的开源代码，包括 canconfig、canecho、cansend、candump、cansequence 五个工具，用于检测和监控 Socket CAN 接口。这里移植的 can-utils 工具版本为 can-utils-2020.02.04。can-utils-2020.02.04 内容如图 15-11 所示。

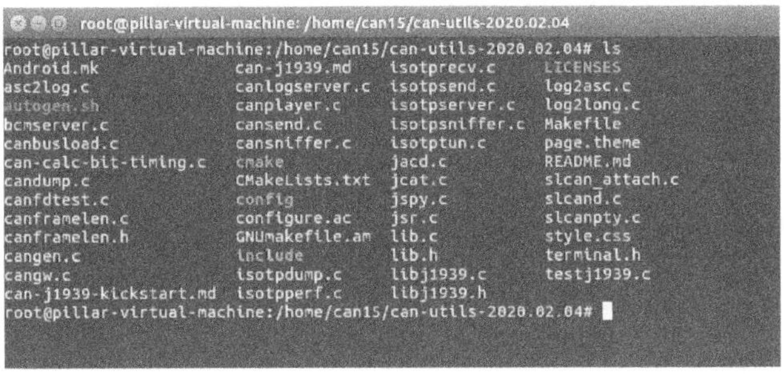

图 15-11　can-utils-2020.02.04 目录内容

Step 1 执行 autogen.sh，生成配置文件 configure，如图 15-12 所示。

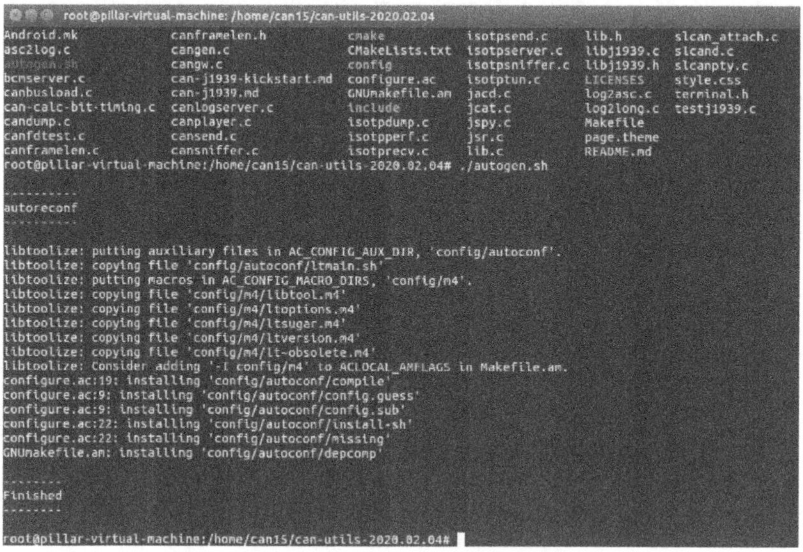

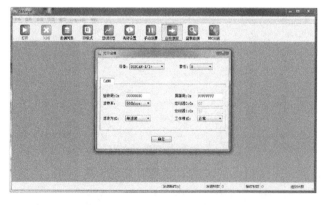

图 15-12　autogen. sh 执行过程

Step 2 按顺序执行如下配置命令。

```
./configure --target = arm-linux-gnueabihf --host = arm-linux-gnueabihf --prefix = /
home/can15/can-utils --disable-static --enable-shared
   make
   make install
```

Step 3 在 Step 2 完成以后，将在/
home/can15/can-utils 目录下生成一个 bin
目录。将生成的 bin 目录和根文件系统目
录下的 usr 目录进行替换，如图 15-13
所示。

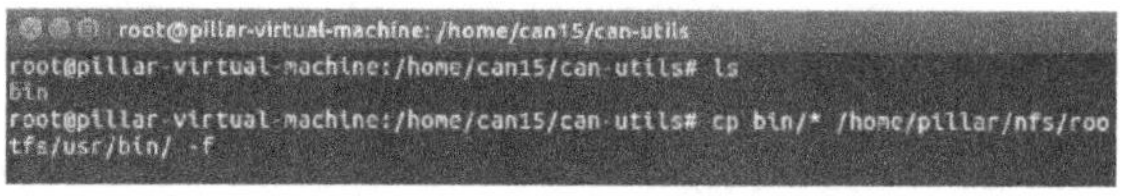

图 15-13　bin 目录的生成和替换

Step 4 在 Windows 系统下安装 USBCAN 工具的调试软件——CANalyst，CANalyst 的初
始页面如图 15-14 所示。

图 15-14　CANalyst 的初始页面

Step 5 Linux 开发板下完整的 CAN 总线报文的收发测试，如图 15-15 所示。

```
/ # ip link set can0 type can bitrate 500000
random: nonblocking pool is initialized
/ # clear
/ # ip link set can0 type can bitrate 500000
/ # ifconfig can0 up
flexcan 2090000.can can0: writing ctrl=0x03292005
/ # candump can0 &
/ #
/ #
/ # cansend can0 5A1#11.22.33.44.55.66.77.88
  can0  5A1  [8]  11 22 33 44 55 66 77 88
/ #
/ #
/ #
/ # cansend can0 5A1#01.01.02.01.03.01.04.01
  can0  5A1  [8]  01 01 02 01 03 01 04 01
/ # cansend can0 5A1#01.00.02.00.03.00.04.00
  can0  5A1  [8]  01 00 02 00 03 00 04 00
/ #
/ #
/ #
/ #
/ #  can0  000  [8]  11 22 33 44 55 66 77 88
  can0  000  [8]  01 02 02 02 03 02 04 02
  can0  000  [8]  01 02 02 02 03 02 04 02
  can0  000  [8]  01 03 02 03 03 03 04 03
  can0  000  [8]  01 03 02 03 03 03 04 03
  can0  000  [8]  01 03 02 03 03 03 04 03
/ #
/ #
/ #
/ #
/ #
/ #
/ #
/ # ifconfig can0 down
read: Network is down
[1]+  Done(1)                          candump can0
/ #
```

图 15-15　CAN 总线报文的收发测试

Step 6 通过 USBCAN 工具和 Linux 开发板联合调试，其中 Linux 开发板发送报文，US-BCAN 接收报文，联合调试结果如图 15-16 所示。

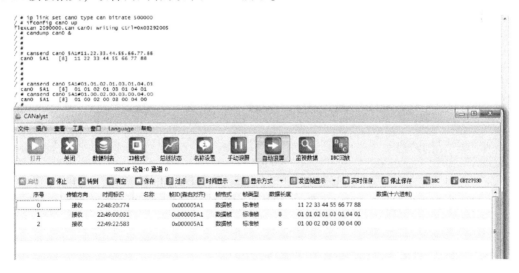

图 15-16　Linux 开发板发送 CAN 报文

Step 7 同样通过 USBCAN 工具和 Linux 开发板联合调试，其中 Linux 开发板接收报文，USBCAN 发送报文，联合调试结果如图 15-17 所示。

通过 Linux 开发板和 USBCAN 工具的联合调试，能够实现开发板收发 CAN 报文的功能，因此 Linux 开发板具备了车身控制功能。

图 15-17　Linux 开发板接收 CAN 报文

15.6　要点巩固

本章要点主要在于车身控制系统的硬件设计和软件设计上，对于硬件电路的设计主要是开发板的 CAN 收发器电路的设计与实现。为了能够达到演示车身控制系统的功能效果，这里使用了 USBCAN 硬件工具将开发板发出的 CAN 报文打印到 PC 上位机软件上，重点强调流程。

车身控制系统的软件设计，没有采用直接编写代码的方式而是采用配置 FlexCAN 驱动、修改根文件系统的 ip 指令以及使用 can-utils 工具来实现 Linux 开发板 CAN 报文的收发。这里需要强调 3 点，首先是配置内核的 FlexCAN 驱动，其次就是 iproute2 软件在 Linux 系统下的移植以及 ip 命令的替换，最后是 can-utils 工具软件在 Linux 系统下的移植以及 bin 目录的替换。

15.7　技术大牛访谈——Linux 系统下的 CAN 驱动框架

Linux 开发板使用 I. MX6ULL 带有 CAN 控制器外设，称为 FlexCAN。FlexCAN 完全符合 CAN 协议，支持标准格式和扩展格式，支持 64 个消息缓存。I. MX6ULL 自带的 FlexCAN 模块特点如下。

1）支持 CAN2.0B 协议，数据帧和遥控帧支持标准和扩展两种格式，数据长度支持 0～8 字节，可编程速度最高为 1Mbit/s。

2）灵活的消息邮箱，最高支持 8 个字节。

3）每个消息邮箱可以配置为接收或发送，都支持标准和扩展这两种格式的消息。

4）每个消息邮箱都有独立的接收掩码寄存器。

5）强大的接收 FIFO ID 过滤。

6）未使用的空间可以作为通用 RAM。

7）可编程的回测模式，用于自测。

8）可编程的优先级组合。

FlexCAN 支持四种模式：正常模式（Normal）、冻结模式（Freeze）、仅监听模式（Listen-Only）和回环模式（Loop-Back）。另外还有两种低功耗模式：禁止模式（Disable）和停止模式（Stop）。

1）在正常模式下，FlexCAN 正常接收或发送消息帧，所有的 CAN 协议功能都使能。

2）当 MCR 寄存器的 FRZ 位置 1 的时候使能冻结模式，在此模式下无法进行帧的发送或接收，CAN 总线同步丢失。

3）当 CTRL 寄存器的 LOM 位置 1 的时候使能仅监听模式，在此模式下帧发送被禁止，所有错误计数器被冻结。CAN 控制器工作在被动错误模式，此时只会接收其他 CAN 单元发出的 ACK 消息。

4）当 CTRL 寄存器的 LPB 位置 1 的时候进入回环模式，此模式下 FlexCAN 工作在内部回环模式，一般用来自测。从模式下发送出来的数据流直接反馈给内部接收单元。

FlexCAN 支持 CAN 协议的这些位时序，控制寄存器 CTRL 用于设置这些位时序，CTRL 寄存器中的 PRESDIV、PROPSEG、PSEG1、PSEG2 和 RJW 这 5 个位域用于设置 CAN 位时序。

基于 Linux 系统的 CAN 驱动层次架构

CAN 通信协议在 1986 年由德国博世公司开发，主要面向汽车的通信系统。国际标准化组织（ISO）将 CAN 总线纳入 ISO 国际标准化的串行通信协议。CAN 总线按照分层思想可以划分为 3 层，分别是底层物理层、中间传输层以及顶层对象层。CAN 总线的层次结构如图 15-18 所示。

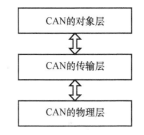

图 15-18　CAN 总线的层次结构

CAN 总线的物理层是在不同节点之间根据所有的电气属性进行位信息的实际传输。当然，同一网络内，物理层对于所有的节点必须是相同的。物理层采用差分信号方式实现了位信号可靠稳定的传输。

CAN 总线的传输层主要解决传输规则，也就是说应该采用标准帧传输数据还是扩展帧传输数据，其次传输规则还决定了总线上什么时候开始发送新报文及什么时候开始接收报文。执行仲裁、错误检测、出错标定、故障界定这些规则也在传输层实现。

CAN 总线的对象层主要提供的服务是定义报文 ID 的功能，查找被发送的报文以及为应用程序提供相关的硬件接口。

在 Linux 下的 CAN 驱动模型相比于 CAN 总线的三层通信模型多了应用层，在 Linux 系统下编写 CAN 的驱动首先是添加 CAN 设备节点信息，其次是 CAN 驱动开发中的数据结构。Linux 系统下 CAN 驱动模型如图 15-19 所示。

车身控制系统中的 Linux 开发板根文件系统采用 Busybox 构建，因此其根文件系统路径下的 ip 命令不支持 CAN 的操作，所以采用移植 iproute2 软件的方式来实现 Linux 开发板 CAN 报文的收发。移植 can-utils 工具能够直接实现 Socket CAN 的程序驱动。

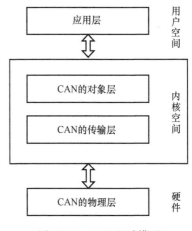

图 15-19　CAN 驱动模型

第 16 章
人工智能应用实例——语音识别控制系统

人工智能是计算机科学与技术的一个分支，是分析研究计算机、智能和技术的重要学科，并且生产出一种能以人类大脑智能类似的方式做出反应的智能机器。该领域包括机器人、语言识别、声音识别、图像识别、自然语言处理等。语音识别控制系统属于典型的人工智能应用。本案例采用开源的硬件和代码来实现语音识别控制系统。

16.1　小白也要懂——语音识别技术

语音识别技术就是让机器通过识别和理解过程，把语音信号转变为相应的文本或命令的技术。语音识别涉及的领域包括：数字信号处理、声学、语音学、计算机科学、心理学、人工智能等，是一门涵盖多个学科领域的交叉科学技术。

语音识别的技术原理是模式识别，其一般过程可以总结为：信号输入、预处理、特征值提取、基于语音模型库下的模式匹配以及基于语言模型库下的语言处理，最后完成识别。语音识别技术的一般过程如图 16-1 所示。

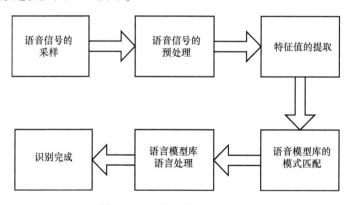

图 16-1　语音识别的一般过程

语音识别技术原理简单概括为，在使用语音识别进行交互时，声波的特征由硬件传感器采样获取原始数据，数据经过预处理后，进行声学特征值提取。所谓特征值提取就是根据人类声音的音色和声道特征进行数据分析，因此，准确描述这一包络的特征就是声学特征。

提取了声音的特征值以后，通过和云端的语音模型库进行比对，声音的特征值在经过语音模型库的声学模型和语言模型匹配处理后初步完成了语音信号的输入和识别。声学模型是识别系统的底层模型，并且是语音识别系统中最关键的一部分。声学模型的目的是提供一种有效的方法，计算语音的特征矢量序列和每个发音模板之间的距离。比较成功的语言模型通常是采用统计语法的语言模型与基于规则语法结构命令的语言模型。

完成初步的语音识别后，根据应用场景的不同会有不同的应用需求。比如有的应用场景需要实时语音识别并且进行语种的翻译；有的应用场景需要实时的语音识别后转义成文字；当然还有本例的应用场景，在接收语音输入后对设备进行控制。应用场景不同，对语音识别的精度要求也不尽相同。

语音识别在移动终端上的应用最为火热，语音对话机器人、智能音箱、语音助手、互动工具等层出不穷，许多互联网公司纷纷投入人力、物力和财力展开此方面的研究和应用。语音识别技术也将进入工业、家电、通信、汽车电子、医疗、家庭服务、消费电子产品等各个领域。尤其是在智能家居系统中，语音识别将成为人工智能在家庭的重要入口。同时，未来随着手持设备的小型化，智能穿戴也将成为语音识别技术的重要应用领域。

16.2 语音识别控制系统的功能设计

语音识别控制系统根据应用场景其功能设计也分为 5 个部分，分别是系统驱动环境移植、硬件接口电路、语音识别 SDK 申请、软件功能设计以及系统联调。语音识别控制系统的功能框图如图 16-2 所示。

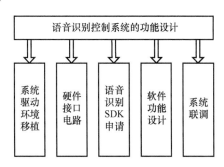

图 16-2　语音识别控制系统的功能框图

1. 系统驱动环境移植

语音识别控制系统采用开源硬件和软件实现，这里的开源硬件是第 1 章引入 Linux 系统时介绍的硬件处理单元——树莓派。关于树莓派的系统移植和烧录详见第 1 章，系统烧录完成以后还需要驱动环境的搭建，关于环境搭建部分详见 16.7 技术大牛访谈 ReSpeaker 2-Mics Pi HAT 驱动环境的安装。

2. 系统硬件接口电路

语音识别控制系统，除了使用树莓派以外，还需要开源硬件 ReSpeaker 2-Mics Pi HAT，该硬件是专门为树莓派定制的双传声器扩展板，专为 AI 和语音应用而设计。关于传声器扩展板和树莓派的硬件接口详见 16.3 语音识别控制系统的硬件设与实现。

3. 语音识别 SDK 申请

在本案例中语音识别采用云端语料库进行识别，因此还需要申请第三方的语音识别应用，在本案例中使用的是百度智能云里面的短语音识别应用。

4. 软件功能设计

这里的软件功能包括语音识别应用的申请，并且在此基础上需要使用 Python 语言对应用内的方法进行调用，以达到语音控制的要求。在软件功能实现部分主要对主操作文件进行介绍。

5. 系统联调

系统联合调试是基于硬件调试和软件调试完成的基础上进行的，主要是实现语音控制 LED 灯的打开和关闭。

16.3　语音识别控制系统的硬件设计与实现

语音识别控制系统的硬件采用开源硬件树莓派以及传声器扩展板——ReSpeaker 2-Mics Pi HAT。树莓派的官方网站为 https：//www. raspberrypi. org/。对于树莓派系统的下载和烧录可参考第 1 章。

硬件物理接口定义

硬件物理接口为树莓派的硬件物理接口和传声器扩展板的物理接口，这两个硬件物理接口功能定义是一样的，方便硬件对接。图 16-3 为树莓派硬件物理接口。

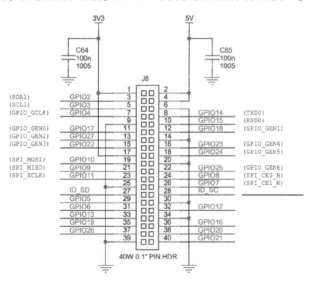

图 16-3　树莓派硬件物理接口

ReSpeaker 2-Mics Pi HAT 是基于树莓派而设计的音频模块，采用 WM8960 低功耗立体声编解码器，通过 I2C 接口控制，I2S 接口传输音频。板载标准 3.5mm 耳机接口，可通过外接耳机播放音乐，同时也可通过双通道扬声器接口外接扬声器播放。板子左右两边有一个高质量 MEMS 传声器，可以立体声录音。图 16-4 为传声器扩展板硬件物理接口。

ReSpeaker 2-Mics Pi HAT 传声器扩展板的相关资料可以参考官网，官方网站网址为：https：//wiki. seeedstudio. com/ReSpeaker_2_Mics_Pi_HAT/。传声器扩展板实物如图 16-5 所示。

ReSpeaker 2-Mics Pi HAT 传声器扩展板的接口资源如下所示。

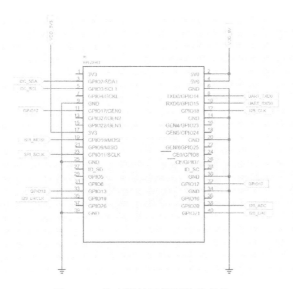

图 16-4 传声器扩展板硬件物理接口

1）按钮：连接到 GPIO17 的用户自定义按钮。

2）MIC_L&MIC_R：左边右边各有一个传声器。

3）RGB LED：3 个 APA102 RGB LED，连接到树莓派的 SPI 接口。

4）WM8960：低功耗立体声编解码器。

5）I2C：Grove I2C 端口，连接到 I2C-1。

6）GPIO12：Grove 数字端口，连接到 GPIO12 和 GPIO13。

7）JST 2.0 SPEAKER OUT：用于连接扬声器，JST 2.0 连接器。

图 16-5 ReSpeaker 2-Mics Pi HAT 传声器扩展板实物图

8）3.5mm 音频插孔：用于连接带 3.5mm 音频插头的耳机或扬声器。

9）Raspberry Pi 40 针头：支持 Raspberry Pi 2 B。

ReSpeaker 2-Mics Pi HAT 传声器扩展板的接口资源如图 16-6 所示。

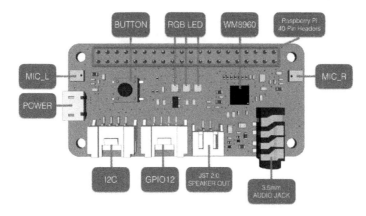

图 16-6 ReSpeaker 2-Mics Pi HAT 传声器扩展板接口资源图

传声器扩展板的 POWER 接口是为 ReSpeaker 2-Mics Pi HAT 供电的 Micro USB 端口。这里需要注意的是在使用扬声器时为电路板供电，以提供足够的电流，建议使用 5V/3A 的电源进行供电。

树莓派和传声器扩展板的组装实物图如图 16-7 所示。

图 16-7　组装实物图

开源硬件产品的特点是资源全部开源，包括硬件原理图、PCB 以及驱动程序都是开源的，可以让开发者专注精力写应用。

16.4　语音识别控制系统的软件设计与实现

语音识别控制系统的软件实现包含两个部分，首先是语音识别应用的申请，只有申请了云端的语音识别应用以后，进行语音交互的时候才会有语料库的对比和匹配。其次就是语音识别控制系统应用程序的编写，这部分内容主要采用 Python 语音来实现。

语音识别应用申请流程如下。

Step 1 注册百度智能云的账号，如图 16-8 所示。

图 16-8　注册百度智能云账号

Step 2 在产品选项中选择人工智能中的短语音识别选项，如图 16-9 所示。

图 16-9　选择短语音识别

Step 3 选择立即使用后弹出创建应用的界面，如图 16-10 所示。

图 16-10　创建应用的界面

Step 4 实例化应用项目，如图 16-11 所示。

图 16-11　实例化应用

Step 5 语音识别创建完成后一定好保存好密钥，这个密钥是用户使用百度智能云的关键，密钥如图 16-12 所示。

图 16-12　语音识别应用的密钥

语音识别应用程序

限于篇幅，这里只展示应用程序的主文件，前面已经提到了语音识别的应用程序采用 Python 语言来实现。

Step 1 配置控制 LED 的 GPIO，配置代码如下。

```
GPIO. setmode(GPIO. BCM)
GPIO. setup(12, GPIO. OUT)
GPIO. setup(13, GPIO. OUT)
GPIO. output(12, GPIO. LOW)
GPIO. output(13, GPIO. LOW)
```

Step 2 声音的采样率和声道等内容的配置，具体如下。

```
p = pyaudio. PyAudio()
stream = p. open(
        rate = RESPEAKER_RATE,
        format = p. get_format_from_width (RESPEAKER_WIDTH),
        channels = RESPEAKER_CHANNELS,
        input = True,
        start = False,)
```

Step 3 配置密钥修改成前面实例化应用后生成的密钥，对应下面的代码填写即可。

```
APP_ID = 'XXXXXX'
API_KEY = 'XXXXXXXXXXXXXXXXXXXXXXXXXXXX'
SECRET_KEY = 'XXXXXXXXXXXXXXXXXXXXXXXXXXXXXXXXXX'
boolWaterlight = 0
aipSpeech = AipSpeech (APP_ID, API_KEY, SECRET_KEY)
baidu = BaiduVoiceApi (appkey = API_KEY, secretkey = SECRET_KEY)
```

Step 4 在配置参数完成以后，就可以调用录音的代码了，这里除了录音还需要将录制的声音转换为普通话的文本，具体如下。

```python
def record():
    stream.start_stream()
    print(" * recording")
    frames = []
    for i in range(0, int(RESPEAKER_RATE /CHUNK * RECORD_SECONDS)):
        data = stream.read(CHUNK)
        frames.append(data)
    print(" * done recording")
    stream.stop_stream()
    print(" start to send to baidu")
    # audio_data should be raw_data
    text = baidu.server_api(generator_list(frames))
    if text:
        try:
            text =json.loads(text)
            for t in text['result']:
                print(t)
                return(t)
        except KeyError:
            return(" get nothing")
    else:
        print(" get nothing")
        return(" get nothing")
```

Step 5 定义一个线程进行流水灯的操作，具体如下。

```python
def thread_water():
    while True:
        if boolWaterlight == 1:
            data = [255, 0, 0, 0, 0, 0, 0, 0, 0]
            pixels.show(data)
            time.sleep(0.4)
            data = [0, 0, 0, 0, 255, 0, 0, 0, 0]
            pixels.show(data)
            time.sleep(0.4)
            data = [0, 0, 0, 0, 0, 0, 0, 0, 255]
            pixels.show(data)
            time.sleep(0.4)
            data = [0, 0, 0, 0, 0, 0, 0, 0, 0]
            pixels.show(data)
            time.sleep(0.4)
        else:
            time.sleep(1)
```

Step 6 下面的代码是语音识别应用的主循环，在这之前需要先注册 ctrl-c 中断，然后是调用 LED 点亮的颜色，接着创建流水灯的线程，最后是主循环。

```
signal. signal(signal. SIGINT, sigint_handler)
pixels. pattern = GoogleHomeLedPattern (show = pixels. show)
thread. start_new_thread (thread_water, ())
while True:
    try:
        outputtext = record()
        if (u'开灯') in outputtext:
            boolWaterlight = 0
            os. system (" sudo mpg123 turn_on_light. mp3")
            data = [255, 255, 255] * 3
            pixels. show (data)

        if (u'亮红灯') in outputtext:
            boolWaterlight = 0
            os. system (" sudo mpg123 red. mp3")
            data = [255, 0, 0] * 3
            pixels. show (data)

        if (u'亮绿灯') in outputtext:
            boolWaterlight = 0
            os. system (" sudo mpg123 green. mp3")
            data = [0, 255, 0] * 3
            pixels. show (data)

        if (u'流水灯') in outputtext:
            os. system (" sudo mpg123waterlight. mp3")
            boolWaterlight = 1

        if (u'关灯') in outputtext:
            boolWaterlight = 0
            os. system (" sudo mpg123 turnoff. mp3")
            pixels. off()
    exceptKeyError:
        stream. close()
        p. terminate()
```

在主循环中主要能够识别的语音命令词有 5 个，分别是开灯、亮红灯、亮绿灯、流水灯以及关灯。在和语音识别控制系统进行交互的时候，系统在输出 recoding 的标志后此处提及的这 5 个命令词即可执行相应的操作。还可以通过运行 synthesis_wav. py 生成所有者的声音，并将字符串修改为自己想要生成的内容。

16.5 【案例实战】语音识别控制系统的联合调试

> 这里给大家演示语音识别控制系统的联合调试。语音识别控制系统的联合调试代码可以通过扫描封底二维码获取。

语音识别控制系统的联合调试是在驱动环境加依赖环境再加上应用程序安装调试成功的前提下进行的，对于系统的联合调试分为以下几个步骤。

Step 1 树莓派的系统版本比较多，这里建议大家使用 2019-07-10 版本，因为目前这个版本已经通过了测试。通过命令 cat /etc/rpi-issue 可以查看是什么时候发布的版本，如图 16-13 所示。

图 16-13　树莓派的发行版本

Step 2 通过网络共享的方式，采用 PpTTY 软件工具来远程访问树莓派系统。PuTTY 工具的配置如图 16-14 所示。

图 16-14　PuTTY 工具的 SSH 配置

Step 3 安装环境依赖具体命令如下。

```
sudo apt install mpg123
pip install baidu-aip monotonic pyaudio
```

Step 4 语音控制识别应用程序的执行过程如图 16-15 所示。

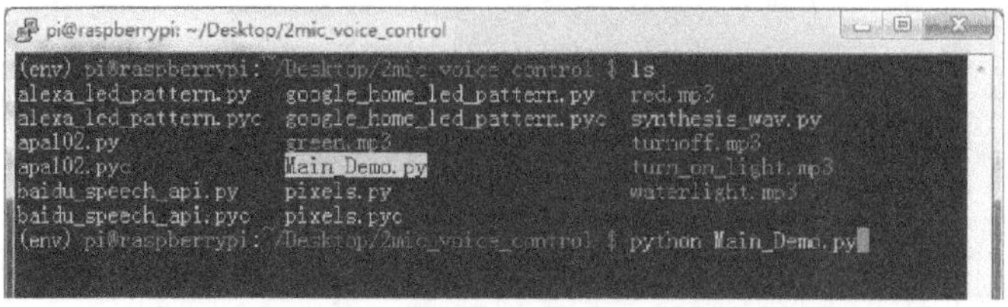

图 16-15　语音控制识别应用程序的执行过程

Step 5 等待系统输出 recording 标志，说出语音控制命令——开灯，如图 16-16 所示。

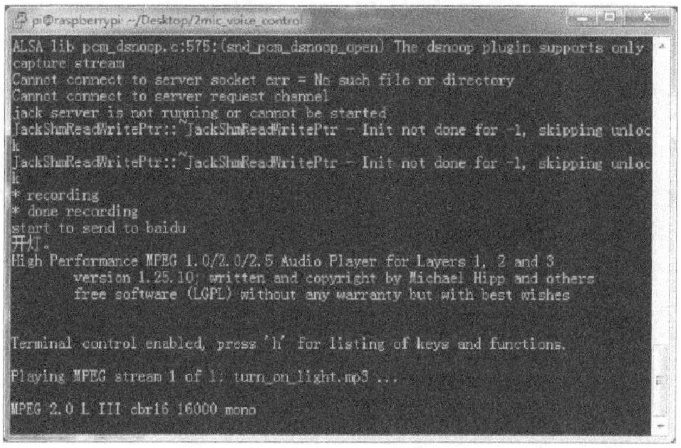

图 16-16　开灯语音命令输入

Step 6 说出语音命令"开灯"后全部亮白色灯光，演示效果如图 16-17 所示。

图 16-17　"开灯"语音命令最终效果

Step 7 等待系统输出 recording 标志，说出语音控制命令——关灯，如图 16-18 所示。

Step 8 最终的开灯演示效果，说出语音命令"关灯"后全部关闭灯光，如图 16-19 所示。

图 16-18　关灯语音命令输入

图 16-19　"关灯"语音命令最终效果

16.6　要点巩固

本章语音识别控制系统采用开源软硬件方式来实现对 LED 灯显示的控制。从功能分析来看，本章的要点有 3 个，第一是语音识别应用的申请，第二是应用程序的编写，第三则是驱动环境和依赖环境的安装。

语音识别应用的申请，需要读者注册自己的百度智能云账号，并且创建语音识别应用的实例，这里注意的是创建好应用实例以后还需要申请语音识别应用的调用次数，当然这个应用次数和读者的购买套餐也是相关的。此外还需要注意的就是关于语音识别的密钥，这个在编写代码时需要用到。

语音识别控制系统的应用程序编写是基于 Python 来实现的，这里借鉴了官方的参考例程，应用场景只是写了开关灯内容的语音识别命令，有兴趣的读者可以参考源代码编写自己的语音识别控制命令。

驱动环境和依赖环境的安装是保证应用程序运行的前提，首先需要配置树莓派的系统参数和驱动安装，其次就是依赖的三方软件也需要安装到系统中，因为语音识别控制系统实际上是驱动环境加依赖环境再加上应用程序。

16.7　技术大牛访谈——ReSpeaker 2-Mics Pi HAT 驱动环境的安装

由于树莓派系统内核暂不支持 wm8960 编解码器，所以需要手动构建 wm8960 编解码器的驱动。但是在构建驱动之前要确保把传声器扩展板插入到树莓派中，确保插入的时候针脚对齐。需要提醒的是不要在上电的时候热插拔传声器扩展板，以防止被烧坏。系统配置与驱动安装流程如下。

1. 切换软件源

因为树莓派系统安装后默认使用国外的镜像源来更新软件，国内访问速度非常慢，而且会遇到连接错误等问题，所以需要换成国内源，这里选择清华源。切换到清华源，修改源文件的命令为 sudo nano/etc/apt/sources. list，注释掉文件中默认的源。图 16-20 所示的后三行的蓝色字体代表注释掉的默认软件源，前两行的绿色字体代表国内的清华版软件源。

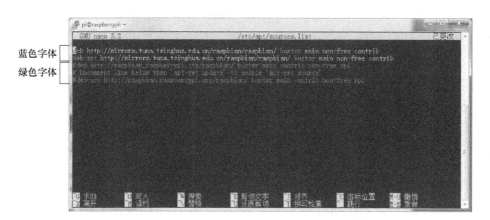

蓝色字体
绿色字体

图 16-20　切换软件源

2. 驱动环境的配置

sudo apt-get update 命令会访问源列表里的每个网址，并读取软件列表，然后保存在本地计算机。在新立得软件包管理器里看到的软件列表，都是通过 update 命令更新的。

sudo apt-get upgrade 命令会把本地已安装的软件，与刚下载的软件列表里对应的软件进行对比。如果发现已安装的软件版本太低，就会提示更新。这个命令操作非常耗时。

git clone https：//github. com/respeaker/seeed-voicecard. git 该操作用于克隆声卡的驱动环境。在安装声卡驱动前需要先进入声卡的驱动目录下，执行命令 cd seeed-voicecard。

sudo . /install. sh　--compat-kernel 命令用于安装声卡驱动。使用 reboot 命令来重启树莓派系统。

3. 检查声卡驱动是否安装成功

在 seeed-voicecard 目录下输入命令：aplay -l，该命令用于显示实际声卡序号，如图 16-21所示。

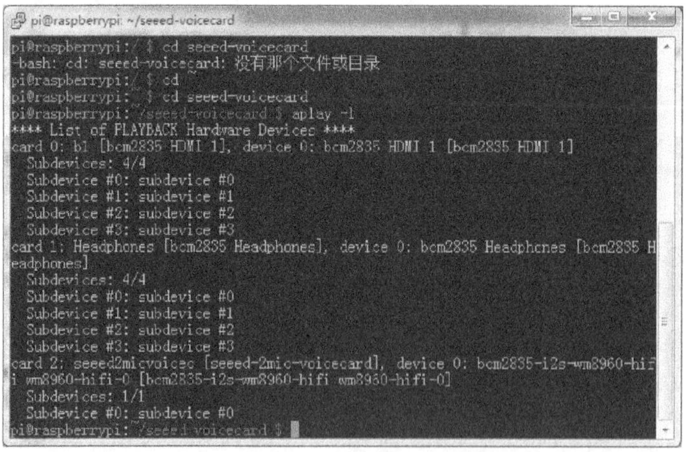

图 16-21　显示实际声卡序号

同样在 seeed-voicecard 目录下输入命令：arecord -l，该命令的作用是列出声卡和数字音频设备，如图 16-22 所示。

如果通过上述两个命令，输出的内容和图 16-20 及图 16-21 相同，说明声卡驱动安装成功。

图 16-22　列出声卡和数字音频设备

4. 安装 Python 和虚拟环境

为什么需要 Python 和虚拟环境？这是因为同一台机器上的两个项目依赖于相同包的不同版本，会导致一些项目运行失败。虚拟环境是真实 Python 环境的复制版本。

进入 pi 用户下进行安装虚拟工具，virtualenv 用来管理 Python 项目环境，隔离出一个只属于这个项目的虚拟 Python 环境。下面是安装虚拟 Python 环境的命令，如图 16-23 所示。

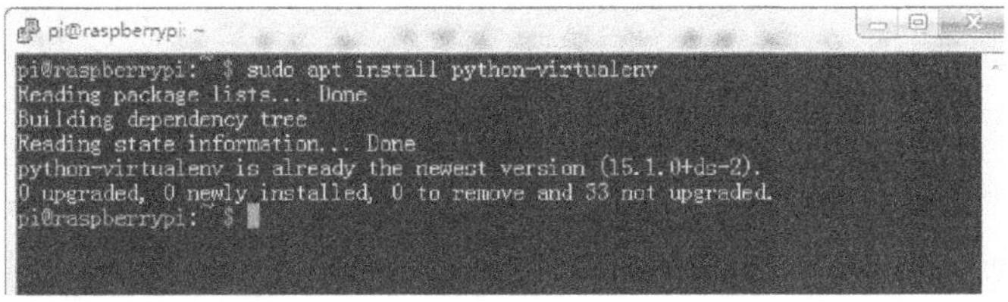

图 16-23　安装 Python 的虚拟环境

建立虚拟环境以后，需要使用自己安装的 Python 包，因此需要 site-packages，具体命令如下所示。

pi@ raspberrypi：~ $ virtualenv --system-site-packages ~/env

安装虚拟环境以后需要激活虚拟环境，激活命令以及激活后的效果如图 16-24 所示。

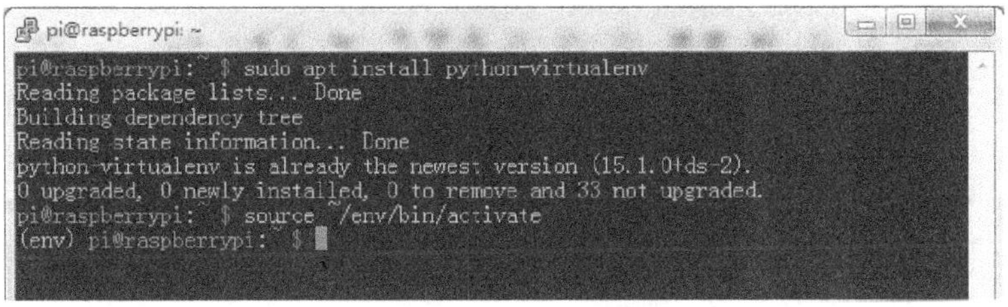

图 16-24　激活虚拟环境

以上就是 ReSpeaker 2-Mics Pi HAT 驱动环境安装的过程，只有在驱动环境安装完成的前提下，才可以进行系统联调。

本书的宗旨是让读者紧跟书中内容的安排顺序并结合具体案例进行学习,最终可以独立编写个人的嵌入式 Linux 系统。全书共 16 章,在章节安排上本着由易到难、深入浅出的原则,具体内容如下。第 1~3 章主要介绍 Linux 嵌入式开发的基础知识;第 4、5 章分别从硬件角度和软件角度分析嵌入式 Linux 学习的相关工具;第 6~9 章是本书的重点,分别对 Makefile、U-boot、内核和根文件系统进行了详细介绍。第 10~12 章介绍了 Linux 的驱动开发,是本书的难点内容,也是嵌入式 Linux 系统工程师必须掌握的内容。第 13~16 章结合当下物联网、车联网等热门技术领域知识,完成了 4 个综合项目案例。

本书适合广大从事嵌入式 Linux 系统开发的技术人员、嵌入式 Linux 系统开发爱好者以及大中专院校相关专业的学生阅读,相关培训院校及高校教师亦可将本书作为教材或参考书。

图书在版编目(CIP)数据

Linux 嵌入式系统开发从小白到大牛/赵凯编著 . —北京:机械工业出版社,2021.6(2025.1 重印)

(Linux 技术与应用丛书)

ISBN 978-7-111-68310-0

Ⅰ.①L⋯ Ⅱ.①赵⋯ Ⅲ.①Linux 操作系统-程序设计 Ⅳ.①TP316.85

中国版本图书馆 CIP 数据核字(2021)第 094640 号

机械工业出版社(北京市百万庄大街 22 号 邮政编码 100037)
策划编辑:丁 伦 责任编辑:丁 伦
责任校对:秦洪喜 责任印制:单爱军
北京虎彩文化传播有限公司印刷
2025 年 1 月第 1 版第 5 次印刷
185mm×260mm・18.5 印张・459 千字
标准书号:ISBN 978-7-111-68310-0
定价:119.00 元

电话服务　　　　　　　　网络服务
客服电话:010-88361066　机 工 官 网:www.cmpbook.com
　　　　　010-88379833　机 工 官 博:weibo.com/cmp1952
　　　　　010-68326294　金 书 网:www.golden-book.com
封底无防伪标均为盗版　机工教育服务网:www.cmpedu.com